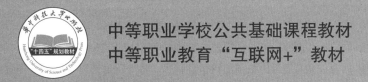

中等职业学校公共基础课程教材

中等职业教育"互联网+"教材

XINXI JISHU（JICHU MOKUAI）

信息技术

（基础模块）

主　编◎钟　勇　董　蓉　丁进波

副主编◎刘　华　刘国兵　蔡青青

华中科技大学出版社
http://www.hustp.com

中国·武汉

内 容 提 要

本书一共分为八个项目,内容包括信息技术应用基础、网络应用、图文编辑、数据处理、程序设计入门、数字媒体技术应用、信息安全与病毒防范和前沿信息技术。每个项目都以实际工作场景或学校生活为背景,分为多个紧贴实际的活动,有利于激发学生的学习兴趣,更好地帮助学生掌握基础理论的同时全面提高学生的实践能力。

本书可作为中等职业学校公共基础课程"信息技术"的教材。

图书在版编目(CIP)数据

信息技术：基础模块 / 钟勇,董蓉,丁进波主编. —武汉：华中科技大学出版社,2022.8
ISBN 978-7-5680-8631-8

Ⅰ.①信… Ⅱ.①钟… ②董… ③丁… Ⅲ.①电子计算机-中等专业学校-教材 Ⅳ.①TP3

中国版本图书馆 CIP 数据核字(2022)第 140947 号

信息技术(基础模块)   钟勇　董蓉　丁进波　主编

Xinxi Jishu(Jichu Mokuai)

策划编辑：胡天金
责任编辑：胡天金
封面设计：原色设计
责任监印：朱　玢
出版发行：华中科技大学出版社(中国·武汉)   电话：(027)81321913
　　　　　武汉市东湖新技术开发区华工科技园   邮编：430223
录　　排：华中科技大学惠友文印中心
印　　刷：武汉乐生印刷有限公司
开　　本：880mm×1230mm　1/16
印　　张：17.75
字　　数：378 千字
版　　次：2022 年 8 月第 1 版第 1 次印刷
定　　价：49.80 元

前　言

在科技飞速发展的今天，计算机已经在各行各业得到广泛应用，掌握计算机使用知识是对每个学生的基本要求，也是步入社会、走上工作岗位的必备技能。本书以实用性、实践性为原则，结合作者多年的计算机基础教学经验编写而成。

本书以就业为导向，以实际工作能力为本位，提高学生计算机素养的同时，重点培养学生利用计算机技术分析问题、解决问题的能力，为学生的终身学习和持续发展奠定扎实的基础。本书具有以下特点。

一是目标明确，针对性强。理论知识以必需、够用为原则，突出对学生计算机基础应用能力的培养。

二是结构合理，内容精练。内容安排综合考虑职业院校学生的计算机基础能力和知识结构，淡化最基础的计算机操作，删除了很多非计算机专业学生无需深入学习的理论知识，增加了部分计算机及网络技术发展的前沿知识。

本书由钟勇、董蓉、丁进波担任主编，由刘华、刘国兵、蔡青青担任副主编。钟勇编写了项目一和项目八，董蓉编写了项目二，丁进波编写了项目三和项目四，刘华编写了项目五，刘国兵编写了项目六，蔡青青编写了项目七。

由于编者水平有限，书中难免有疏漏或不妥之处，敬请广大读者批评指正并提出宝贵的意见和建议，以使本书不断完善。

编　者

2022 年 7 月

目 录
CONTENTS

项目一 信息技术应用基础

项目二 网络应用

项目三 图文编辑

1 项目一 信息技术应用基础

情境描述

科信集团通过近 7 年的发展,取得了比较好的经济效益。公司为了谋求更大的发展,需要不断提高员工信息处理与管理能力;提高办公效率与办公现代化的程度。同时为了扩大社会影响,公司准备筹建"信息部",并为信息部每人配备一台台式计算机和一台笔记本电脑。

通过学习信息技术与信息系统、计算机组装、系统和软件安装、Windows 10 操作系统的使用、文件管理,可以加深对计算机组成结构知识的理解,并在实际操作中不断培养分析问题、解决问题的能力,提高信息技术素养与信息管理能力。

活动一 走进信息时代 认识信息系统

活动要求

为了提高公司全员的信息技术素养,信息部的同事组织了以"认识信息技术与信息系统"为主题的系列培训活动,由浅入深地介绍信息技术的相关知识。

活动分析

一、思考与讨论

(1)信息有哪些特征?

(2)信息系统的 5 个基本功能是什么?

(3)汉字的编码按用途不同,可以分为哪几种?

(4)如果每个数字采用二进制编码,那么 3 个字节可以表示的最大数值是多少?

(5)为什么二进制数和十六进制数互换很容易?十六进制系统中的 1 个数码表示二进制系统中的几位?

二、总体思路

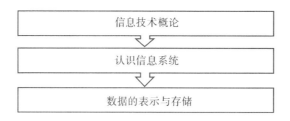

方法与步骤

一、信息技术概论

一般来说,信息技术是指获取信息、处理信息、存储信息、传输信息的技术。广义地说,凡是与信息的获取、加工、存储、传递和利用等有关的技术都可以称为信息技术,它包括微电子技术、感测技术、计算机技术、通信技术等。

1.信息

1)信息的概念

广义上讲,信息就是消息。信息是对客观事物存在形式及其运动状态的描述。人们一般说到的信息多指信息的交流。信息除了可以用于交流,还可以被存储和使用。人们读过的书、听到的音乐、看到的事物、想到或做过的事情,都是信息。

信息与物质、能源一样重要,是人类生存和社会发展的三大基本资源之一。信息不仅维系着社会的生存和发展,而且在不断地推动着社会和经济的发展。

数据是信息的载体,数值、文字、声音、图像、视频等都是不同形态的数据。

信息与数据是不同的概念,信息是有意义的,而数据没有。例如,测得一个人的体重是150千克,这150千克独立出来就是数据,它本身没有意义,因为不知道这个数据是代表什么的质量。当数据经过某种形式的处理,用于描述或与其他数据比较时,便有了意义。例如,盖尔是体重150千克的篮球中锋,这才是信息。

2)信息的特征

(1)可度量。信息可采用某种度量单位进行度量,并进行信息编码。

(2)可识别。信息可采取直观识别、比较识别和间接识别等多种方式来把握。

(3)可转换。信息可以从一种形态转换为另一种形态,如自然界的信息可转换为文字或图像,也可转换为电磁波信号或计算机代码等形态。

(4)可存储。信息可以存储。人的大脑就是一个天然的信息存储器,文字、录音、录像及计算机存储器等也可以存储信息。

(5)可处理。人的大脑就是最佳的信息处理器,可以进行决策、设计、研究、写作、改进、发明、创造等多种信息处理活动。计算机也具有信息处理功能。

(6)可传递。信息的传递是与物质和能量的传递同时进行的。语言、表情、动作、报纸、书籍、广播、电视、电话等是人类常用的信息传递方式。

(7)可再生。信息经过处理后,可以其他形式或方式再生信息。输入计算机的各种数值、文字等信息,可用显示、打印、绘图等方式再生信息。

(8)可压缩。信息可以进行压缩,同一事物可以用不同的信息量来描述。人们常用尽可能少的信息量描述一种事物的主要特征。

(9)可利用。信息具有一定的实效性和可利用性。

(10)可共享。信息具有扩散性,因此它可共享。

3)信息的形态

目前信息一般有 4 种表现形态,即数据、文本、声音和图像。

(1)数据。数据通常被人们理解为"数字",这并不全面。从信息科学的角度来看,数据是指电子计算机能够生成和处理的所有事实、数字、文字、符号等。当文本、声音、图像在计算机里被简化成"0"和"1"时,它们便成了数据。

(2)文本。文本是指书写的语言,即"书面语",区别于"口头语"。从技术上说,口头语只是声音的一种形式。文本可以用手写,也可以用机器印刷出来。

(3)声音。声音是指人们用耳朵听到的信息。目前,人们听到的声音基本上属于两种信息——说话的声音和音乐。无线电、电话、唱片、录音机等,都是人们用来处理声音的工具。

(4)图像。图像是指人们能用眼睛看见的信息。它们可以是黑白的,也可以是彩色的;可以是照片,也可以是图画;可以是艺术的,也可以是纪实的;可以是一些表述或描述、印象或表示,只要能被人们看见即可。

2.信息技术

随着信息技术的不断发展,信息技术在社会的各个领域得到广泛的应用,显示出强大的生命力。纵观人类科技发展的历程,还没有一项技术像信息技术一样,对人类社会产生如此巨大的影响。

1)信息技术的历史

人类社会发展至今,共经历了 5 次信息技术革命。

第一次信息技术革命是语言的使用。语言的产生是历史上最伟大的信息技术革命,其意义不亚于人类开始制造工具和人工取火。

第二次信息技术革命是文字的创造。为了长期保存信息,如记数、记事等,就要创造一些符号代表语言,经过不断的发展,这些符号逐渐演变成文字,使人类活动得以记录下来。

第三次信息技术革命是印刷术的发明。中国古代四大发明中的造纸术和印刷术,使得人类文明传播得更远、更广。

第四次信息技术革命是电报、电话、广播、电视的发明和普及应用。

第五次信息技术革命始于 20 世纪 60 年代,其标志是电子计算机的普及应用及计算机与现代通信技术的有机结合。

2)信息技术的发展趋势

(1)大容量。无论是通信还是计算机的发展,都是速度越来越快,容量越来越大。

(2)综合化。信息技术综合化包括业务综合及网络综合。

(3)数字化。数字设备设计非常简单,便于大规模生产,可大大降低成本。数字化的发展非常迅速,产生了很多新概念,如数字化世界、数字化地球等。数字化最主要的优点是便于大规模生产和便于综合。

（4）个人化。信息技术具有可移动性和全球性。一个人在世界任何一个地方都可以拥有同样的通信手段，可以利用同样的信息资源和信息加工处理的手段。

二、认识信息系统

信息系统是指由计算机硬件、网络和通信设备、计算机软件、信息资源、信息用户和规章制度组成的，以处理信息流为目的的人机一体化系统。简单地说，信息系统就是输入数据/信息，通过加工处理产生信息的系统。

1.信息系统的类型

从信息系统的发展和特点来看，信息系统可分为数据处理系统（data processing system，DPS）、管理信息系统（management information system，MIS）、决策支持系统（decision sustainment system，DSS）、专家系统（人工智能的一个子集）和虚拟办公室（office automation，OA）5 种类型。

2.信息系统的功能

信息系统有 5 个基本功能：输入、存储、处理、输出和控制。

（1）输入功能。信息系统的输入功能取决于系统所要达到的目的及系统的能力和信息环境的许可。

（2）存储功能。存储功能是指系统存储各种信息的能力。

（3）处理功能。处理功能包括基于数据仓库技术的联机分析处理（OLAP）和数据挖掘（DM）技术。

（4）输出功能。信息系统的其他各种功能都是为了保证最终实现最佳的输出功能。

（5）控制功能。控制功能是指对构成系统的各种信息处理设备进行控制和管理，通过各种程序对信息输入、处理、传输、输出等环节进行控制。

3.信息系统的结构

信息系统的结构有以下 4 层。

（1）基础设施层。基础设施层由支持计算机信息系统运行的硬件、系统软件和网络组成。

（2）资源管理层。资源管理层包括各类结构化、半结构化和非结构化的信息，以及实现信息采集、存储、传输、存取和管理的各种资源管理系统，主要有数据库管理系统、目录服务系统、内容管理系统等。

（3）业务逻辑层。业务逻辑层由实现各种业务功能、流程、规则、策略等应用业务的一组信息处理代码构成。

（4）应用表现层。应用表现层通过人机交互等方式，将业务逻辑和资源紧密结合在一起，并以多媒体等丰富的形式向用户展现信息处理的结果。

三、数据的表示与存储

自然界的信息是丰富多彩的，有数值、字符、声音、图像、视频等。但是，计算机本质上只能处理二进制数的 0 和 1，因此必须将各种信息转换成计算机能够接收和处理的二进制数据，这种转换往往由外围设备和计算机自动进行。进入计算机中的各种数据都要转换成二进制数存储,这样计算机才能进行运算和处理。同样,从计算机中输出的数据也要进行逆向转换。

1.进位计数制

数制也称为计数制,即用一组固定的符号和统一的规则来表示数值,其中按进位的原则进行计数的,称为进位计数制。在日常生活和计算机中,采用的都是进位计数制。在日常生活中,常用的是十进制。下面就从十进制入手,了解这种进位计数制的特点,进而举一反三,研究计算机是如何表示"数"的,以及它是如何对"数"进行运算的。

1)十进制

在十进制中,可以用来计数的一共有 10 个符号,即 $0,1,2,\cdots,9$,不同的数字符号代表大小不同的数。这就产生了"基数"的概念,基数是指在某种进位计数制中所能使用的数码的个数,如十进制的基数是 10,二进制的基数是 2,八进制的基数是 8,十六进制的基数是 16。

当要计的数小于"10"时,只需选取一个数字符号即可。但当所计的数超过"10"时,就用"逢十进一"的规则来决定其实际数值。这样又产生了"位"的概念,即对同一个数字符号而言,当它们处在不同的位置上时,它们所表示的数的大小是不同的。

如何用计算机语言来表示位的区别呢?这里引入了"位权"。在某种进位计数制中,每个数位上的数码所代表的数值的大小,等于这个数位上的数码乘一个固定的数值,这个固定的数值就是此进位计数制中该数位上的位权。位权是用该进制的基数的某次幂表示的。常用的十进制中,其基数为"10",所以从个位开始,各位的位权分别是 10^0、10^1、10^2 等,这种位权的表示方法对于小数也一样适用,只不过它们的幂次要用负值表示。例如:

$$(169.6)_{10}=1\times10^2+6\times10^1+9\times10^0+6\times10^{-1}$$

2)二进制

计算机内部采用二进制进行数据运算、存储和控制。二进制的特点如下。

(1)只有 0 和 1 两个数码。

(2)"逢二进一"。例如:

$$(1010.1)_2=1\times2^3+0\times2^2+1\times2^1+0\times2^0+1\times2^{-1}$$

计算机采用二进制主要有以下原因。

①二进制只有 0 和 1 两个状态,技术上容易实现。

②二进制数的运算规则比较简单。

③二进制的 0 和 1 与逻辑代数的"真"和"假"相吻合,适合于计算机的逻辑运算。

④二进制数与十进制数之间的转换不复杂,容易实现。

3)八进制

八进制的特点如下。

(1)有 8 个数码:0,1,2,3,4,5,6,7。

(2)"逢八进一"。例如:

$$(133.3)_8=1\times8^2+3\times8^1+3\times8^0+3\times8^{-1}$$

4)十六进制

十六进制的特点如下。

(1)有 16 个数码:0,1,2,3,4,5,6,7,8,9,A,B,C,D,E,F。

（2）"逢十六进一"。例如：

$$(2A3.F)_{16}=2\times16^2+10\times16^1+3\times16^0+15\times16^{-1}$$

计算机中采用的是二进制，由于二进制数书写时位数较多，容易出错，所以常用八进制数、十六进制数来书写。人们通常用最后一个字母来标识数制。例如，36D、10101B、76Q、5AH 分别为十进制数、二进制数、八进制数、十六进制数。表 1-1-1 所示的为十进制数、二进制数和十六进制数对照表。

表 1-1-1　十进制数、二进制数和十六进制数对照表

十进制数	二进制数	十六进制数	十进制数	二进制数	十六进制数
0	0000	0	8	1000	8
1	0001	1	9	1001	9
2	0010	2	10	1010	A
3	0011	3	11	1011	B
4	0100	4	12	1100	C
5	0101	5	13	1101	D
6	0110	6	14	1110	E
7	0111	7	15	1111	F

2.数据的存储

任何一个数据都是以二进制形式在计算机内存储的。计算机的内存由千万个小的电子线路组成，每一个能代表 0 或 1 的电子线路能存储 1 位二进制数，若干个这样的电子线路就能存储若干位二进制数。关于数据在计算机中的存储，常用到以下术语。

（1）位（bit）。每一个能代表 0 或 1 的电子线路称为一个二进制位，是数据的最小单位。

（2）字节（byte）。字节的简写为 B，通常每 8 个二进制位组成 1 个字节。字节的容量一般用 KB、MB、GB、TB 来表示，它们之间的换算关系为 1 KB=1024 B，1 MB=1024 KB，1GB=1024 MB，1 TB=1024 GB。

（3）字（word）。在计算机中作为一个整体被存取、传送、处理的二进制串称为一个字，每个字中二进制数的位数称为字长。一个字由若干个字节组成，不同的计算机系统的字长是不同的，常见的有 8 位、16 位、32 位、64 位等。字长越长，存放的数的范围越大，精度越高。

（4）地址（address）。为了便于存放，每个存储单元必须有唯一的编号，称为地址。通过地址可以找到所需的存储单元，取出或存入信息。

3.数据编码

在向计算机输入数据的过程中，系统自动将用户输入的各种数据按编码的类型转换成相应的二进制形式，然后存入计算机的存储单元中。

（1）BCD 码。日常生活中，人们习惯用十进制来计数，而计算机中采用的是二进制。十进制有 0～9 共 10 个数码，通常计算机中用 4 位二进制数来表示 1 位十进制数，这种编码方法称为 BCD 码。8421 码是一种常用的 BCD 码。在 8421 码中，每 4 位二进制数为一组，组内每个位置上的位权值从左至右分别为 8、4、2、1。以十进制数 0～9 为例，它们与 8421 码的对

照如表 1-1-2 所示。

表 1-1-2　十进制数和 8421 码的对照表

十进制数	BCD 码
0	0000
1	0001
2	0010
3	0011
4	0100
5	0101
6	0110
7	0111
8	1000
9	1001

　　(2)ASCII 码。计算机中用二进制数表示字母、数字、符号及控制符号,目前主要采用美国信息交换标准代码(American Standard Code for Information Interchange,ASCII)。ASCII 码已被国际标准化组织(ISO)定为国际标准,所以又称为国际 5 号代码。ASCII 码由 0～9 共 10 个数字、52 个大小写英文字母、32 个符号及 34 个计算机通用控制符组成,共有 128 个元素;用二进制编码表示需用 7 位(0000000 到 1111111 共有 128 种编码)。例如,A 的 ASCII 码为 1000001。以 ASCII 码进行存放时,由于它的编码是 7 位,而 1 个字节(8 位)是计算机中基本的存储单位,故以 1 个字节来存放 1 个 ASCII 字符,每个字节中多余的最高位取 0。

　　(3)汉字编码。英语是拼音文字,所有文字均由 26 个字母拼组而成,所以使用 1 个字节表示 1 个字符足够了。但汉字是象形文字,汉字的计算机处理技术比英文字符复杂得多。汉字编码分为汉字机内码、汉字输入码和汉字字形码。

　　①汉字机内码。汉字机内码又称为"机内码",简称"内码",由扩充 ASCII 码组成,指计算机内部存储、处理加工和传输汉字时所用的由"0"和"1"组成的代码。机内码是汉字最基本的编码,不管是什么汉字系统和汉字输入方法,输入的汉字在机器内部都要转换成机内码,才能被存储和进行各种处理。人们通常所说的机内码是指国标内码,即 GB 内码。GB 内码用 2 个字节来表示(1 个汉字要用 2 个字节来表示),每个字节的最高位为 1,以确保 ASCII 码的西文与用双字节表示的汉字之间的区别。除 GB 内码外,还有 GBK、BIGS、Unicode 等。

　　②汉字输入码。汉字和键盘字符组合的对应方式称为汉字输入码,又称为外码。它是为了通过键盘字符把汉字输入计算机而设计的一种编码。汉字输入码是针对不同的输入法而言的。对于同一个汉字,输入法不同,其输入码也是不同的,但其机内码是相同的。例如,汉字"啊"在拼音输入法中的输入码是 a,而在五笔字型输入法中的输入码是 KBSK。汉字输入码种类繁多,大致有 4 种类型,即音码、形码、数字码和音形码。

　　③汉字字形码。汉字在显示和打印输出时,是以汉字字形信息表示的,即以点阵的方式形成汉字图形。汉字字形码是指确定一个汉字字形点阵的代码。目前普遍使用的汉字字形码是用点阵方式表示的,即将汉字像图像一样置于网状方格上,每格表示存储器中的 1 位。

16×16 点阵是在纵向 16 点、横向 16 点的网状方格上写一个汉字,有笔画的格对应 1,无笔画的格对应 0。通常,汉字显示可使用 16×16 点阵,而汉字打印可选用 24×24 点阵、32×32 点阵、64×64 点阵等。点数越多,汉字的字形越精细,打印的字体越美观,但字库占用的存储空间也越大。

■■ 知识链接

计算机中数的表示

在十进制数中,可以在数字前面加上＋、－号来表示正、负数,由于计算机不能直接识别＋、－号,因此在计算机中规定用 0 表示＋号,用 1 表示－号,这样数的符号也可以数字化了。

在计算机中,通常将二进制数的首位(最左边的那一位)作为符号位。若二进制数是正的,则其首位是 0;若二进制数是负的,则其首位是 1。符号"数字化"的二进制数称为机器数。例如:

十进制数	＋78	－78
二进制数(真值)	＋1001110	－1001110
机器数(计算机内)	01001110	11001110

机器数在计算机内有 3 种不同的表示方法,即原码、反码和补码。

1.原码

原码表示法规定:用符号位和数值表示带符号数,正数的符号位用 0 表示,负数的符号位用 1 表示,数值部分用二进制形式表示。

例如,设带符号的真值 X＝＋78,Y＝－78,则它们的原码分别为

$$(X)_原＝01001110,(Y)_原＝11001110$$

原码简单易懂,与真值转换起来很方便。但若两个异号的数相加或两个同号的数相减,则必须判别这两个数中哪一个的绝对值大,用绝对值大的数减去绝对值小的数,运算结果的符号就是绝对值大的那个数的符号,这些操作比较麻烦,运算的逻辑电路实现起来比较复杂。为了将加法和减法运算统一成只做加法运算,引入了反码和补码。

2.反码

反码表示法规定:正数的反码与其原码相同,负数的反码为对该数的原码除符号位外,其余各位按位取反,即 0 变为 1,1 变为 0。反码使用得比较少,它只是补码的一种过渡。

例如,设带符号的真值 X＝＋78,Y＝－78,则它们的反码分别为

$$(X)_反＝01001110,(Y)_反＝10110001$$

3.补码

补码表示法规定:正数的补码与其原码相同,负数的补码是其反码加 1。

例如,设带符号的真值 X＝＋78,Y＝－78,则它们的补码分别为

$$(X)_补＝01001110,(Y)_补＝10110010$$

引入补码后,两个数的加、减法运算可以统一用加法运算来实现,此时两个数的符号位也当成数值直接参与运算,并且有这样一个结论,两个数的补码之"和"等于两个数之"和"的

补码,即

$$[X]_补 + [Y]_补 = [X+Y]_补$$

例如,计算39与45的差,可以转换成计算39与—45的和,其中39与—45都用补码表示,即

$$(39)_{10} - (45)_{10} = (39)_{10} + (-45)_{10}$$

因为

$$(39)_{10} = (00100111)_原 = (00100111)_反 = (00100111)_补$$

$$(-45)_{10} = (10101101)_原 = (11010010)_反 = (11010011)_补$$

所以

$$(39)_{10} + (-45)_{10} = (00100111)_补 + (11010011)_补 = (00100111 + 11010011)_补 = (11111010)_补$$

即

$$(11111010)_补 = (11111001)_反 = (10000110)_原 = (-6)_{10}$$

在计算机中一般采用补码来表示带符号的数。

自主实践活动

描述一种在日常生活中能够呈现两种状态的设备,如旗杆上的旗帜要么升起要么下降,给其中一种状态赋值1,另一种状态赋值0。

活动二 组装一台计算机

活动要求

为了提高计算机的性价比,经过讨论,公司财务部决定购买计算机散件,这样既可以节省成本,又可以考验技术部职员的计算机组装技术。小王作为公司的技术部职员,需要为公司组装一台计算机。

活动分析

一、思考与讨论

(1)计算机由哪些部分组成?

(2)计算机组装过程中要防止人体静电对电子器件造成损伤,如何消除人体静电?

(3)计算机的外围设备有哪些?

(4)如何正确拆装CPU与硬盘?

(5)操作系统应该怎样安装?

(6)安装软件的顺序是什么?

二、总体思路

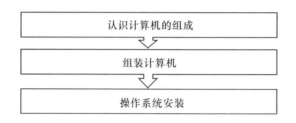

组装一台计算机

方法与步骤

一、认识计算机的组成

1.计算机的组成

计算机主要由主机、显示器、键盘、鼠标等组成，如图 1-2-1 所示。其中，输入设备有键盘和鼠标；输出设备有显示器。

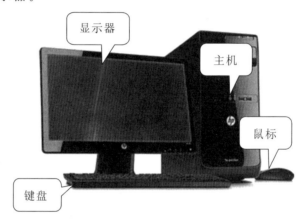

图 1-2-1　计算机的组成

2.计算机主机

计算机主机主要由主板、CPU、内存、硬盘、显卡、声卡、电源、机箱、网卡、光驱等组成。

（1）主板。主板是计算机主机内最大的一块电路板，计算机主机中的其他零件，如CPU、内存、显卡及各种扩展设备都安装在主板上，所以也称其为母板。

（2）CPU。CPU 作为计算机最核心的设备，被比拟为"人类的大脑"，它负责整个计算机系统指令的执行、数字与逻辑运算、数据存储和传送及输入/输出的控制，是整个系统的核心。

（3）内存。内存又称为内存储器，其作用是暂时存放 CPU 中的运算数据，以及与硬盘等外存储器交换数据。

（4）硬盘。硬盘是计算机的外存储器，硬盘的存储容量特别大，通常以 GB 为单位来计算，是计算机的主要存储设备之一。

（5）显卡。显卡又称为图形加速卡或显示适配器，它是显示器与主机通信的控制电路和接口，是计算机中必不可少的设备。

（6）声卡。声卡是计算机系统的基本组成部分之一，计算机中的声音大部分都是由声卡发出的,声卡对计算机系统声音输出的性能及表现起着决定性的作用。

(7)电源。计算机的电源是一个封闭的独立部件,是计算机的重要组成部分,它可以将220 V的交流电转换为电压稳定的直流电。

(8)机箱。机箱主要为电源、主板、硬盘、光驱及各种扩展卡提供放置的空间,可以保护计算机设备,并且能起到防辐射和防电磁干扰的作用。

(9)网卡。网卡是计算机连接计算机网络的设备,也称为网络适配器。网卡是组成计算机网络最重要的连接设备。

(10)光驱。光驱是计算机用来读写光盘内容的设备,也是台式计算机和笔记本电脑中比较常见的一个部件。

二、组装计算机

1.组装计算机主机

计算机主机的组装包括安装电源、CPU和CPU散热风扇、内存和主板、显卡和硬盘及光驱。

(1)安装电源。将机箱平放在地面上,将电源放置到电源舱中,对齐螺钉孔,使用螺钉将电源固定到机箱上,拧紧螺钉即可,如图1-2-2所示。

(2)安装CPU和CPU散热风扇。把主板放在平稳处,将CPU插槽旁边的压杆向外侧移动,然后将CPU放入插槽中,注意CPU的引脚要与插槽吻合,压下CPU插槽旁边的压杆,当压杆发出响声时,表示已经回到原位。CPU安装好后,将CPU散热风扇放在风扇托架上,并用扣具将其固定好,固定好CPU散热风扇后,将风扇的电源接头插在主板上的三针电源接口上,插好电源接头后,即可完成CPU和CPU散热风扇的安装,如图1-2-3所示。

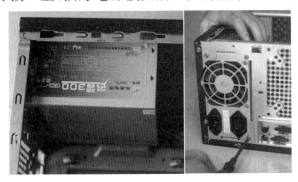

图1-2-2 安装电源　　　　　图1-2-3 安装CPU和CPU散热风扇

> **提醒**
>
> 在往CPU插槽中安装CPU时,要注意三角对三角原则,即在CPU背面一角上有一个小三角形,在CPU插槽的一角也标有一个小三角形,安装CPU时遵循三角对三角原则就不会安装错误。

(3)安装内存和主板。找到主板上的内存插槽,然后将两端的白色卡扣向外扳开,将内存金手指上的缺口与主板内存插槽的缺口位置对好,垂直用力将内存按下,当听到"咔"的一声时,表示内存插槽两边的卡扣已经扣上,内存就安装好了。在安装主板前,找到主板的跳线,将主板跳线依次插入相应的接口上,并观察机箱后面I/O接口的位置与接口挡板是否吻合,确保主板与定位孔对齐,使用螺丝刀和螺钉将主板固定在机箱中,如图 1-2-4 所示。

图 1-2-4　安装内存和主板

（4）安装显卡和硬盘。在主板上找到 PCI-E 显卡插槽,将显卡轻轻插入插槽,用手轻压显卡,使显卡和插槽紧密结合,插好显卡后,用螺钉和螺丝刀将显卡固定在机箱上。将硬盘由内向外放入机箱的硬盘托架上,在机箱中调整硬盘的位置,对齐硬盘和机箱上螺钉孔的位置,用螺钉将硬盘两侧固定好,如图 1-2-5 所示。

（5）安装光驱。在机箱上取下光驱的前挡板,将光驱从外向内沿滑槽插入光驱托架中,调整好光驱位置后,用螺钉将其两侧固定,如图 1-2-6 所示。

图 1-2-5　安装显卡和硬盘　　　　　　　　图 1-2-6　安装光驱

（6）安装完机箱内部的各个部件后,需要连接计算机各部件的电源线和数据线。连接电源线和数据线时,一定要做到认真、仔细。

2.连接计算机外围设备

外围设备的连接主要是指显示器、键盘、鼠标及音箱或耳机的连接。

（1）连接显示器。安装显示器的底座,将显示器的数据线与主机上显卡的接口连接,然后连接显示器的电源,如图 1-2-7 所示。

（2）连接键盘、鼠标。将键盘、鼠标与主机上的相应接口连接,如图 1-2-8 所示。

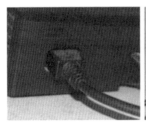

图 1-2-7　连接显示器　　　　　　　　　　图 1-2-8　连接键盘和鼠标

（3）连接音箱或耳机。将音箱或耳机与主机上的相应接口连接，如图1-2-9所示。

图1-2-9 连接音箱或耳机

Windows10系统安装

三、操作系统安装

1.安装 Windows 10 操作系统方法

（1）光盘安装，是最早的原始安装方法，购买正版 Windows 10 系统盘，赠送一个安装光盘。适合保密要求高的机构安装操作系统。特点：保密等级高，安装速度慢。

（2）U 盘安装，是目前主流的安装方式，把 U 盘做成可启动系统或可引导 PE 模式安装系统。特点：安装速度快，适合懂计算机的老手。

（3）用系统安装工具（MediaCreationTool21H2，目前最新版本），直接升级计算机系统，使用环境：PC 有操作系统，能正常进入计算机桌面。特点：适合新手，简单快速，Windows 10 重装无需安装驱动。

2.安装 Windows 10 操作系统

用第三种方法安装 Windows 10 操作系统。

（1）首选下载官方安装系统工具中的最新版本，如图1-2-10所示。

（2）微软官方下载 MediaCreationTool21H2 工具，如图1-2-11所示。

图1-2-10 下载官方安装系统工具窗口　　　图1-2-11 MediaCreationTool21H2 工具

工具介绍：

使用此工具需要连接网络。

使用该工具可将这台计算机升级到最新版本 Windows 10 系统。

可以在当前 PC 上从 Windows 7 或 Windows 8.1 进行升级。

使用该工具可创建 Windows 10 安装 U 盘和安装光盘启动，至少保证有 8 GB 的 U 盘容量，以便在其他计算机上安装 Windows 10 系统。

双击运行，下载的系统安装工具。

（3）单击"安装"按钮，接受许可条款，如图 1-2-12 所示。

（4）出现选择窗口，如图 1-2-13 所示。

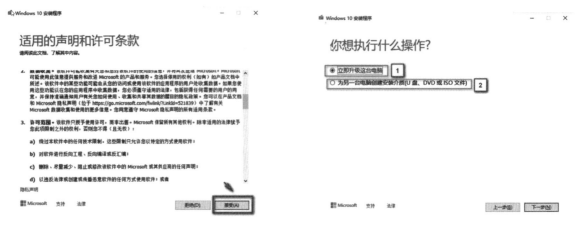

图 1-2-12　适用的声明和许可条款窗口　　　　　　图 1-2-13　选择安装窗口

第一个，立即升级这台计算机，是在原系统上重新安装 Windows 10 操作系统，提前备份计算机重要数据。安装完不需要安装计算机驱动程序。

第二个，把下载的最新 Windows 10/11 镜像做成 U 盘、DVD 启动或 ISO 文件，方便可移动设备去安装其他计算机。

（5）本书选择"立即升级这台电脑"前的按钮，单击"下一步"按钮，出现如图 1-2-14 所示的窗口，完成后出现如图 1-2-15 所示的窗口。

图 1-2-14　进度窗口　　　　　　　　　　　图 1-2-15　安装完成窗口

（6）重启计算机后，即启动 Windows 10 操作系统，如图 1-2-16 所示。

图 1-2-16　启动 Windows 10 操作系统

■■ 知识链接

使用虚拟机安装操作系统

　　虚拟机是指通过软件模拟具有完整功能的硬件系统,运行与真实计算机隔离的仿真计算机系统。虚拟机可以让我们在计算机上同时安装运行多个操作系统。常见的虚拟机工具软件有 VMware、VirtualBox 和 Windows 操作系统自带的 Hyper-V,这里讲述虚拟机工具软件 VirtualBox(可用于 Windows、Linux 等不同类型的操作系统),界面如图 1-2-17 所示。

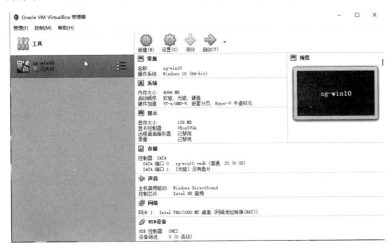

图 1-2-17　VirtualBox 界面

　　使用虚拟机安装操作系统的参考步骤如下:

　　(1)设置虚拟机。在 VirtualBox 主界面单击"新建"图标,打开"新建虚拟电脑"对话框,输入名称、文件夹(虚拟机存放位置)、类型和版本(根据安装的操作系统确定)等信息,设置内存大小;将虚拟硬盘选项设为"现在创建虚拟硬盘",单击"创建"按钮,在打开的"创建虚拟硬盘"对话框中,设置虚拟硬盘大小,选择虚拟硬盘文件类型("VMDK"),"存储在物理硬盘上"选项设为"动态分配",然后单击"创建"按钮,如图 1-2-18 和图 1-2-19 所示。

图 1-2-18　"新建虚拟电脑"对话框

图 1-2-19　"创建虚拟硬盘"对话框

（2）载入操作系统安装盘。在 VirtualBox 主界面中，选择"存储"→"光驱"，在打开的菜单中选择"选择虚拟盘"，在"请选择一个虚拟光盘文件"对话框中选择操作系统安装盘镜像文件（如"Windows 10 64 位"安装镜像文件），单击"打开"按钮，如图 1-2-20 所示。

（a）选择安全文件位置　　　　　　　　　　　　　　（b）选择安装文件

图 1-2-20　选择操作系统安装盘镜像文件

（3）启动安装进程。单击"启动"图标，稍等一会儿，就可以在虚拟机运行窗口中看到操作系统安装的操作提示页面。按提示进行相应操作，完成操作系统安装。

自主实践活动

尝试组装一台计算机，或者通过网络或其他渠道进一步了解计算机各部件（如 CPU、硬盘等）的分类、性能及生产厂家等情况。

活动三　使用操作系统

活动要求

安装完 Windows 10 操作系统后，首先要熟悉 Windows 10 操作系统的使用，了解 Windows 10 的启动和退出、桌面、"开始"菜单、窗口、菜单和对话框等。

活动分析

一、思考与讨论

（1）为了更好地使用 Windows 10 操作系统，应该如何安全地开关计算机？

（2）Windows 10 操作系统的"开始"菜单由哪些部分组成？

（3）Windows 10 操作系统的窗口有哪些基本操作？

（4）计算机可以进行多用户设置，不同用户之间如何切换？"注销"和"切换用户"有什么区别？

（5）为什么计算机进入休眠状态会更省电？

二、总体思路

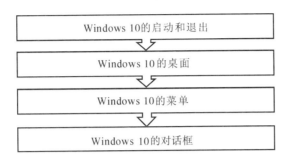

```
┌─────────────────────────────┐
│   Windows 10 的启动和退出      │
└─────────────────────────────┘
              ↓
┌─────────────────────────────┐
│     Windows 10 的桌面         │
└─────────────────────────────┘
              ↓
┌─────────────────────────────┐
│     Windows 10 的菜单         │
└─────────────────────────────┘
              ↓
┌─────────────────────────────┐
│    Windows 10 的对话框        │
└─────────────────────────────┘
```

方法与步骤

一、Windows 10 的启动和退出

1. Windows 10 的启动

（1）依次按下显示器和机箱上的电源开关，计算机会自动启动。

（2）在用户名下方的文本框中输入密码，按"Enter"键或者单击文本框右侧的按钮，开始加载个人设置，如图 1-3-1 所示。

（3）几秒之后进入 Windows 10 系统桌面，如图 1-3-2 所示。

图 1-3-1　用户登录界面　　　　　图 1-3-2　Windows 10 系统桌面

2. Windows 10 的退出

1）关机

计算机的关机与平常使用的家用电器不同，不是简单的关闭电源就可以了，需要在系统中进行操作。

（1）正常关机。要退出 Windows 10 系统并关闭计算机时，单击"开始"按钮，在弹出的"开始"菜单中单击"电源"按钮，选择"关机"按钮，如图 1-3-3 所示。系统将自动保存相关的信息。系统退出后，主机的电源会自动关闭，指示灯灭，此时关闭显示器电源开关，计算机就安全关闭了。

（2）非正常关机。当用户在使用计算机的过程中，突然出现"死机""黑屏"等情况，不能通过"开始"菜单关闭计算机时，只能按住主机箱上的电源开关，几秒后主机会关闭，然后关闭显示器的电源开关即可。

2）睡眠

睡眠是退出 Windows 10 操作系统的另一种方法，单击"开始"按钮，弹出"开始"菜单，单击"电源"按钮，在弹出的选项列表中单击"睡眠"按钮，如图 1-3-4 所示。

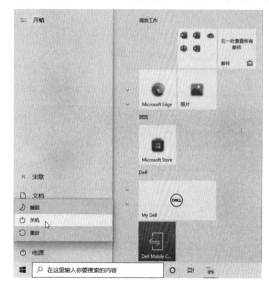

图 1-3-3　单击"关机"按钮

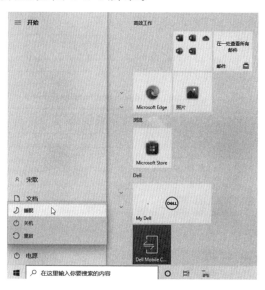

图 1-3-4　选择"睡眠"命令

如果用户要从睡眠状态中唤醒计算机，则必须重新启动计算机。按下主机上的电源开关，启动计算机并再次登录，会发现计算机已恢复到睡眠前的工作状态，用户可以继续完成睡眠前的工作。

3）锁定

当用户有事需要暂时离开，但是计算机还在进行某些操作不方便停止，又不希望其他人查看自己计算机里的信息时，就可以锁定计算机。操作方法是同时按住 Windows 键和"L"键，计算机即锁定。

计算机锁定在"用户登录界面"时，用户只有输入登录密码，才能再次使用计算机。

4）注销

Windows 10 与之前的操作系统一样，允许多用户共同使用一台计算机上的操作系统，每个用户都可以拥有自己的工作环境并对其进行相应的设置。单击"开始"按钮，弹出"开始"菜单，单击"用户"按钮（"宋歌"为用户名），在弹出的选项列表中选择"注销"命令，如图 1-3-5 所示。

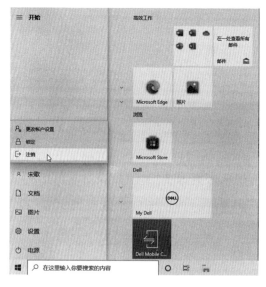

图 1-3-5　选择"注销"命令

如果当前用户还有程序在运行，则会出现提示对话框，单击"取消"按钮，系统会取消注销操作，恢复到系统界面。如果单击"强制注销"按钮，系统会强制关闭运行的程序，快速切换到用户登录界面。

二、Windows 10 的桌面

登录 Windows 10 操作系统后，首先展现在用户眼前的就是桌面。用户完成的各种操作都是在桌面上进行的，它包括桌面背景、桌面图标、任务栏和"开始"按钮 4 个部分。

1.桌面背景

桌面背景是指桌面的背景图案，又称为桌布或墙纸，用户可以根据自己的喜好更改桌面背景。

2.桌面图标

桌面图标是由一个形象的小图片和说明文字组成的，图片是它的标识，文字则表示它的名称或功能，如图 1-3-6 所示。桌面上所有的文件、文件夹及应用程序都用图标来形象地表示，双击这些图标就可以快速打开文件、文件夹或应用程序。例如，双击"此电脑"图标可打开"此电脑"窗口，如图 1-3-7 所示。

图 1-3-6　桌面图标

图 1-3-7　"此电脑"窗口

3.任务栏

在 Windows 10 中，任务栏是全新设计的，它拥有新的外观，除了依旧能在不同的窗口之间切换外，Windows 10 任务栏使用更加方便，功能更加强大和灵活。

（1）程序按钮区。程序按钮区主要放置的是已打开窗口的最小化按钮，单击这些按钮就可以在窗口间切换。在任意一个程序按钮上右击，弹出快捷菜单，选择"固定到任务栏"命令，如图 1-3-8 所示。用户可以将常用程序"固定"到"任务栏"上，以方便访问，还可以根据需要通过单击和拖动操作重新排列任务栏上的图标。

图 1-3-8　选择"固定到任务栏"命令

　　（2）通知区域。通知区域位于任务栏的右侧，除了系统时钟、音量、网络和操作中心等系统图标之外，还包括一些正在运行的程序图标，或提供访问特定设置的途径。用户看到的图标取决于已安装的程序或服务，以及计算机制造商设置计算机的方式。将鼠标指向特定图标，会看到该图标的名称或某个设置的状态。有时，通知区域中的图标会显示小的提示框，向用户通知某些信息。同时，用户可以根据自己的需要设置通知区域的显示内容。

4."开始"按钮

　　单击"开始"按钮，打开"开始"菜单。"开始"菜单是计算机程序、文件夹和设置的主通道，在"开始"菜单中几乎可以找到所有的应用程序，方便用户进行各种操作。

三、Windows 10 的菜单

　　在 Windows 10 中，菜单是比较重要的组件。

1.菜单的分类

　　Windows 10 操作系统的菜单可以分为两类：一类是下拉菜单；另一类是右键快捷菜单。

　　（1）下拉菜单。为了使用户更加方便地使用菜单，Windows 10 操作系统将菜单统一放在窗口的菜单栏中。选择菜单栏中的某个菜单，即可展开下拉菜单，如图 1-3-9 所示。

　　（2）右键快捷菜单。在 Windows 10 操作系统中还有一种菜单被称为快捷菜单，用户只要在文件或文件夹、桌面空白处、窗口空白处、任务栏空白处等区域右击，即可弹出一个快捷菜单，其中包含选中对象的一些操作命令，如图 1-3-10 所示。

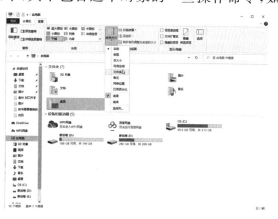

图 1-3-9　下拉菜单

图 1-3-10　右键快捷菜单

2.菜单的使用

　　Windows 10 操作系统的菜单中包含了很多命令，用户可以通过这些命令来完成各种操作。

　　这里以"回收站"为例，介绍右键快捷菜单的使用。

　　在桌面的"回收站"图标上右击，即可弹出快捷菜单，如图 1-3-11 所示。

在快捷菜单中列出了相关的命令,用户可以根据需要选择其中的命令进行操作,如选择"创建快捷方式"命令,即可在桌面上创建一个"回收站"的快捷方式图标,如图 1-3-12 所示。

图 1-3-11 "回收站"快捷菜单　　　　　图 1-3-12 创建"回收站"快捷方式

四、Windows 10 的对话框

对话框可以看作一种人机交流的媒介,当用户对对象进行操作时,会自动弹出一个对话框,以给出进一步的说明和操作提示。

1.对话框的组成

对话框可以看作特殊的窗口,它与普通的 Windows 10 窗口有相似之处,但是比一般窗口更加简洁直观。对话框的大小是不可以改变的,并且用户只有在完成对话框要求的操作后才能进行下一步的操作。

以图片另存为为例,在"另存为"对话框中,用户只有输入要保存的文件名后,才能单击"保存"按钮,否则无法进行下一步的操作,如图 1-3-13 所示。

图 1-3-13 "另存为"对话框

Windows 10 对话框的形态与其他操作系统有些不同,但是所包含的元素相似。一般来说,对话框都是由标题栏、选项卡、文本框、列表框、下拉列表框、微调框、命令按钮、单选按钮

和复选框等部分组成的。

2.对话框的操作

对话框的基本操作包括对话框的移动和关闭，以及对话框中各选项卡之间的切换。

（1）移动对话框。移动对话框的方法有 3 种，分别是手动、利用右键快捷菜单和利用控制菜单。

（2）关闭对话框。关闭对话框和关闭窗口相似，可以通过以下方法来实现。

①利用"关闭"按钮。单击对话框标题栏右侧的"关闭"按钮，即可将需要关闭的对话框关闭。

②利用右键快捷菜单。将鼠标指针移动到对话框标题栏上右击，在弹出的快捷菜单中选择"关闭"命令即可。

③利用控制菜单。单击对话框标题栏左侧的"控制"图标，然后在弹出的菜单中选择"关闭"命令，即可关闭对话框。

④利用组合键。按"Alt＋F4"组合键可以快速将对话框关闭。

（3）切换选项卡。通常情况下，一个对话框由多个选项卡组成，用户可以通过鼠标和键盘进行各选项卡之间的切换。

①利用鼠标切换。通过鼠标来进行切换很简单，只需用鼠标直接单击要切换的选项卡即可。

②利用键盘切换。用户可以按"Ctrl＋Tab"组合键，从左到右切换各个选项卡；按"Ctrl＋Shift＋Tab"组合键，可以反方向切换。

知识链接

一、设置个性化桌面

在 Windows 10 操作系统中，桌面主题是指由桌面背景、声音、图标及其他元素组合而成的集合。用户可以设置个性化桌面，并对操作系统环境进行定制。

（1）在桌面空白处右击，在弹出的快捷菜单中选择"个性化"命令，弹出"个性化"窗口，在"主题"选项组中选择"鲜花"选项，如图 1-3-14 所示。

（2）将主题设置为"鲜花"桌面主题，如图 1-3-15 所示。

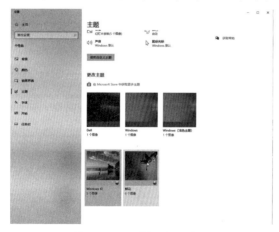

图 1-3-14　选择桌面主题

图 1-3-15　设置桌面主题

二、系统维护

对于精密而复杂的计算机设备来说,计算机软件系统的运行直接影响计算机的工作效率。因此,从软件方面对计算机进行维护,才能正常运行计算机。

1.关闭多余的启动项

对于启动项,用户可以通过"系统配置"对话框进行确认。有些项目是启动 Windows 10 操作系统时必须启用的,有些则可以根据需要将其禁用。

(1)右键单击"开始"按钮,打开"开始"菜单,选择"运行"(R)命令,弹出"运行"对话框,在"打开"文本框中输入"msconfig",如图 1-3-16 所示。

(2)单击"确定"按钮,弹出"系统配置"对话框,切换至"启动"选项卡,单击"打开任务管理器",选择不需要启用的项目,单击右下"禁用(A)"按钮即可,如图 1-3-17 所示。

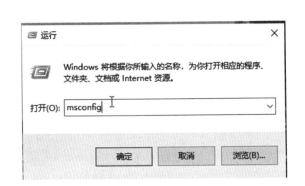

图 1-3-16　输入运行参数　　　　　　图 1-3-17　禁用不需要应用的项目

> 💡 提醒
>
> 除了上述方法可以优化开机速度外,用户还可以在开机时首先对硬件进行检测,并在 BIOS 中关闭一些不必要的检测项。

2.关闭系统保护功能

系统保护是 Windows 10 操作系统自带的一个功能,可以利用所选系统文件和程序文件的备份将系统还原到以前的状态。如果长时间使用系统保护功能,则生成的备份文件就会占用大量的硬盘空间,因此有必要对其进行优化,以减少硬盘占用量。

(1)在"系统"窗口中选择"高级系统设置"选项,弹出"系统属性"对话框,切换至"系统保护"选项卡,单击"配置"按钮,如图 1-3-18 所示。

(2)弹出"系统保护 OS(C:)"对话框,在"还原设置"选项组中选中"禁用系统保护"单选按钮,单击"确定"按钮,即可关闭系统保护功能,如图 1-3-19 所示。

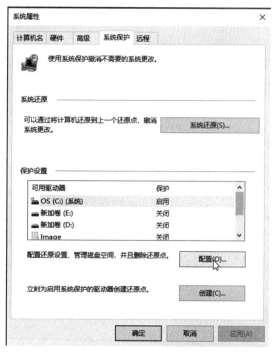

图 1-3-18　单击"配置"按钮

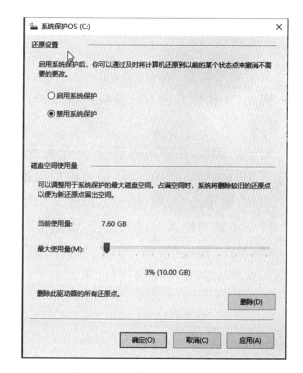

图 1-3-19　禁用系统保护功能

3.选择系统更新时间

自动更新功能虽然可以保证操作系统的更新时效，但它拖慢了系统的运行速度，用户可以根据需要选择系统更新时间。

（1）单击"开始"按钮，打开"开始"菜单，选择"设置"命令，弹出"Windows 设置"窗口，选择"更新和安全"选项，如图 1-3-20 所示。

（2）弹出"Windows 更新"窗口，选择"高级选项"选项，如图 1-3-21 所示。

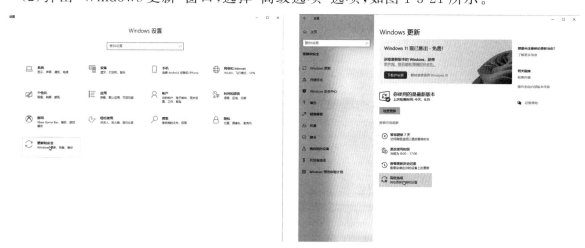

图 1-3-20　选择"更新和安全"选项　　　　　　图 1-3-21　选择"高级选项"选项

（3）在"高级选项"窗口中，关闭相关选项，暂停更新，即临时暂停最多 35 天，如图 1-3-22 所示。

图 1-3-22 关闭相关选项

自主实践活动

了解在 Windows 10 操作系统中使用多种方法打开"控制面板"窗口的操作,熟悉 Windows 10 操作系统的桌面、窗口及文件夹的使用方法。

活动四 管理信息资源

活动要求

小王所在的工作组成员需要将科信集团近 7 年来的视频文件、财务表格、办公文档等文件进行收集与整理,将各个文件保存在不同目录下,然后将关于集团的文件保存在"科信集团公司"库中。

活动分析

一、思考与讨论

(1)管理文件夹时,如何确定合理的文件夹名称?如何隐藏与显示文件夹?
(2)管理文件夹中的文件时,如何搜索、移动与复制文件?
(3)运用库功能时,如何建立库?怎样将库与文件夹或文件相互关联?

二、总体思路

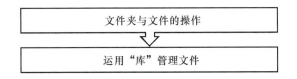

文件夹与文件的操作

运用"库"管理文件

■■ **方法与步骤**

一、文件夹与文件的操作

1.新建文件夹

（1）双击桌面上的"计算机"图标，打开"计算机"窗口，双击"娱乐磁盘（E:）"盘符，进入 E 盘窗口，右击窗口空白处，弹出快捷菜单，选择"新建"→"文件夹"命令，如图 1-4-1 所示。

（2）新建一个文件夹，进入文件夹名称输入状态，输入文件夹名称，如图 1-4-2 所示。

图 1-4-1　选择"新建"→"文件夹"命令

图 1-4-2　输入文件夹名称

2.移动文件与文件夹

移动文件与移动文件夹的操作方法类似，下面以移动文件夹为例进行介绍。

（1）选择要移动的文件夹，单击工具栏中的"组织"下拉按钮，展开下拉列表，选择"剪切"命令，如图 1-4-3所示。

（2）打开目标磁盘或目录窗口，在"组织"下拉列表中选择"粘贴"命令，如图 1-4-4 所示。移动所选文件夹时，如果文件夹较大，则会弹出"复制"对话框，显示复制进度。

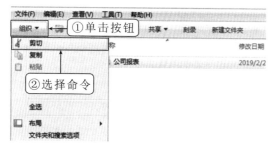

图 1-4-3　选择"剪切"命令

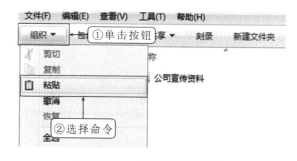

图 1-4-4　选择"粘贴"命令

💡 **提醒**

选中要移动的对象，按"Ctrl＋X"组合键进行剪切，选择目标位置后按"Ctrl＋V"组合键进行粘贴，也可以将选中的文件或文件夹移动到目标位置处。

3.复制文件与文件夹

下面以复制文件夹为例进行介绍。

（1）选择要复制的文件夹，单击工具栏中的"组织"下拉按钮，展开下拉列表，选择"复制"命令，如图1-4-5所示。

（2）打开目标磁盘或目录窗口，在"组织"下拉列表中选择"粘贴"命令，粘贴文件夹，如图

1-4-6 所示。

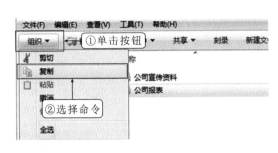

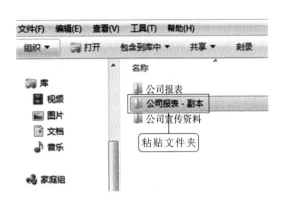

图 1-4-5 选择"复制"命令   图 1-4-6 "粘贴"文件夹

提醒

复制与移动文件或文件夹,是管理文件过程中经常需要进行的操作。复制是创建文件或文件夹的副本,多用于备份文件;而移动是将文件或文件夹从指定位置移动到其他位置,多用于转移文件。

4.隐藏文件与文件夹

下面以隐藏文件夹为例进行介绍。

(1)选择要隐藏的文件夹,单击工具栏中的"组织"下拉按钮,展开下拉列表,选择"属性"命令,如图 1-4-7 所示。

(2)弹出"公司宣传资料 属性"对话框,勾选"隐藏"复选框,单击"确定"按钮,即可隐藏文件夹,如图 1-4-8 所示。

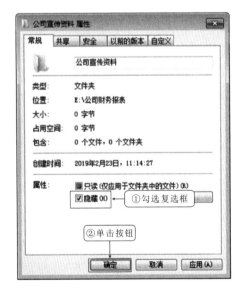

图 1-4-7 选择"属性"命令   图 1-4-8 "公司宣传资料 属性"对话框

5.删除文件与文件夹

为了节省磁盘空间,可以将一些没有用的文件或文件夹删除。文件或文件夹的删除可以分为暂时删除(暂存到回收站中)和彻底删除(回收站不存储)两种。

(1)暂时删除文件或文件夹。通过以下几种方法删除文件或文件夹,可以将其暂存在回收站中。

①利用右键快捷菜单。在需要删除的文件夹（或文件）上右击，在弹出的快捷菜单中选择"删除"命令，如图 1-4-9 所示。

弹出"删除文件夹"对话框（或"删除文件"对话框），询问是否需要将此文件夹（或文件）放入回收站，如图 1-4-10 所示。单击"是"按钮，即可将选中的文件夹（或文件）放入回收站中。

图 1-4-9　选择"删除"命令

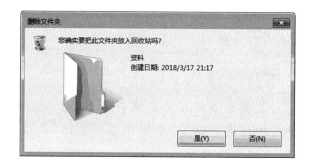

图 1-4-10　"删除文件夹"对话框

②利用工具栏上的"组织"按钮。选中要删除的文件或文件夹，单击工具栏中的"组织"下拉按钮，在展开的下拉列表中选择"删除"命令，弹出对话框，询问是否需要将其放入回收站。单击"是"按钮，即可将选中的文件或文件夹放入回收站中。

③利用"Delete"键。选中要删除的文件或文件夹，然后按"Delete"键，弹出对话框，询问是否需要将其放入回收站。单击"是"按钮，即可将选中的文件或文件夹放入回收站中。

④利用鼠标拖动。选中需要删除的文件或文件夹，按住鼠标左键不放，将其拖动到桌面的"回收站"图标上，释放鼠标左键即可。

（2）彻底删除文件或文件夹。一旦文件或文件夹被彻底删除，就不能再恢复了，在回收站中将不再存放这些文件或文件夹。通过以下几种方法可以彻底删除文件或文件夹。

①利用"Shift"键＋右键快捷菜单。选中要删除的文件或文件夹，按住"Shift"键的同时在该文件或文件夹上右击，在弹出的快捷菜单中选择"删除"命令，弹出对话框，提示是否永久删除。单击"是"按钮，即可将选中的文件或文件夹彻底删除。

②利用"Shift"键＋"组织"按钮。选中要删除的文件或文件夹，按住"Shift"键的同时单击工具栏上的"组织"下拉按钮，在展开的下拉列表中选择"删除"命令，弹出对话框，提示是否永久删除。单击"是"按钮，即可将选中的文件或文件夹彻底删除。

③利用"Shift＋Delete"组合键。选中要删除的文件或文件夹，按"Shift＋Delete"组合键，在弹出的对话框中单击"是"按钮即可。

④利用"Shift"键＋鼠标拖动。选中要删除的文件或文件夹，按住"Shift"键的同时，按住鼠标左键不放，将其拖动到"回收站"图标上，释放鼠标左键即可。

二、运用"库"管理文件

1.创建"科信集团公司"库

（1）双击桌面上的"计算机"图标，打开"计算机"窗口，在左侧导航窗格中选择"库"选项，

运用"库"管理文件

进入"库"窗口,单击"新建库"按钮,如图1-4-11所示。

(2)在库名称输入框内输入"科信集团公司",按"Enter"键确认,如图1-4-12所示。

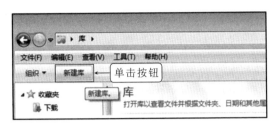

图1-4-11 "库"窗口

图1-4-12 新建库

2.将相关文件夹包含到"科信集团公司"库中

(1)在D盘根目录下,右击"战略发展规划"文件夹,在弹出的快捷菜单中选择"包含到库中"→"科信集团公司"命令,如图1-4-13所示。

(2)在"库"窗口中,右击"科信集团公司"库,在弹出的快捷菜单中选择"属性"命令,弹出"科信集团公司 属性"对话框,如图1-4-14所示。

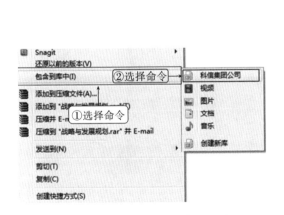

图1-4-13 将文件夹包含到库中

图1-4-14 "科信集团公司 属性"对话框

(3)单击"包含文件夹"按钮,弹出"将文件夹包括在'科信集团公司'中"对话框,选中E盘下的"联系群众"文件夹,单击"包括文件夹"按钮,如图1-4-15所示。

(4)返回"科信集团公司 属性"对话框,单击"应用"和"确定"按钮,如图1-4-16所示,完成文件夹包含。

图 1-4-15　"将文件夹包括在'科信集团
公司'中"对话框

图 1-4-16　单击"应用"和"确定"按钮

（5）使用上述方法，将 D 盘的"公司宣传视频"和 D 盘的"三十周年庆"3 个文件夹包含到"科信集团公司"库中，结果如图 1-4-17 所示。

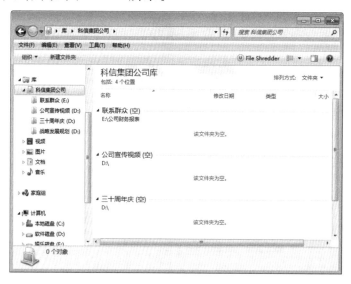

图 1-4-17　"科信集团公司"库

> **提醒**
>
> 　　将文件和文件夹包含到库，不是将文件和文件夹复制到库中，而是将文件和文件夹进行索引，保存相关信息到库中。简单地说，库里保存的只是快捷方式，并没有改变文件和文件夹的原始路径。

知识链接

一、压缩与解压缩文件或文件夹

在 Windows 10 操作系统中,无需安装第三方工具即可对文件与文件夹进行压缩。下面以文件夹的操作为例进行介绍。

1.压缩文件夹

右击要压缩的文件夹,在弹出的快捷菜单中选择"发送到"→"压缩(zipped)文件夹"命令,如图 1-4-18 所示。

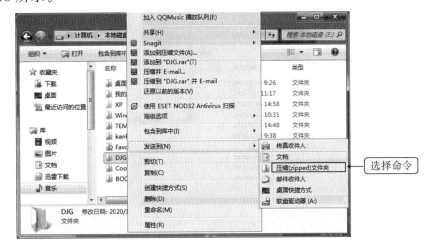

图 1-4-18　压缩文件夹

2.解压缩文件

(1)右击要解压缩的文件,在弹出的快捷菜单中选择"全部提取"命令,如图 1-4-19 所示。

(2)弹出"提取压缩(Zipped)文件夹"对话框,设置提取文件的路径,单击"提取"按钮即可,如图 1-4-20 所示。

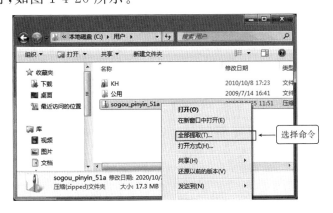

图 1-4-19　选择"全部提取"命令

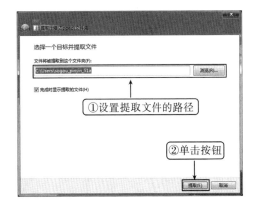

图 1-4-20　设置提取文件的路径

二、加密文件或文件夹

对于计算机中一些较重要的文件或文件夹,可以为其设置密码保护,这样其他用户访问该文件或文件夹时,必须使用密码才能打开。加密文件或文件夹的方法如下。

（1）打开文件夹属性对话框，单击"高级"按钮，弹出"高级属性"对话框，勾选"加密内容以便保护数据"复选框，如图 1-4-21 所示；依次单击两个对话框的"确定"按钮。

（2）在弹出的"确认属性更改"对话框中单击"确定"按钮，将加密设置应用到该文件夹上，如图 1-4-22 所示。

图 1-4-21　设置加密选项

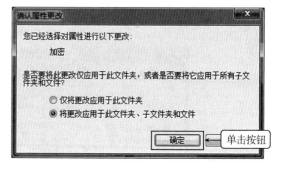

图 1-4-22　应用加密设置

■ 自主实践活动

学校要举办艺术节，你作为艺术节领导小组的成员，负责管理艺术节期间的文件。请尝试建立"艺术节"库，包含艺术节期间的相关文件。

项目考核

一、填空题

（1）信息一般的表现形态有_____、_____、_____和_____。

（2）$(101100110)_2 = ($ _____ $)_{10}$。

（3）计算机一般包括_____、显示器、_____、鼠标和音箱。

（4）保存在不同目录下的文件可以_____，以便管理文件。

二、简答题

（1）简述 Windows 10 操作系统窗口的组成。

（2）Windows 10 操作系统的安装步骤有哪些？

② 项目二
网络应用

情境描述

从农耕时代到工业时代,再到信息时代,技术力量不断推动人类创造新的世界。网络正以改变一切的力量,在全球范围内掀起一场影响人类所有层面的深刻变革,人类正站在一个新的时代到来的前沿。

身处这个时代,人们应该掌握计算机网络基础知识和网络办公技能,如搭建网络工作环境、利用浏览器浏览网页新闻、检索网络资源及收发电子邮件等。各种网络工具也可以丰富、方便人们的学习、生活和工作。

活动一　认识网络

活动要求

计算机网络是计算机技术和通信技术相结合的产物。随着计算机网络技术的不断发展,计算机网络技术已广泛应用于办公自动化、企事业单位管理、生产过程控制、金融管理、医疗卫生等各个领域。计算机网络正在改变人们的工作和生活方式,并逐渐成为现代社会不可或缺的重要基础设施。本活动将介绍计算机网络的基础知识。

活动分析

一、思考与讨论

(1)OSI 参考模型分为几层? 每层的用途是什么?

(2)什么是网络协议? TCP/IP 的用途是什么?

(3)DNS 是什么? 它的用途有哪些?

二、总体思路

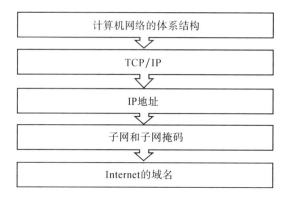

一、计算机网络的体系结构

计算机网络的体系结构是指计算机网络的层次结构模型，它是各层的协议及层次之间的接口的集合。在计算机网络中实现通信必须依靠网络通信协议，目前广泛采用国际标准化组织 1997 年提出的开放系统互联（open system interconnection，OSI）参考模型，习惯上称为 OSI 参考模型，如图 2-1-1 所示。

图 2-1-1　OSI 参考模型

1.物理层（physical layer）

物理层是整个 OSI 参考模型的最底层，它的任务就是提供网络的物理连接。物理层建立在物理介质而不是逻辑上的协议和会话之上，它提供的是机械和电气接口，主要包括电缆、物理接口和附属设备，如双绞线、同轴电缆、接线设备（如网卡等）、RJ-45 接口、串口和并口等。

物理层提供的服务包括物理连接、物理服务数据单元、顺序化（接收物理实体收到的比特顺序与发送物理实体所发送的比特顺序相同）和数据电路标识。

2.数据链路层（data link layer）

数据链路层建立在物理传输能力的基础上，以帧为单位传输数据，它的主要任务就是进行数据封装和建立数据链接。封装的数据信息中，地址段含有发送节点和接收节点的地址，控制段用来表示数据连接帧的类型，数据段包含实际要传输的数据，差错控制段用来检测传输中帧出现的错误。数据链路层可使用的协议有 SLIP、PPP、X.25 和帧中继等。常见的集线器和低档交换机等网络设备都工作在这个层次上,Modem 之类的拨号设备也是。工作在这个层次上的交换机俗称"第二层交换机"。

具体地讲,数据链路层的功能包括数据链路连接的建立与释放、构成数据链路数据单元、数据链路连接的分裂、定界与同步、顺序和流量控制及差错的检测和恢复等方面。

3. 网络层(network layer)

网络层解决的是网络与网络之间,即网际的通信问题,而不是同一网段内部的通信问题。网络层的主要功能是提供路由,即选择到达目标主机的最佳路径,并沿该路径传送数据包。除此之外,网络层还要能够消除网络拥挤,具有流量控制和拥挤控制能力。网络边界中的路由器就工作在这个层次上,现在较高档的交换机也可直接工作在这个层次上,因为它们也提供了路由功能,俗称"第三层交换机"。

网络层的功能包括建立和拆除网络连接、路径选择和中继、网络连接多路复用、分段和组块、服务选择和流量控制等。

4. 传输层(transport layer)

传输层解决的是数据在网络之间的传输质量问题,它属于较高层次。传输层用于提高网络层服务质量,提供可靠的端到端的数据传输。例如,QoS 就是这一层的主要服务。这一层主要涉及网络传输协议,它提供了一套网络数据传输标准,如 TCP。

传输层的功能包括映像传输地址到网络地址、多路复用与分割、传输连接的建立与释放、分段与重新组装、组块与分块。

根据传输层所提供服务的主要性质,传输层服务可分为以下三大类。

A 类:网络连接具有可接受的差错率和可接受的故障通知率(网络连接断开和复位发生的比例),A 类服务是可靠的网络服务,一般指虚电路服务。

C 类:网络连接具有不可接受的差错率,C 类的服务质量最差,如数据报服务。

B 类:网络连接具有可接受的差错率和不可接受的故障通知率,B 类服务介于 A 类与 C 类之间,广域网和互联网提供的服务多是 B 类服务。

网络服务质量的划分是以用户要求为依据的。若用户要求比较高,则一个网络服务可能归为 C 类;反之,则可能归为 B 类甚至 A 类。

5. 会话层(session layer)

会话层利用传输层来提供会话服务,会话可能是一个用户通过网络登录到一个主机,或一个正在建立的用于传输文件的网络连接。

会话层的功能主要有会话连接到传输连接的映射、数据传送、会话连接的恢复和释放、会话管理、令牌管理和活动管理。

6. 表示层(presentation layer)

表示层用于处理数据的表示方式,如用于文本文件的 ASCII 和 EBCDIC,用于表示数字的 1S 或 2S 补码表示方式。如果通信双方采用不同的数据表示方式,它们就不能互相理解。表示层就是用于屏蔽这种不同之处。

表示层的功能主要有数据语法转换、语法表示、表示连接管理、数据加密和数据压缩。

7. 应用层(application layer)

应用层是 OSI 参考模型的最高层,它解决的是程序应用过程中的问题,直接面对用户的具体应用。应用层包含用户应用程序执行通信任务所需要的协议和功能，如电子邮件和文件传输等。在这一层中，TCP/IP 协议族中的 FTP、SMTP、POP 等协议得到了充分应用。

二、TCP/IP

TCP/IP 包括两个子协议：一个是传输控制协议（transmission control protocol，TCP）；另一个是互联网协议（Internet protocol，IP）。这两个子协议又包括许多应用型的协议和服务，使得 TCP/IP 的功能非常强大。

1.TCP

TCP 的主要作用是在计算机间可靠地传输数据包。因为 TCP 是面向连接的端到端的可靠协议，支持多种网络应用程序，所以目前已成为网络连接协议的标准。TCP 具有以下主要特征。

（1）TCP 是面向连接的，这意味着在任何数据实施交换之前，TCP 首先要在两台计算机之间建立连接进程。

（2）TCP 使用了序列号和返回通知，使用户确信传输的可靠性。序列号允许 TCP 的数据段被划分成多个数据包传输，然后在接收端重新组装成原来的数据段。返回通知验证了数据已收到。

（3）TCP 使用字节流通信，这意味着数据被当作没有信息的字节序列来对待。

2.IP

IP 可实现两个基本功能：寻址和分段。IP 可以根据数据报报头中包含的目的地址，将数据报传送到目的地址。在此过程中，IP 负责选择传送的"道路"，这种选择道路的功能称为路由功能。如果有些网络内只能传送小数据报，IP 还可以将数据报重新组装成小块，并在报头域内注明。IP 本身不保证数据包的准确到达，这个任务由路由器来完成，IP 只为计算机系统提供一个无连接的传输系统。

IP 不提供可靠的传输服务，不提供端到端的或（路由）节点到（路由）节点的确认。它对数据没有差错控制，只能使用报头的校验码，不提供重发和流量控制。

目前正在使用的 IP 版本是 IPv4，新的 IP 版本 IPv6 还在完善。IPv6 所要解决的问题主要是 IPv4 中 IP 地址远远不够的现象。IPv4 采用 32 位 IP 地址，而 IPv6 采用 128 位 IP 地址。

三、IP 地址

1.IP 地址的概念

所有计算机都必须有 Internet 上唯一的编号作为其标识，这个编号称为 IP 地址。为了在 Internet 上发送信息，一台计算机必须知道接收信息的远程计算机的 IP 地址，每个数据报中包含有发送方的 IP 地址和接收方的 IP 地址。

目前使用的 IPv4 规定，每台主机分配一个 32 位二进制数作为该主机的 IP 地址，如 10001100101110100101000100000001。它显然不便于记忆和输入，因此将 32 位二进制数分为 4 组，每组 8 位，各组之间用小圆点分隔，然后把各组二进制数对应转换成十进制数；这样上面的数字就对应为 140.186.81.1。这种表示方法称为点分十进制表示法。

整个 IP 地址可划分为两部分:高位部分为网络号,低位部分为主机号,如图 2-1-2 所示。网络号代表当前 IP 地址所在的网络,而主机号代表当前主机自己的标识,它们组合在一起就能全面反映出主机所在的网络位置。

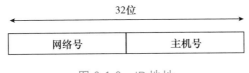

图 2-1-2　IP 地址

2.IP 地址的分类

IPv4 规定,IP 地址共有 5 种类型。

(1) A 类 IP 地址。在 A 类 IP 地址中,用 7 位标识网络号,24 位标识主机号,网络号部分的最前面一位固定为 0,所以 A 类 IP 地址的网络号包括整个 IP 地址的第一个 8 位地址段,它的取值为 1~126(0 与 127 有其他用途)。主机号包括整个 IP 地址的后 3 个 8 位地址段,共 24 位,主机号部分全 0 和全 1 不能用。

A 类 IP 地址一般提供给大型网络,目前共有 126 个可能的 A 类网络,每个 A 类网络最多可以连接 16 777 214 台计算机。A 类 IP 地址的网络数最少,但这类网络允许连接的计算机最多。

(2) B 类 IP 地址。在 B 类 IP 地址中,用 14 位标识网络号,16 位标识主机号,网络号部分的前两位固定为 10。

B 类 IP 地址的地址范围为 128.0.0.0~191.255.255.255,适用于中等规模的网络。B 类 IP 地址是 IP 地址应用的重点,目前约有 16 000 个 B 类网络。每个 B 类网络最多可以连接 65 534 台计算机。

(3) C 类 IP 地址。在 C 类 IP 地址中,用 21 位标识网络号,8 位标识主机号,网络号部分的前 3 位固定为 110。网络号部分共有 24 位,占整个 4 段 IP 地址中的 3 段,只有最后一段(8 位)是用来标识主机的。

C 类 IP 地址的地址范围为 192.0.0.0~223.255.255.255,适用于校园网等小型网络。C 类网络可达 209 余万个,每个网络能容纳 254 台主机。这类 IP 地址在所有地址类型中地址数最多,但这类网络允许连接的计算机最少。

随着公有 IP 地址日趋紧张,中小企业往往只能得到一个或几个真实的 C 类 IP 地址。因此,在企业内部网络中,只能使用专用(私有)IP 地址段。C 类 IP 地址中私有 IP 地址段是 192.168.0.0~192.168.255.254,C 类 IP 地址的其他地址段中的地址按规定是给广域网用户使用的。

> 💡 提醒
>
> 　　私有 IP 地址只在局域网内唯一,在全球范围内不具有唯一性,所以局域网中一台主机与网外通信时,要将私有 IP 地址转换成公有 IP 地址。

(4) D 类 IP 地址。在 D 类 IP 地址中,网络号的最高 4 位是 1110,它是专门保留的地址,并不指向特定的网络。目前这一类 IP 地址被用在多点广播中。

(5) E 类 IP 地址。在 E 类 IP 地址中,网络号的最高 5 位是 11110,目前没有分配,保留以后使用。

在 Internet 中，一台计算机可以有一个或多个 IP 地址，就像一个人可以有多个通信地址一样，但两台或多台计算机不能共用一个 IP 地址。

所有的 IP 地址都由国际组织网络信息中心（Network Information Center，NIC）统一分配。目前全世界有 3 个这样的网络信息中心：Inter NIC（负责美国及除欧洲和亚太地区外的其他地区）、ENIC（负责欧洲地区）、APNIC（负责亚太地区）。

我国申请 IP 地址都要通过 APNIC。APNIC 的总部设在日本东京大学。申请时要先考虑申请哪一类 IP 地址，然后向国内的代理机构提出。

3.特殊的 IP 地址

IP 地址就像计算机的门牌号，每个网络上的独立计算机都有自己的 IP 地址。除了用户正常使用的 IP 地址以外，还有一些特殊的 IP 地址，如最小 IP 地址"0.0.0.0"和最大 IP 地址"255.255.255.255"，它们是人们不常见到和使用的。

（1）0.0.0.0。严格来说，它已经不是一个真正意义上的 IP 地址，表示这样一个集合——所有不清楚的主机和目的网络。这里的"不清楚"是指在本机的路由表里没有特定条目指明如何到达对方。如果用户在网络设置中设置了默认网关，那么 Windows 系统会自动产生一个目的地址为 0.0.0.0 的默认路由。

（2）255.255.255.255。它是限制广播地址。对本机来说，这个 IP 地址指本网段内（同一广播域）的所有主机。这个 IP 地址不能被路由器转发。

（3）224.0.0.1。它是组播地址，不同于广播地址。224.0.0.0～239.255.255.255 都是组播地址。组播地址用于标识一个 IP 组播组。所有的信息接收者都加入一个组内，并且一旦加入，流向组播地址的数据立即开始向接收者传输，组中的所有成员都能接收到数据包。组播组中的成员是动态的，主机可以在任何时刻加入和离开组播组。224.0.0.1 特指所有主机，224.0.0.2 特指所有路由器。这样的 IP 地址多用于一些特定的程序及多媒体程序。

（4）127.0.0.1。它是回送地址，指本地主机。主要用于网络软件测试及本地主机进程间的通信。无论什么程序，一旦使用回送地址发送数据，协议软件立即返回，不进行任何网络传输。在 Windows 系统中，这个 IP 地址有一个别名叫 Localhost。这个 IP 地址是不能发到网络接口的。除非出错，否则在网络的传输介质上永远不应该出现目的地址为 127.0.0.1 的数据包。

（5）169.254.x.x。如果用户的主机使用 DHCP 功能自动获得了一个 IP 地址，那么当 DHCP 服务器发生故障，或响应时间太长而超出系统规定的时间时，Windows 系统会分配这样一个 IP 地址。如果用户发现主机 IP 地址是一个此类地址，那么大多数情况是用户的网络不能正常运行了。

（6）10.x.x.x、172.16.x.x～172.31.x.x、192.168.x.x。这些 IP 地址是私有 IP 地址，被大量用于企业内部网络中。一些宽带路由器也使用 192.168.1.1 作为默认 IP 地址。私有网络由于不与外部网络互联，因而可以使用任意的私有 IP 地址。保留这些 IP 地址是为了避免以后接入公网时引起 IP 地址混乱。使用私有 IP 地址的私有网络在接入 Internet 时，要使用地址翻译（NAT）将私有 IP 地址翻译成公有 IP 地址，然后才能进行数据通信。

四、子网和子网掩码

1.子网

为了提高 IP 地址的使用效率,引入了子网的概念。用户可以将一个网络划分为多个子网,即采用借位的方式,从主机位的最高位开始借位,变为新的子网位,剩余的部分仍为主机位。这使得 IP 地址的结构分为三级地址结构:网络位、子网位和主机位。这种层次结构便于 IP 地址的分配和管理。它的使用关键在于选择合适的层次结构,即如何既能适应各种现实的物理网络规模,又能充分利用 IP 地址空间,实际上就是从何处分隔子网号和主机号。

2.子网掩码

子网掩码是一个 32 位地址,是与 IP 地址结合使用的一种技术。它的主要作用有两个:一是用于屏蔽 IP 地址的一部分,以区别网络位和主机位,并说明该 IP 地址是在局域网上还是在远程网上;二是用于将一个大的 IP 网络划分为若干小的子网。

子网掩码的设定必须遵循一定的规则。与 IP 地址相同,子网掩码由 1 和 0 组成,且 1 和 0 分别连续。子网掩码的长度也是 32 位,左边是网络位,用二进制数字 1 表示,1 的数目等于网络位的长度;右边是主机位,用二进制数字"0"表示,0 的数目等于主机位的长度。这样做的目的是让子网掩码与 IP 地址做与(AND)运算时用 0 遮住原主机位,而不改变原网络段数字,并且很容易通过 0 的位数来确定子网的主机数(即 2 的主机位数次方,因为主机号全为 1 时表示该网络的广播地址,全为 0 时表示该网络的网络号,这是两个特殊的 IP 地址)。只有通过子网掩码,才能表明一台主机所在的子网与其他子网的关系,使网络正常工作。

子网掩码通常有以下两种格式的表示方法。

(1)通过与 IP 地址格式相同的点分十进制表示法表示,如 255.0.0.0 或 255.255.255.128。

(2)在 IP 地址后加上"/"符号以及 1~32 的数字。其中,1~32 的数字表示子网掩码中网络位的长度。例如,192.168.1.1/24 的子网掩码可以表示为 255.255.255.0。

五、Internet 的域名

IP 地址记忆起来十分不方便,因此 Internet 还采用域名来表示每台计算机。给每台计算机取一个便于记忆的名字,这个名字就是域名。

要把计算机接入 Internet,必须获得网上唯一的 IP 地址与对应的域名。域名由域名服务器(DNS)管理。每个连到 Internet 的网络至少有一个 DNS,其中存有该网络中所有计算机的域名和对应的 IP 地址。

域名也是分段表示的(一般不超过 5 段),每段分别授权给不同的机构管理,各段之间用圆点(.)分隔。每段都有一定的含义,且从右到左各段之间大致上是上层与下层的包含关系。域名就是通常所说的网址。

例如,域名 www.sdu.edu.cn 代表中国(cn)教育科研网(edu)中山东交通大学校园网(sdu)内的 WWW 服务器;域名 www.microsoft.com 代表商业机构(com)Microsoft 公司的 WWW 服务器。

一个域名最右边的分段为顶级域名。顶级域名分为两大类:机构性域名和地理性域名。美国之外其他国家和地区的 Internet 管理机构使用国际标准化组织规定的代码作为域名后缀来表示主机所属的国家和地区。机构性域名和常见的地理性域名如表 2-1-1 所示。

表 2-1-1　机构性域名和常见的地理性域名

机构性域名		地理性域名（常见）	
域　名	含　义	域　名	含　义
com	商业机构	cn	中国
edu	教育机构	hk	中国香港
net	网络服务提供者	tw ·	中国台湾
gov	政府机构	mo	中国澳门
org	非营利组织	us	美国
mil	军事机构	uk	英国
int	国际机构，主要指北约组织	ca	加拿大
biz	商务	fr	法国
name	个人	in	印度
pro	专业人士	au	澳大利亚
museum	博物馆	de	德国
coop	商业合作团体	ru	俄罗斯
aero	航空工业	jp	日本

■■ 知识链接

一、计算机网络的基本概念

计算机网络就是通过线路相互连接的、自治的计算机集合。确切地讲，计算机网络就是将分布在不同的地理位置上，具有独立工作能力的计算机、终端及其附属设备用通信设备和通信线路连接起来，并配置网络软件，以实现计算机资源共享的系统。计算机网络的定义包含以下 4 个要点。

（1）自治。自治表示每台计算机都有自主权，这些计算机不依赖于网络也能独立工作。具有"自治"功能的计算机称为主机。计算机网络中的主机不仅有计算机，还包括其他通信设备，如集线器、交换机、路由器等。

（2）连接。连接表示计算机能够通过传输介质进行连接。网络中各主机之间的连接需要一条通道，即由传输介质实现物理连接。这条物理通道可以是双绞线、同轴电缆或光缆等有线传输介质，也可以是激光、微波或卫星等无线传输介质。

（3）协议。网络中各主机之间互相通信或交换信息，需要有某些约定和规则，这些约定和规则的集合就是协议。其功能是实现各主机的逻辑连接。例如，Internet 上使用的通信协议是 TCP/IP 协议族。

（4）共享。计算机网络的目的就是实现数据通信和网络资源（包括硬件资源和软件资源)共享。要实现这一目标,需配备功能完善的网络软件,包括网络通信协议(如 TCP/IP、PPPoE 等)和网络操作系统(目前的操作系统基本上都是网络操作系统,如常用的 Windows 10)。

二、文件传输协议

传输文件(如文档、照片或其他编码信息)的一种方法是将其作为附件附在电子邮件中。不过更有效的方法是利用文件传输协议(file transfer protocol,FTP),它是一种在互联网上传输文件的客户机/服务器协议。使用 FTP 传输文件,互联网中一台计算机的用户需要使用一个实现 FTP 的软件包,然后与另外一台计算机建立连接(最初的计算机相当于客户机,它所连接的计算机相当于服务器,通常称为 FTP 服务器)。一旦建立了这个连接,文件就可以在两台计算机之间传输。

FTP 已经成为互联网上提供受限数据访问的流行方式。例如,假设打算允许一部分人检索某文件,但是禁止其他人访问,仅需要用 FTP 服务器将该文件存入一台计算机,然后通过口令限制对该文件的访问权限。这样,知道口令的人就可以通过 FTP 访问该文件,而其他人访问时就会被拒绝。在互联网中提供这种服务的计算机通常称为 FTP 站点,因为它是互联网上可以通过 FTP 使用文件的地方。

FTP 站点也可以提供不受限的文件访问。为了达到这个目的,FTP 服务器要使用 anonymous作为匿名、Guest 作为通用口令。

三、万维网

万维网(World Wide Web,WWW)是基于超文本(hypertext)的概念,超文本最初是指包含指向其他文档的链接的文本文档,而这种链接称为超链接(hyperlink)。目前,超文本已经扩展到包含图像、音频及视频,而且由于其范围的扩大,它也称为超媒体(hypermedia)。

超文本文档的读者只需单击超链接就可以获取与它相关联的内容。例如,假设语句"维也纳莫扎特乐团的这场演奏会精彩极了"出现在一个超文本文档中,名字莫扎特与另外一个文档链接——这个新文档提供了该作曲者的介绍,则读者可以通过单击名字莫扎特查看相关信息。此外,如果设置了恰当的超链接,读者还可以通过单击"演奏会"收听该演奏会的录音。

通过这种方式,读者就可以查阅相关的文档,或者跟随思维顺序,一个文档一个文档地查看。各个文档的许多部分都与其他文档链接,于是就形成一个相关信息相互"缠绕"的网状组织。存在于网状组织中的这些文档可以存放于不同的计算机上,形成网络范围的网状组织。在互联网上发展起来的网状组织已经遍布全球,被称为万维网。万维网上的超文本文档通常称为网页。紧密相关的一组网页称为网站。

■■ 自主实践活动

请以你熟悉的互联网应用为例,说明对计算机网络的认识和理解。

活动二　配置网络

活动要求

在科信集团信息部办公室中有台式计算机和笔记本电脑。公司为了提高办公效率、实现信息资源的共享,计划将彼此独立的个人计算机连接成一个小型计算机网络,进而在该网络上实现文件资料的共享和安全访问,并使该部门的所有成员能使用共享打印机并将计算机连接到互联网,满足日常工作中的打印和上网需求,还要能实现 Wi-Fi 上网。

活动分析

一、思考与讨论

(1)网络拓扑结构有哪几种?各有什么区别?

(2)进行网络布线都有哪些方案?各方案有什么优缺点?

(3)通过网线和其他网络设备可实现各计算机的互联互通,那么计算机是如何和网线连接的?

(4)如何将局域网中的计算机加入同一个工作组?

(5)如何实现 Wi-Fi 上网?

二、总体思路

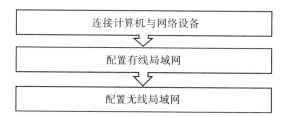

方法与步骤

一、连接计算机与网络设备

1.网络布线

调查布线地理环境,根据建筑物情况计算线材的用量、信息插座的数目,做出综合布线调研报告;根据前期调查数据,做出布线材料预算和工程进度安排表;布线时最好采用暗敷,以保证办公环境干净整洁。另外,还需要为以后的维护做好准备,以便出现线路故障时,能快速、准确地响应。

2.选购设备

由于企业局域网在运行中需要更高、更稳定的运行速度,且网络中往往有很多计算机,这就要求使用稳定性较高、性能较好的网络设备。组建星型办公网,所需的网络设备主要有网卡、交换机、路由器等。

3.安装硬件设备

通过网线将计算机与路由器相连接,将网线一端插入计算机主机后的网卡孔内,另一端接入路由器的任一 LAN 端口内;通过网线将 ADSL Modem 与路由器相连接,将网线一端接入 ADSL Modem 的 LAN 端口内;另一端接入路由器的 WAN 端口内;将路由器自带的电源插头连接电源,即可完成硬件设备的安装。

二、配置有线局域网

配置有线局域网

1.设置 IP 地址

(1)打开"开始"菜单,选择"控制面板"命令,打开"控制面板"窗口。选择"网络和 Internet"选项,打开"网络和共享中心"窗口,选择"更改适配器设置"选项,如图 2-2-1 所示。

(2)在"网络连接"窗口中,双击"本地连接"选项,在"本地连接 状态"对话框中,单击"属性"按钮,在"本地连接 属性"对话框中勾选"Internet 协议版本 4(TCP/IPv4)"复选框,单击"属性"按钮,如图 2-2-2 所示。

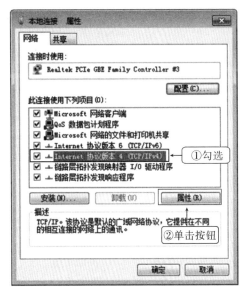

图 2-2-1 "网络和共享中心"窗口　　　图 2-2-2 "本地连接 属性"对话框

(3)在"Internet 协议版本 4(TCP/IPv4)属性"对话框中,选中"使用下面的 IP 地址"单选按钮,并输入计算机的 IP 地址、子网掩码等,如图 2-2-3 所示。单击"确定"按钮,完成网络设置。

2.加入工作组

在系统桌面的"计算机"图标上右击,在弹出的快捷菜单中选择"属性"命令,打开"系统"窗口。选择左侧的"高级系统设置"选项,弹出"系统属性"对话框。切换至"计算机名"选项卡,单击"更改"按钮,弹出"计算机名/域更改"对话框,依次输入相应的计算机名和工作组名,如图 2-2-4 所示。

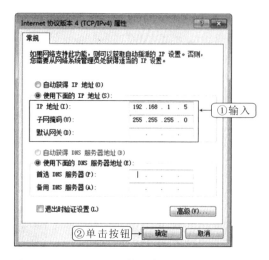

图 2-2-3 "Internet 协议版本 4(TCP/IPv4)
属性"对话框

图 2-2-4 "计算机名/域更改"对话框

3.共享网络资源

打开"网络和共享中心"窗口,选择"更改适配器设置"选项,打开"网络连接"窗口。右击"宽带连接",在弹出的快捷菜单中选择"属性"命令,弹出"宽带连接 属性"对话框,勾选相应的复选框,如图 2-2-5所示。

图 2-2-5 "宽带连接 属性"对话框

三、配置无线局域网

在有线访问互联网的条件下,添加无线路由器并进行简单改造,可以实现无线访问互联网。

1.连接无线路由器

没有无线网卡的计算机也可以通过网线与无线路由器连接实现上网功能。无线路由器的连接如图 2-2-6 所示。

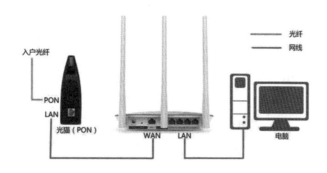

图 2-2-6 连接无线路由器

2.设置无线路由器

(1)启动无线路由器,打开浏览器,输入路由器的 IP 地址(一般是 192.168.0.1 或 192.168.1.1,也可以运行 cmd 命令,输入"ipconfig",查看网关的 IP 地址),输入路由器的登录账号和密码,进入无线路由器首页,如图 2-2-7 所示。

(2)在无线路由器首页的左侧列表中,选择"设置向导"选项,进入"设置向导"页面,如图2-2-8 所示。在右侧的"设置向导-开始"对话框中,根据提示一步一步设置以太网连接方式,输入宽带账号和密码,并设置无线路由器密码。

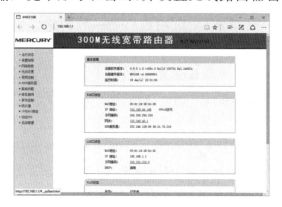

图 2-2-7 无线路由器首页

图 2-2-8 "设置向导－开始"对话框

3.平板电脑通过 Wi-Fi 上网

(1)在系统桌面上找到"设置"图标,并用手指点击,如图 2-2-9 所示。

(2)在列表中选择"Wi-Fi"选项,开启 Wi-Fi 功能,并开始搜索 Wi-Fi 网络,如图 2-2-10所示。

图 2-2-9 点击"设置"图标

图 2-2-10 搜索 Wi-Fi 网络

（3）选择 Wi-Fi 网络，输入密码，单击"连接"按钮，连接 Wi-Fi 网络，如图 2-2-11 所示。

图 2-2-11　连接 Wi-Fi 网络

知识链接

一、计算机网络分类

计算机网络可以从不同角度加以分类，如地域范围、网络拓扑结构、信息传输交换方式或协议、网络组建属性或用途等。

1.按地域范围分类

按地域范围可以把各种网络分为局域网、城域网和广域网。

（1）局域网。局域网（local area network，LAN）是最常见、应用最广的一种网络。所谓局域网，就是在局部地域范围内的网络，它所覆盖的地域范围较小。局域网在计算机数量上没有太多的限制，少的可以只有两台，多的可达几百台。一般在企业局域网中计算机的数量为几十台到几百台。局域网涉及的地理范围一般是几米至 10 km。局域网一般位于一个建筑物或一个单位内。

局域网的特点是连接范围小，用户数少，配置容易，连接速率高。目前速率最快的局域网是 10 Gb/s 以太网。IEEE 的 802 标准委员会定义了多种主要的局域网，包括以太网（Ethernet）、令牌环（token ring）网、光纤分布式数据接口（FDDI）网、异步传输模式（ATM）网及无线局域网（WLAN）。

（2）城域网。城域网（metropolitan area network，MAN）一般指在一个城市，但不在同一地理范围内的计算机的连接。这种网络的连接距离为 10～100 km，它采用的是 IEEE 802.6 标准。与局域网相比，城域网扩展的距离更长，连接的计算机数量更多，在地理范围上可以说是局域网的延伸。在一个大型城市，一个城域网通常连接着多个局域网，如连接政府机构的局域网、医院的局域网、电信企业的局域网、企业的局域网等。光纤连接的引入，使城域网中高速的局域网成为可能。

城域网多采用 ATM 技术构建骨干网。ATM 是一个用于数据、语音、视频等应用的高速网络传输方法。ATM 包括一个接口和一个协议，该协议能够在一个常规的传输信道上，在比特率不变及变化的通信量之间进行切换。ATM 还包括硬件、软件以及与 ATM 协议一致的传输介质。ATM 提供一个可伸缩的主干基础设施，以便能够适应不同规模、速率及寻址技术的网络。ATM 的最大缺点是成本太高，一般在政府城域网中应用，如邮政、银行、医院等。

（3）广域网。广域网（wide area network，WAN）所覆盖的地域比城域网的更广，一般是不同城市之间的局域网或城域网的互联,地理范围可从几十万米到几百万米。因为距离较远,信息衰减比较严重,所以这种网络一般要租用专线,通过 IMP(接口信息处理)协议和线路连接起来,构成网状结构,解决寻径问题。这种网络因为连接的用户多,总出口带宽有限,所以用户的终端连接速率一般较低,通常为 9.6 Kb/s～45 Mb/s。

> **提醒**
>
> 互联网是广域网中的一种,其英文单词为"Internet"。无论从地理范围还是从网络规模来讲,它都是最大的一种网络,也就是人们常说的"Web""WWW"或"万维网"等。

2.按网络拓扑结构分类

网络拓扑结构是指网络单元的地理位置和互相连接的逻辑布局,即网络上各节点的连接方式和形式。也就是说,网络拓扑结构代表网络的物理布局或逻辑布局,特别是计算机分布的位置及电缆如何通过它们。设计一个网络的时候,应根据实际情况选择正确的网络拓扑结构,每种网络拓扑结构都有其优点和缺点。

目前比较流行的网络拓扑结构是总线型、星型和环型,在此基础上还可以连成树型等基本网络拓扑结构的复合连接。

选择网络拓扑结构主要应考虑不同的网络拓扑结构对网络吞吐量、网络响应时间、网络可靠性、网络接口的复杂性和网络接口的软件开销等因素的影响。此外,还应考虑电缆的安装费和复杂程度、网络的可扩充性、隔离错误的能力,以及是否易于重构等。

二、计算机网络的组成

一个计算机网络必须具备以下 3 个基本要素,缺一不可。

(1)至少有两台具有独立操作系统的计算机,且它们之间有相互共享某种资源的需求。

(2)两台独立的计算机之间必须用某种通信手段将它们连接起来。

(3)网络中各台独立的计算机之间要相互通信,必须制定相互可确认的规范标准或协议。

计算机网络是由各种连接起来的网络单元组成的。一个大型的计算机网络是一个复杂的系统。它是一个集计算机硬件设备、通信设施、软件系统及数据处理能力为一体的,能够实现资源共享的现代化综合服务系统。计算机网络的组成可分为 3 部分,即硬件系统、软件系统及网络信息系统。

1.硬件系统

硬件系统是计算机网络的基础,它由计算机、通信设备、连接设备及辅助设备组成。硬件系统中设备的组成形成了计算机网络的类型。下面介绍几种常用的硬件设备。

(1)服务器。在计算机网络中,最核心的组成部分是计算机。在网络中,计算机按其作用分为服务器和客户机两大类。

服务器是计算机网络向其他计算机网络设备提供某种服务的计算机,通常按提供的服务被冠以不同的名称,常用的服务器有数据库服务器、邮件服务器、打印服务器、信息浏览服务器、文件下载服务器等。

(2)客户机。客户机是与服务器相对的一个概念。在计算机网络中享受其他计算机提供的服务的计算机称为客户机。

服务器与客户机的另一个重要区别在于，服务器和客户机上安装的系统软件不同。在服务器上安装的操作系统一般能够管理和控制网络上的其他计算机，如 Windows Server 2018、UNIX、Linux 等。客户机一般安装 Windows 10 等操作系统。当然，客户机上的操作系统必须被服务器上的操作系统认可，才能实现相互的服务提供与服务享受。

在一些计算机网络中，计算机之间互为客户机与服务器，即它们互相提供类似的服务和享受这些服务，这种计算机网络称为对等网络。一般情况下，对等网络中的计算机都装有相同（或相似）的操作系统，如 Windows 10 等。

（3）网络连接设备。在计算机网络中，除了计算机外，还有大量用于计算机之间、网络与网络之间的连接设备，这些设备称为网络连接设备。这些设备一般包括传输介质、网卡设备、交换机、路由器、中继器、网桥等。

①传输介质。传输介质是连接局域网中各个工作站或设备的物理通道，主要包括同轴电缆、双绞线、光缆及无线传输介质。其中，无线传输介质目前主要指微波、红外线和激光。常见的有线传输介质如图 2-2-12 所示。

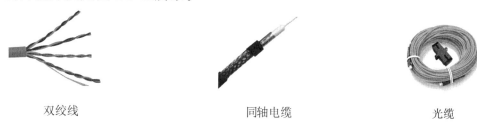

双绞线　　　　　　　　　　同轴电缆　　　　　　　　　　光缆

图 2-2-12　常见的有线传输介质

②网卡设备。网卡又称网络接口卡，是网络适配卡的一种，也是计算机连接的重要硬件设备，通过插入计算机总线插槽内或某个外围设备的扩展卡上，与网络工作站或个人计算机相连，实现计算机和网络的物理硬件之间的连接。

网卡的工作是双重的：一方面，它负责接收网络上传来的数据包，解包后将数据传输给本地计算机；另一方面，它又要将本地计算机上的数据打包后发送到网络中。

> 💡 **提醒**
>
> 根据连接对象的不同，计算机网卡可分为普通 PC 网卡、服务器网卡、笔记本电脑网卡和无线网卡等。但随着主板集成技术的不断进步，现在网卡基本都被集成在主板上。

③交换机。交换机是一种用于电信信号转发的网络设备，它可以为接入交换机的任意两个网络节点提供独享的电信信号通路。常见的交换机有以太网交换机、电话语音交换机及光纤交换机等。图 2-2-13 所示的为以太网交换机。

图 2-2-13　以太网交换机

交换机的主要功能是解决共享介质网络的网段微化，即碰撞域的分割问题。它可以对一个处在同一碰撞域中的局域网进行网段分割（微化），分解成若干个独立的、更小的碰撞域。例如，一个网络中原来有 10 台计算机，则每台计算机的平均占有带宽为总带宽的 1/10。如果该网络是 10 Mb/s 的局域网，则每台计算机的平均占有带宽为 1 Mb/s；而经过交换机把网段微化后，如果分成 5 个网段，则每个网段中平均只有 2 台计算机,其产生碰撞的概率会大大降低,每台计算机的平均占有带宽变成了 5 Mb/s,这样就增加了每台计算机的平均占有带宽。

④路由器。所谓路由,就是指通过相互连接的网络把信息从源地点移动到目标地点的动作。一般来说,在路由过程中,信息至少会经过一个或多个中间节点。通常,人们会将路由和交换进行对比,因为在一般人看来,两者所实现的功能是完全一样的。其实,路由和交换之间的主要区别在于,交换发生在 OSI 参考模型的第二层(数据链路层),而路由发生在第三层(网络层)。这一区别决定了路由和交换在移动信息的过程中需要使用不同的控制信息,两者实现各自功能的方式不同。

路由器用于连接多个逻辑上分开的网络,逻辑网络代表一个单独的网络或一个子网。当数据从一个子网传输到另一个子网时,可通过路由器来完成。因此,路由器具有判断网络地址和选择路径的功能,它能在多网络互联环境中建立灵活的连接,可以使用完全不同的数据分组和介质访问方法连接各种子网。路由器只接收源站或其他路由器的信息,属于网络层的一种互联设备,它不关心各子网使用的硬件设备,但要求运行与网络层协议相一致的软件。路由器分为本地路由器和远程路由器。本地路由器是用来连接网络传输介质的,如光缆、同轴电缆、双绞线。远程路由器是用来连接远程传输介质的,并要求相应的设备,如电话线要配调制解调器,无线要通过无线接收机、发射机。

宽带路由器是一种本地路由器产品,它伴随着宽带的普及应运而生。宽带路由器在一个紧凑的箱子中集成了路由器、防火墙、带宽控制及管理等功能,具有快速的转发能力、灵活的网络管理及丰富的网络状态等特点。多数宽带路由器针对中国宽带应用进行了优化设计,可以满足不同的网络流量环境,具备良好的电网适应性和网络兼容性。多数宽带路由器采用高度集成设计,集成 10/100 Mb/s 宽带以太网 WAN 接口,并内置多个 10/100 Mb/s 自适应 LAN 接口,方便多台机器连接内部网络与 Internet,如图 2-2-14 所示。

图 2-2-14 宽带路由器

2.软件系统

计算机网络中的软件按其功能可以分为数据通信软件、网络操作系统和网络应用软件。

(1)数据通信软件。数据通信软件是指按照网络协议的要求,完成通信功能的软件。

(2)网络操作系统。网络操作系统是指能够控制和管理网络资源的软件。网络操作系统的功能作用在两个级别上:在服务器上,为服务器上的任务提供资源管理;在每个工作站上,向用户和应用软件提供一个网络环境的"窗口"。这样,它向网络操作系统的用户和管理人员提供了整体的系统控制能力。服务器上的网络操作系统要完成目录管理、文件管理、网络打印、存储管理、通信管理等主要服务。工作站上的操作系统主要完成工作站任务的识别和与网络的连接,即首先判断应用程序提出的服务请求是使用本地资源还是使用网络资源。若使用网络资源,则需完成与网络的连接。常用的网络操作系统有 Netware、Windows Server、UNIX 和 Linux 等。

(3)网络应用软件。网络应用软件是指能够为用户提供各种服务的软件,如浏览查询软件、传输软件、远程登录软件、电子邮件客户端等。

3.网络信息系统

网络信息系统是指以计算机网络为基础开发的信息系统，如各类网站、基于网络环境的管理信息系统等。

■■ 自主实践活动

尝试为学校和办公室区域搭建简易的网络工作环境，让局域网内的所有计算机、手机和平板电脑都可以通过网线或 Wi-Fi 上网。

活动三　浏览器基本操作

■■ 活动要求

在互联网中，用户通过浏览器即可漫无目的地畅游，而且现在大多数传统媒介，如报刊、电台等都有网络版，让用户足不出户就可以尽知天下事。浏览器是一个把互联网上的文本文档或者其他类型的文件翻译成网页的软件，用户可以通过浏览器浏览互联网上的信息。

■■ 活动分析

一、思考与讨论

（1）浏览器是用来浏览和搜索各种资源、新闻的网络工具，一般进行网页浏览时，哪种浏览器最常用？ 具有什么特点？

（2）只有在计算机中安装浏览器后，才可以使用浏览器浏览网页，如何安装浏览器？

（3）在浏览网页时，需要将有用的信息资源进行收藏和保存，如何收藏网页？ 怎样管理收藏的网页？

（4）如何分类保存网页中的相关资料？

二、总体思路

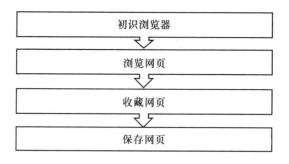

方法与步骤

浏览器基本操作

一、初识浏览器

浏览器是一个把互联网上找到的文本文档或者其他类型的文件翻译成网页的软件。用户可以通过浏览器浏览互联网上的所有信息。

1.IE 浏览器

Internet Explorer 简称 IE 浏览器，是微软公司开发的 Web 浏览器，也是目前应用最广泛的浏览器。图 2-3-1 所示的为 IE 浏览器窗口。

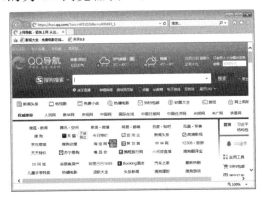

图 2-3-1　IE 浏览器窗口

> 💡 **提醒**
>
> 除了微软公司自带的 IE 浏览器之外，用户还可以根据需要安装其他浏览器，如腾讯 QQ 浏览器、火狐浏览器、360 浏览器等。

2.启动 IE 浏览器

IE 浏览器作为 Windows 系统自带的浏览器，其出色的功能深受广大用户的喜爱。

(1)单击"开始"按钮，在弹出的"开始"菜单中，选择"Internet"命令，如图 2-3-2 所示。

(2)启动 IE 浏览器，如图 2-3-3 所示。

图 2-3-2　选择"Internet"命令

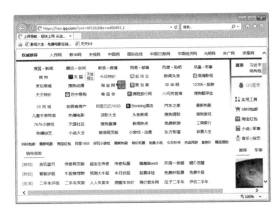

图 2-3-3　启动 IE 浏览器

3.关闭 IE 浏览器

当用户浏览完后，可以根据需要将 IE 浏览器关闭。

在打开的 IE 浏览器网页中，单击"关闭"按钮，或者右击标题栏，在弹出的快捷菜单中选择"关闭"命令，如图 2-3-4 所示，即可关闭 IE 浏览器。

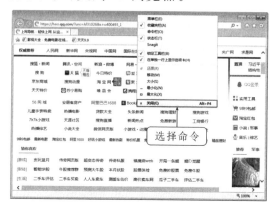

图 2-3-4　选择"关闭"命令

💡 提醒

用户还可以按"Alt＋F4"组合键关闭 IE 浏览器。

二、浏览网页

任何一个 Web 站点均由若干网页组成，每一个网页都有 Web 地址。在启动 IE 浏览器后，用户可以打开网页，浏览网页中的新闻、图片等信息。

1.使用地址栏浏览网页

用户在访问一个网页时，需要在地址栏的文本框中输入该网站的地址，确认后即可浏览网页中的信息了。

（1）启动 IE 浏览器，在浏览器界面的地址栏中，输入网址 www.tom.com，如图 2-3-5 所示。

（2）单击"访问"按钮，进入相应的页面，即可浏览网页，如图 2-3-6 所示。

图 2-3-5　输入网址

图 2-3-6　使用地址栏浏览网页

> 💡 提醒
>
> 在 Internet 上,每一个网页界面的主要元素都是一样的。用户在输入网址后,按"Enter"键确认,一样可以使用地址栏浏览网页。

2.多窗口同时浏览

当用户在浏览网页的时候,可以同时打开多个网页。

(1)启动 IE 浏览器,进入需要浏览的网页,如图 2-3-7 所示。

(2)选择喜欢的超链接并右击,在弹出的快捷菜单中,选择"在新窗口中打开"命令,如图 2-3-8 所示。

图 2-3-7　IE 浏览器窗口　　　　　　　图 2-3-8　选择"在新窗口中打开"命令

(3)IE 浏览器会在一个新的窗口中打开刚才选中的超链接,这样就可以同时浏览两个网页中的内容,如图 2-3-9 所示。

图 2-3-9　多窗口同时浏览

3.全屏浏览

当用户在窗口中浏览网页的时候,有时候会由于窗口太小,而制约了浏览网页的细节,用户可以根据需要,全屏浏览网页。

(1)启动 IE 浏览器,在浏览器窗口中,单击"设置"按钮,在列表中选择"文件"→"全屏"命令,如图 2-3-10所示。

(2)全屏浏览网页的效果如图 2-3-11 所示。

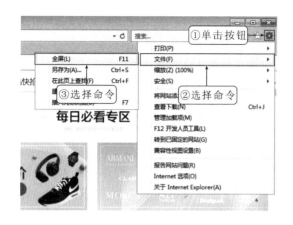
图 2-3-10　选择"全屏"命令

图 2-3-11　全屏浏览网页

三、收藏网页

将网页地址添加到收藏夹中,可以使开启网页的操作更加简单,方便用户快速地选择需要浏览的网页,免去了用户输入地址的麻烦,也不用用户记住复杂的网站域名。

1.收藏喜欢的网页

在浏览网页的过程中,用户将自己喜欢的网页或常用的网页,用收藏夹保存起来,方便以后浏览。

（1）启动 IE 浏览器,进入相应的网页,单击"收藏"按钮,展开列表,单击"添加到收藏夹"按钮,如图 2-3-12 所示。

（2）弹出"添加收藏"对话框,设置名称和创建位置,单击"添加"按钮,如图 2-1-13 所示。

图 2-3-12　单击"添加到收藏夹"按钮

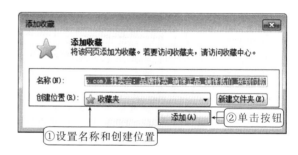
图 2-3-13　单击"添加"按钮

（3）将喜欢的网页添加到收藏夹中,如图 2-3-14 所示。

图 2-3-14　收藏网页

提醒

在 IE 浏览器中,单击"收藏夹"按钮,在下拉列表中,单击"添加"按钮,弹出"添加到收藏夹"对话框。

2.打开收藏的网页

在 IE 浏览器中,用户可以根据需要打开收藏的网页。

(1)启动 IE 浏览器,在窗口中,单击"收藏夹"按钮,展开下拉列表,如图 2-3-15 所示。

(2)单击相应的收藏网页超链接,打开收藏的网页,如图 2-3-16 所示。

图 2-3-15 "收藏夹"列表

图 2-3-16 打开收藏的网页

3.删除收藏的网页

当收藏夹中添加的网页越来越多时,用户可以根据需要删除一些收藏的网页,节省磁盘空间。

(1)启动 IE 浏览器,单击"收藏夹"按钮,展开列表,选择需要删除的网页,如图 2-3-17 所示。

(2)右击选择的网页,弹出快捷菜单,选择"删除"命令,删除收藏的网页,如图 2-3-18 所示。

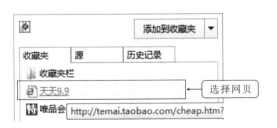

图 2-3-17 选择需要删除的网页

图 2-3-18 删除收藏的网页

四、保存网页

在浏览网页时,常常会遇到有用的网页和图片等,用户可以将这些网页和图片保存在本地磁盘中以供查阅、使用。

1.保存整个网页

(1)启动 IE 浏览器,进入相应的网页,单击"设置"按钮,在列表中选择"文件"→"另存为"命令,如图 2-3-19 所示。

(2)弹出"保存网页"对话框,设置网页保存路径和文件名,单击"保存"按钮,如图 2-3-20所示。

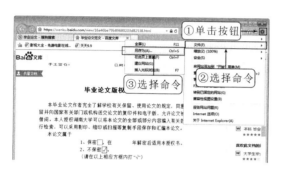

图 2-3-19　选择"另存为"命令

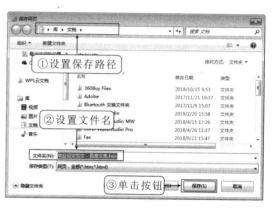

图 2-3-20　"保存网页"对话框

(3)弹出信息提示框,显示保存进度,保存完成后,关闭提示框。

2.保存网页中的图片

(1)启动 IE 浏览器,进入相应的网页,在网页中选择合适的图片并右击,在弹出的快捷菜单中选择"图片另存为"命令。

(2)弹出"保存图片"对话框,设置文件名和保存路径,如图 2-3-21 所示。

单击"保存"按钮,将图片保存在本地磁盘中。

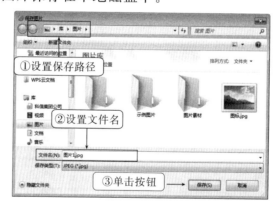

图 2-3-21　设置文件名和保存路径

3.保存网页中的超链接

用户可以根据需要保存网页中的超链接。

(1)启动搜索引擎,在搜索文本框中输入关键字"毕业论文",单击"搜索"按钮,进入毕业论文搜索页面。

（2）选择合适的超链接并右击，在弹出的快捷菜单中选择"目标另存为"命令，如图 2-3-22 所示。

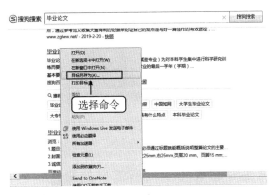

图 2-3-22　选择"目标另存为"命令

（3）弹出"新建下载任务"对话框，设置文件名和文件路径，单击"下载"按钮，将网页中的超链接保存到磁盘中。

4.设置当前网页为主页

主页就是每次打开 IE 浏览器时自动显示的页面，用户可以选择一个经常浏览的网页或者喜欢的网站主页，并将其设置成 IE 浏览器的主页，这样每次打开 IE 浏览器时就可以直接进入相应的主页，省去了输入网址的麻烦。

打开 IE 浏览器，选择"工具"→"Internet 选项"命令，弹出"Internet 选项"对话框，在"主页"选项组中单击"使用当前页"按钮，依次单击"应用"和"确定"按钮，设置当前网页为主页。

■ 知识链接

一、熟悉 IE 浏览器界面

启动 IE 浏览器后，用户可以看到 IE 浏览器的界面。IE 浏览器的界面主要由标题栏、菜单栏、工具栏、地址栏、浏览网页的主窗口、链接栏和状态栏组成，如图 2-3-23 所示。

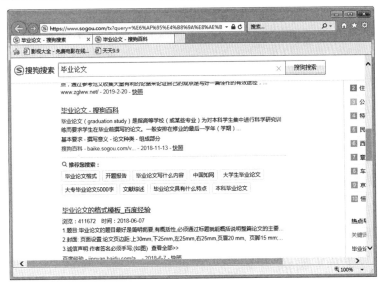

图 2-3-23　IE 浏览器界面

1.标题栏

标题栏位于窗口的顶部,它的左上角显示了打开的 Web 页的名称。在标题栏的右侧是窗口控制按钮,用以控制窗口的大小。

2.菜单栏

菜单栏有"文件""编辑""查看""收藏""工具"和"帮助"6 个菜单,这 6 个菜单包括了 IE 浏览器所有的操作指令,用户可以通过这些菜单实现保存 Web 页、查找内容、收藏站点等操作。

3.工具栏

工具栏列出了所有用户在浏览 Web 页时所需要的最常用的工具按钮,如"后退""前进""停止"等按钮,用户可以根据需要自定义工具栏上的按钮种类和个数。

4.地址栏

标题栏的下方是地址栏,它用来显示用户当前打开的 Web 页的地址,通常称为网址,在地址栏的文本框中输入网页地址并确认,就可以打开相应的网页。

5.浏览网页的主窗口

浏览网页的主窗口显示的是网页的信息,用户主要通过它达到浏览的目的。如果网页较大,用户可以使用主窗口右侧和下方的滚动条来进行浏览。

6.链接栏

链接栏位于地址栏的右侧或下方。

7.状态栏

状态栏显示了 IE 浏览器当前状态的信息,用户通过状态栏,可以查看 Web 页的打开过程。

二、常用移动端浏览器

移动端浏览器能够快速便捷地上网浏览和搜索信息,是移动端不可缺少的一种应用程序。移动端的第三方浏览器非常多,较为常见的移动端浏览器包括 UC 浏览器、QQ 浏览器、百度浏览器、海豚浏览器、Opera、Safari、360 手机浏览器、搜狗浏览器、Chrome、Firefox、猛犸等。

1.UC 浏览器

UC 浏览器是全球最大的第三方手机浏览器,全球有超过 6 亿人使用,UC 头条具有资讯、文章、视频、小说、漫画、小游戏等类型的内容。UC 浏览器界面如图 2-3-24 所示。

UC 浏览器的首页内容丰富,分栏清晰明确。首页能搜索内容和浏览资讯,视频模块能浏览各类视频、影视资源,而小视频模块以较火爆的短视频作为重要内容进行推荐。

2.百度浏览器

百度浏览器内置小说、视频、资讯、新闻等多种类型的功能,为用户提供了良好的搜索环境和交互体验。小到家常小事、大到国家大事都能在这里准确搜索。百度浏览器界面如图 2-3-25 所示。

百度浏览器的整体设计为用户带来"便捷、实用、有趣"的浏览体验,智能小程序满足娱乐、出行、购物等多种场景需求。短视频、热门资讯、正版小说等能为娱乐生活增加很多乐趣。极速搜索和语音识别能准确根据关键字词句找到精准信息,同时它在账户登录后就能将收藏的内容自动同步,以便在其他设备上登录时使用。

3.QQ 浏览器

QQ 浏览器是腾讯公司旗下的一款手机浏览器,它的搜索速度快、性能稳定,具有丰富的资源供用户浏览。它的特色功能是进行手机文件的管理和备份,通过文件服务功能就可以解锁全部的高级功能,微信、手机 QQ 中的照片、视频、文档都能在浏览器中备份,需要时可以在这里找到。QQ 浏览器界面如图 2-3-26所示。

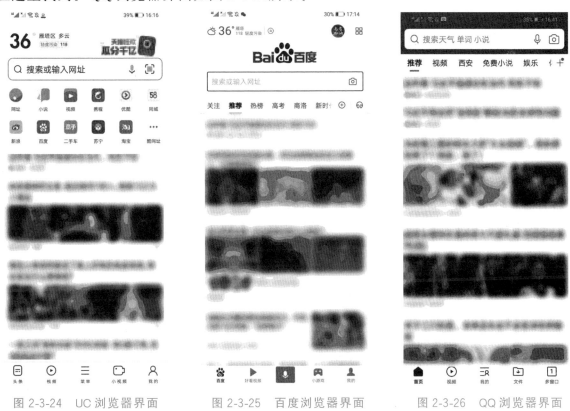

图 2-3-24　UC 浏览器界面　　　　图 2-3-25　百度浏览器界面　　　　图 2-3-26　QQ 浏览器界面

自主实践活动

志愿服务是一项高尚的工作。志愿者所体现和倡导的"奉献、友爱、互助、进步"的精神,是中华民族助人为乐的传统美德和雷锋精神的继承、创新和发展。学生可以尝试体验各种志愿者服务工作,如机场志愿者、社区志愿者、环保志愿者等。

让我们体验一次地铁志愿者活动。利用浏览器了解志愿者服务工作及价值、不同领域志愿者的服务内容、不同领域对志愿者素质和能力的要求以及需要做的准备工作,收集相关信息。

<h1 style="text-align:center">活动四　搜索网络资源</h1>

▪▪ 活动要求

互联网是一个巨大的信息库,但过多的信息会增加用户查找有用资料的难度,使用搜索引擎可以帮助用户快速地查找需要的信息。

在网络海洋中包含的信息内容数不胜数,那么如何在网上查找自己需要的信息呢？了解网络资源,能熟练掌握几种搜索引擎的使用方法和技巧十分重要。

▪▪ 活动分析

一、思考与讨论

(1)网络资源指的是什么？有哪些分类？具体举例说明。

(2)不同信息技术工具获取信息的方法有所不同。常见的信息获取工具有哪些？不同工具各有哪些优势？本活动可能使用哪些工具获取不同类型的信息？

二、总体思路

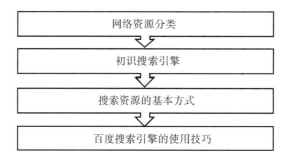

搜索网络资源

▪▪ 方法与步骤

一、网络资源分类

网络资源是指互联网上所有的信息,包括新闻、软件、电影、音乐等。网络资源种类繁多,掌握网络资源的分类对有效搜索资源、利用资源有很大的帮助。

1.信息资源

信息资源包括商业、体育、财经、科技等方面的资源,很多网站都提供这样的专业资源,如新浪网(www.sina.com)、网易(www.163.com)、搜狐(www.sohu.com)等。

2.软件资源

软件资源是指网上发布的各种软件,包括免费软件与共享软件等,下载这些软件之后,可以为工作或学习提供方便。比较著名的软件资源下载站点有华军软件园(www.newhua.

com)、天空软件站(www.skycn.com)等。

3.在线电影和音乐资源

很多网站提供了电影和音乐的在线收看或收听功能,可以满足宽带用户的视听需要。

4.电子读物

电子读物又称为"电子出版物",是通过电子计算机阅读的出版物。它将文字或图像通过电子计算机记录在磁盘或光盘上,需要时又通过电子计算机处理,在显示器屏幕上显示出来供人们阅读,并可将屏幕上显示的内容复制予以保存,还可以供用户在线或下载之后进行阅读。

二、初识搜索引擎

搜索引擎是一个服务器程序,它可以周期性地在互联网上收集新的信息,并将其分类存储,这样就在搜索引擎所在的计算机上建立了一个不断更新的信息数据库。当搜索某一类特定信息时,实际上是借助搜索引擎在该信息数据库中进行查询。

1.搜索引擎的分类

搜索引擎按其工作方式可以分为全文搜索引擎、目录索引类搜索引擎和元搜索引擎。

(1)全文搜索引擎。全文搜索引擎是名副其实的搜索引擎,国外具有代表性的全文搜索引擎有 Google、Teoma、WiseNut 等,国内著名的全文搜索引擎有百度等。它们都是通过从互联网上提取各个网站的信息而建立的数据库中,检索与用户查询条件匹配的相关记录,然后按一定的排列顺序将结果返回给用户,因此它们是真正的搜索引擎。

(2)目录索引类搜索引擎。目录索引类搜索引擎虽然有搜索功能,但在严格意义上算不上是真正的搜索引擎,仅仅是按目录分类的网站链接列表而已。用户完全可以不用关键字进行查询,仅靠分类目录找到需要的信息。目录索引类搜索引擎中具有代表性的是雅虎搜索。国内的搜狗、新浪、网易搜索也属于目录索引类搜索引擎。

(3)元搜索引擎。元搜索引擎在接收用户查询请求时,同时在其他多个引擎上进行搜索,并将结果返回给用户。在搜索结果排列方面,有的直接按来源引擎排列搜索结果,如Dogpile,有的则按自定的规则将结果重新排列组合。

2.搜索引擎的选择

目前,互联网上的搜索引擎不计其数,并且每个搜索引擎都声称自己是最好的,如果用户随意乱用,只会事倍功半,甚至发生越搜索越糊涂的情况。

用户可以根据以下 4 个方面来选择适合自己的搜索引擎。

(1)速度。查询速度当然是搜索引擎的重要指标,优秀的搜索工具内部都应该有一个含时间变量的数据库,能够保证所查询的信息是最新的和最全面的。这是衡量一个好的搜索引擎的重要指标。

(2)准确性。准确性高是用户使用搜索引擎的宗旨。好的搜索引擎内部应该含有一个相当准确的搜索程序,搜索精度高,查到的信息总能与用户的要求相符。

(3)易用性。易用性也是用户选择搜索引擎的参考标准之一,一个搜索引擎要能够搜索整个互联网,而不仅限于万维网。

(4)功能。理想的搜索引擎应该既有简单的查询功能,也有高级搜索功能。高级搜索最好是图形界面，并带有选项功能的下拉菜单。

三、搜索资源的基本方式

每个搜索引擎都有自己的查询方式，只有熟练掌握了才能运用自如。不同的搜索引擎提供的查询方式也有所不同。

1.分类目录式的检索

最初搜索引擎的工作方式是将互联网中资源服务器的地址收集起来，再按照资源类型将其分为不同的目录，以便用户按分类目录查询。随着互联网中信息量的急剧增长，出现了一种能搜索网页上的超链接的分类目录式搜索引擎，并且它可以将超链接使用的所有名词放入其数据库中。

以虾米音乐网为例，分类目录式检索的具体操作步骤如下。

（1）打开浏览器，在地址栏中输入 www.xiami.com，按"Enter"键确认，进入虾米音乐网主页，如图 2-4-1 所示。

（2）单击"艺人"→"欧美"超链接进入搜索结果页面，在页面中单击相应的超链接，进入相应的搜索页面，即可使用分类目录搜索信息，如图 2-4-2 所示。

图 2-4-1　虾米音乐网主页

图 2-4-2　相应的搜索页面

> **提醒**
>
> 用户还可以在地址栏中输入网址后，单击"转到"按钮，进入网页。

2.基于关键字的搜索

一般的搜索引擎都提供了一个供输入关键字的文本框和一个可以发送搜索指令的按钮。单击相应的搜索指令按钮，搜索引擎就会自动在其数据库中进行查找，最后将与输入的关键字相符或相近的网站资料显示出来。

使用关键字搜索的具体操作步骤如下。

（1）打开 IE 浏览器，进入相应的主页，在主页的搜索文本框中输入关键字"长江大桥"，如图 2-4-3 所示。

（2）单击"搜索一下"按钮，进入相应的页面，并显示搜索信息，如图 2-4-4 所示，单击需要查看的网页的超链接，即可链接到相应的网页。

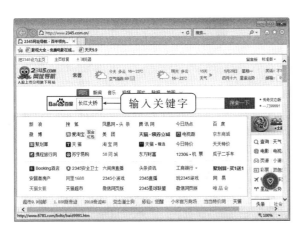

图 2-4-3　输入关键字

图 2-4-4　使用关键字搜索

四、百度搜索引擎的使用技巧

百度是目前世界上较大的中文搜索引擎,其功能也非常强大,主要作用是向广大网络用户提供获取信息的便捷方式。

1.搜索网页

百度浏览器默认的页面就是网页搜索页面。

(1)启动浏览器,在浏览器的地址栏中输入 www.baidu.com,按"Enter"键确认,打开百度搜索引擎。

(2)在搜索文本框中输入"北京",单击"百度一下"按钮,如图 2-4-5 所示。

(3)进入相应的页面,并显示搜索信息,单击需要查看的网页的超链接,即可链接到相应的网页,如图 2-4-6 所示。

图 2-4-5　单击"百度一下"按钮

图 2-4-6　链接到相应的网页

2.搜索图片

百度图片搜索引擎具有非常强大的图片搜索功能,它能够从数十亿网页中,提取出各类图片。

(1)打开百度搜索引擎,单击"图片"超链接,进入"百度图片"搜索页面,如图 2-4-7 所示。

（2）在搜索文本框中输入相应的关键字，单击"百度一下"按钮，进入相应的页面，并显示搜索图片的结果，如图 2-4-8 所示。

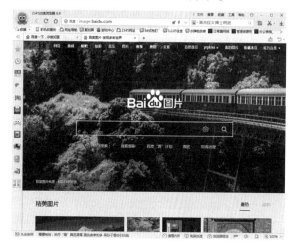

图 2-4-7　"百度图片"搜索页面

图 2-4-8　显示搜索图片的结果

（3）在页面中，选择合适的图片，单击查看图片，可使用百度搜索到的图片，如图 2-4-9 所示。

图 2-4-9　查看图片

3. 搜索音乐

音乐搜索功能是百度搜索引擎的一个特色，它可以在每天更新的中文网页中提取包含链接的网页，从而建立起庞大的歌曲链接库。

（1）打开百度搜索引擎，单击"音乐"超链接，进入"百度音乐"搜索页面，如图 2-4-10 所示。

（2）在搜索文本框中输入相应的音乐关键字，单击"百度一下"按钮，进入相应的页面，并显示搜索音乐的结果。

（3）在页面中，选择合适的音乐，并单击"播放"按钮，即可试听音乐，如图 2-4-11 所示。

图 2-4-10 "百度音乐"搜索网页　　　　　　　　图 2-4-11 试听音乐

4.高级搜索功能

对新闻进行搜索时,或者对有时效性的资源进行搜索时,用户可以通过百度网站中的高级搜索功能,缩小查找范围,以便更快捷地查找所需的资源。

(1)进入"高级搜索"页面,并输入相应的信息,如图 2-4-12 所示。

(2)单击"高级搜索"按钮,显示使用高级搜索查找到的信息,单击需要查看的网页的超链接,即可链接到相应的网页,如图 2-4-13 所示。

图 2-4-12 输入信息　　　　　　　　图 2-4-13 链接到相应的网页

> **提醒**
>
> 获取信息的技术工具有很多,可以根据需要选择合适的工具。例如,可以使用具有写、录、拍、摄等功能的软件来获取信息。

知识链接

百度网盘的使用

百度网盘是百度公司推出的一项云存储服务,用户可以轻松地将自己的文件上传到百度网盘中,并可以跨终端随时随地地查看和分享。此外,还可以在百度网盘中搜索他人分享的资源。

1.上传文件

打开百度网盘页面，登录自己的账号，选择保存文件的文件夹，如"我的卡包"，单击"上传"按钮，即可将本地计算机中的文件上传到百度网盘中，如图 2-4-14 所示。

图 2-4-14　上传文件

💡 提醒

百度网盘不仅提供 Web 版，还提供 PC 客户端和手机 App 供用户使用。

2.分享文件

上传文件后，用户可以将自己百度网盘中的文件分享给朋友。

（1）登录百度网盘 PC 客户端，选择要分享的文件或文件夹，单击"分享"按钮，弹出"分享文件：临时"对话框，如图 2-4-15 所示。

图 2-4-15　分享文件

（2）单击"私密链接分享"选项卡，设置"分享形式"和"有效期"，单击"创建链接"按钮，生成分享链接和提取码。

（3）将分享链接和提取码发给朋友，他们就可以访问刚刚分享的文件，既可以下载文件，也可以将文件保存到他们自己的百度网盘中。

💡 提醒

除私密链接分享之外，百度网盘还提供了好友分享、群组分享等其他分享方式。

3.搜索资源

(1)打开百度网盘页面,登录自己的账号,在页面上方选择"找资源"选项,如图 2-4-16 所示。

(2)在页面右上角的搜索框中输入搜索关键字,如"图书",单击"搜索"按钮,即可打开搜索结果页面,如图 2-4-17 所示。

图 2-4-16　选择"找资源"选项　　　　　图 2-4-17　搜索"图书"

(3)选择资源,如图 2-4-18 所示,并执行相应的操作,如购买资源、直接查看资源、分享资源等。

图 2-4-18　选择资源

■ 自主实践活动

尝试自己制作参与志愿者服务的策划书,在自己的计算机中安装各种浏览器软件,并在网络上搜索相关的志愿者信息。

活动五　网络即时通信

活动要求

　　网上聊天是用户在网上进行实时交流的一种方式，它省钱、方便、快捷，已经成为用户十分喜爱的一项网络服务。网络即时通信可以通过专门的聊天软件进行。

活动分析

一、思考与讨论

　　(1)网络聊天是网络中一种常用的聊天手段，一般在网络上用哪些软件进行即时聊天？

　　(2)网络上的聊天软件也有很多种，如 QQ 和微信等，各网络聊天软件有哪些区别和特点？

　　(3)QQ 是目前最流行的聊天软件之一，QQ 可以进行哪些功能操作？具有哪些优势？

　　(4)微信具有哪些功能？使用微信可以做些什么？

二、总体思路

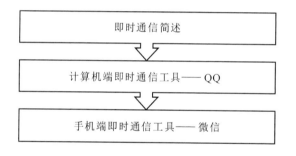

使用即时通信

方法与步骤

一、即时通信简述

　　即时通信(instant messaging，IM)是指能够即时发送和接收互联网消息等的业务。

　　自 1998 年面世以来，特别是近几年的迅速发展，即时通信的功能日益丰富，逐渐集成了电子邮件、博客、音乐、电视、游戏和搜索等多种功能。

　　即时通信不再是一个单纯的聊天工具，它已经发展成集交流、资讯、娱乐、搜索、电子商务、办公协作和企业客户服务等为一体的综合化信息平台。

二、计算机端即时通信工具——QQ

　　腾讯 QQ 是由腾讯公司开发的，基于 Internet 的即时通信软件，是目前使用较为广泛的聊天工具。该软件具有强大的功能,支持在线聊天、视频电话、传送文件、共享文件、QQ邮箱等多种功能,而且操作界面也非常简易、方便。

1.登录 QQ

在桌面上双击"腾讯 QQ"图标,弹出 QQ 登录对话框,输入 QQ 账号和密码,单击"安全登录"按钮,即可登录 QQ,如图 2-5-1 所示。

2.设置个人资料

登录 QQ 以后,用户可以根据自身需要,设置个人资料。

在 QQ 界面上方的 QQ 图像上,单击鼠标,在弹出的页面中,单击"编辑资料"按钮,如图 2-5-2 所示,输入相关个人信息后,单击"保存"按钮,即可完成个人资料的设置。

图 2-5-1　登录 QQ

图 2-5-2　设置个人资料

> 💡 **提醒**
>
> QQ 支持用户编辑个性签名。在 QQ 名下方单击"编辑个性签名"按钮,在文本框中输入相应的个性签名,单击其他任意位置,QQ 界面上方将显示个性签名信息,如图 2-5-3 所示。

图2-5-3　编辑个性签名

3.查找与添加好友

第一次登录的 QQ 界面中并没有好友,用户需要添加对方的 QQ 号码才能与其聊天。

(1)单击 QQ 界面下方的"加好友"按钮,弹出"查找"对话框,如图 2-5-4 所示。

(2)在"账号"文本框中输入账号,单击"查找"按钮,即可查找 QQ 好友,如图 2-5-5 所示。

图 2-5-4　弹出"查找"对话框

图 2-5-5　显示查找到的好友

（3）弹出"添加好友"对话框，在"请输入验证信息"文本框中输入相应的信息，单击"确定"按钮。

（4）弹出信息提示框，单击"完成"按钮，如图 2-5-6所示。等待对方确认，即可添加 QQ好友。

4.在线畅谈

添加好友之后，就可以和好友进行聊天了，在聊天的过程中，发送消息是最为常见的聊天方式。

登录 QQ 程序，在"我的好友"列表框中双击选择需要聊天的 QQ 好友，弹出聊天窗口，在聊天窗口下方的文本框中输入聊天的内容，单击"发送"按钮，即可发送消息，如图 2-5-7所示。

图 2-5-6　添加 QQ 好友

图 2-5-7　发送消息

5.发送文件

在 QQ 中，可以向好友发送文件、文件夹，还可以在好友不在线时发送离线文件，具体操作方法如下。

（1）在好友聊天窗口中，单击"文件"图标，展开列表，选择"发送文件/文件夹"命令，如图 2-5-8 所示。

（2）弹出"选择文件/文件夹"对话框，选择需要发送的文件，单击"发送"按钮。

（3）返回好友聊天窗口，显示选择的文件，单击"发送"按钮，即可开始发送文件，如图 2-5-9 所示，待对方接收后，即可完成文件的传送。

图 2-5-8 选择"发送文件/文件夹"命令   图 2-5-9 开始发送文件

提醒

如果对方不在线,可以选择发送离线文件,当对方上线时,就可以看到发送的离线文件并接收。

6.远程协助

如果在上网的过程中计算机出现了一些不能解决的故障,这时在 QQ 好友列表中恰好有懂计算机的好友,用户就可以通过远程协助请好友来帮忙解决一些问题。具体操作方法如下。

双击需要求助的好友头像,打开聊天窗口,单击···按钮,选择 图标,选择"邀请对方远程协助"命令,向好友发送请求,如 2-5-10 所示。待对方确认后,即可操控自己的计算机。

图 2-5-10 向好友寻求远程协助

三、手机端即时通信工具——微信

微信是腾讯公司于 2011 年 1 月 21 日推出的一款为智能终端提供即时通信服务的免费应用程序。微信支持跨通信运营商、跨操作系统平台,通过网络免费(需消耗少量网络流量)发送语音、视频、图片和文字,同时可以共享流媒体资料和支持基于位置的"朋友圈""漂流瓶""摇一摇"等服务插件。

微信的聊天功能很强大,可以实时发送文字信息、语音、视频以及图片等消息。

1.发送文字信息

打开微信,单击"通讯录",选择需要聊天的好友,在弹出的聊天界面中的文本框内,直接输入内容,单击"发送"按钮即可给好友发送文字信息,如图 2-5-11 所示。

2.发送语音

在与好友的聊天界面中,在文本框的左侧单击语音图标,弹出"按住说话"按钮,按住该按钮,即可开始说话,如图 2-5-12 所示。松开按钮,即可完成语音的发送。

图 2-5-11　发送文字信息　　　　　　　　　　图 2-5-12　发送语音

3.发送图片

在打开微信的聊天界面中,单击文本框右侧的"＋"按钮,在弹出的选择界面中,单击"相册"按钮,选择要发送的图片,单击右上角的"发送"按钮,即可完成图片的传送,如图 2-5-13 所示。

图 2-5-13　发送图片　　　　　　　　　　图 2-5-14　撤回消息

提醒

微信聊天工具还具有撤回消息的功能,选择要撤回的消息,在弹出的快捷菜单中,选择"撤回"选项即可,如图 2-5-14 所示。

知识链接

一、微信插件

微信的插件功能很丰富,在"发现"选项中涵盖了"朋友圈""扫一扫""漂流瓶"等诸多功能。

1.朋友圈

朋友圈是微信上的一个社交功能,用户可以通过朋友圈发表文字和图片,同时可以通过其他软件将文章或者音乐分享到朋友圈,如图 2-5-15 所示。

用户可以对好友新发的照片进行"评论"或"赞",用户只能看相同好友的评论或赞,如图 2-5-16 所示。

图 2-5-15 微信朋友圈

图 2-5-16 评论微信朋友圈

2.摇一摇

摇一摇是微信推出的一个随机交友应用,通过摇手机或单击手机按钮模拟摇一摇,可以匹配同一时段触发该功能的微信用户,从而增加用户间的互动和微信黏度。

打开微信,选择"发现"选项,在界面中选择"摇一摇"选项,即可进入"摇一摇"界面,如图 2-5-17 所示。进入摇一摇界面,轻摇手机,微信会搜寻同一时刻摇晃手机的人,单击摇出来的微信用户，单击"打招呼"按钮，即可弹出"打招呼"界面，编辑一段文字，单击"发送"按钮，就可以开始聊天了。

图 2-5-17　微信"摇一摇"界面

💡 提醒

　　微信"摇一摇"功能，还可以通过环境的声音，识别正在听的歌曲或者正在看的电视的信息。

二、微信收藏功能与云笔记

　　在朋友圈或者公众号中看到有用的文章时，人们一般都会选择收藏。收藏方法很简单，只需单击文章右上角的✿按钮即可，如图 2-5-18 所示。

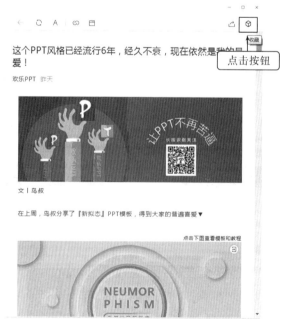

图 2-5-18　收藏微信文章

有道云笔记是很多人选择收藏文章的应用,但是微信并没有提供默认的有道云笔记收藏的方法,下面介绍如何用有道云笔记一键分享收藏微信文章。

(1)打开微信,单击软件界面右上角的 + 按钮,选择"添加朋友"选项,如图 2-5-19 所示。

(2)选择"公众号"选项,如图 2-5-20 所示。

(3)在搜索栏中查找官方账号"有道云笔记",如图 2-5-21 所示。

图 2-5-19 选择"添加朋友"选项

图 2-5-20 选择"公众号"选项

图 2-5-21 查找"有道云笔记"

(4)找到官方账号后,单击"关注公众号"超链接,如图 2-5-22 所示。

(5)在官方账号页面,单击"点我绑定笔记账号"超链接,并根据提示进行账号的绑定,如图 2-5-23 所示。

(6)绑定成功后打开微信,找到自己喜欢的文章,点击右上角的"..."按钮,如图 2-5-24 所示。

图 2-5-22 关注公众号

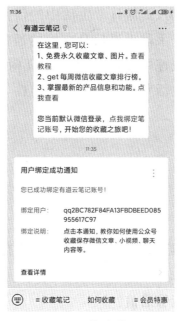

图 2-5-23 绑定笔记账号

图 2-5-24 点击"..."按钮

（7）在弹出的页面中，单击有道云笔记的分享图标，会收到保存成功的消息，如图 2-5-25 所示。

（8）打开有道云笔记本，可以看到刚收藏的内容，如图 2-5-26 所示。

图 2-5-25　保存成功消息

图 2-5-26　在有道云笔记中查看收藏内容

自主实践活动

尝试在计算机中安装 QQ 和微信聊天软件，并通过已安装的软件，与同学和同事进行聊天、发送朋友圈、添加好友等操作。

活动六　收发电子邮件

活动要求

电子邮件是 Internet 发展的产物，就像日常生活中的信件一样，只不过它的传递速度更快，使用更方便。它是一种使用电子手段提供信息交换的通信方式。通过电子邮件系统，用户可以用非常低廉的价格，以非常快速的方式，与世界上任何一个角落的网络用户联系。

了解电子邮件给人们的学习、生活和工作带来的便捷性，熟练掌握几种不同的电子邮箱收发电子邮件的操作技巧。

活动分析

一、思考与讨论

（1）认识电子邮件，认识电子邮箱的地址，分析电子邮件有哪些特点。

（2）如何发送一封电子邮件？

（3）不同的电子邮箱之间是否能够通信？

（4）电子邮箱中的电子邮件太多，如何对邮箱中的电子邮件进行管理、删除等操作？

二、总体思路

通过IE浏览器直接收发邮件

↓

通过Outlook收发邮件

收发电子邮件

■■ 方法与步骤

一、通过 IE 浏览器直接收发邮件

使用 IE 浏览器收发邮件是用户使用 Internet 最常用的一种方式。目前电子邮箱综合了多种娱乐、生活、新闻功能，使电子邮箱越来越人性化、多元化、丰富化。

1.登录免费电子邮箱

成功申请邮箱后可登录电子邮箱。下面以 163 邮箱为例进行介绍。

打开"网易 163"首页，输入用户名和密码，单击"登录"按钮，即可登录电子邮箱，如图 2-6-1 所示。

图 2-6-1 登录电子邮箱

💡 提醒

用户在登录电子邮箱输入密码时，要保证计算机的安全性，以防邮箱被盗。

2.编辑并发送电子邮件

登录电子邮箱后，用户可以根据需要编写电子邮件并发送邮件。

（1）单击"写信"按钮，进入写信界面，输入收件人地址、主题以及信件内容，如图 2-6-2 所示。

（2）在写信界面的上方，单击"发送"按钮，即可发送邮件，并显示邮件发送成功信息，如图 2-6-3 所示。

图 2-6-2　输入信息　　　　　　　　　　图 2-6-3　邮件发送成功

3.接收和查阅电子邮件

用户登录电子邮箱后可以接收和查阅电子邮件。

单击"收件箱"按钮，进入收件箱界面，显示收到的邮件，单击需要查看的邮件超链接，即可查阅电子邮件，如图 2-6-4 所示。

图 2-6-4　接收和查阅电子邮件

4.回复与转发电子邮件

若用户接收邮件后，需马上回复，或将接收的邮件转发给其他用户，则可以使用回复和转发功能，这样可以节省填写收件人地址的时间。

（1）回复电子邮件。登录邮箱，在收件箱界面中，单击需要查看的邮件链接，进入阅览信件界面，单击"回复"按钮，进入写信界面，在其中输入信件内容，如图 2-6-5 所示。单击"发送"按钮，即可回复邮件。

（2）转发电子邮件。进入邮箱的阅览信件界面，单击"转发"按钮，进入信件转发界面，在"收件人"文本框中，输入收件人地址，单击"发送"按钮，即可转发电子邮件，如图 2-6-6 所示。

图 2-6-5　输入信件内容

图 2-6-6　单击"发送"按钮

二、通过 Outlook 收发邮件

Outlook 是一款功能强大的电子邮件客户端管理软件，它捆绑在 Internet 中，同时它也是一个基于 NNTP 协议的 Usenet 客户端。通过它用户可以方便地收、发、写和管理电子邮件。

1.设置电子邮件账户

若要使用 Outlook 发送或接收电子邮件，首先需要对邮件账户进行设置，建立其与邮件服务器的通信。

（1）选择"开始"→"所有程序"→"Outlook"命令，启动 Outlook 程序窗口，单击"下一步"按钮，在弹出的账户配置对话框中单击"下一步"按钮，弹出"添加新账户"对话框，如图 2-6-7 所示。

（2）输入相关信息，单击"下一步"按钮，在文本框中输入电子邮件地址以添加账户。完成账户设置，进入邮件界面，如图 2-6-8 所示。

图 2-6-7　"添加新账户"对话框

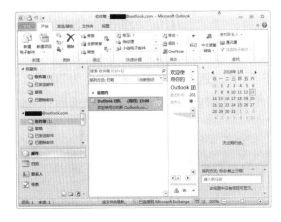

图 2-6-8　进入邮件界面

2.新建电子邮件并发送

设置好电子邮件账户后，用户即可使用 Outlook 撰写邮件并发送。

打开 Outlook 窗口，单击"新建电子邮件"按钮，弹出"新建邮件"对话框，输入相应的信息，如图 2-6-9所示。单击"发送"按钮，即可开始发送邮件。

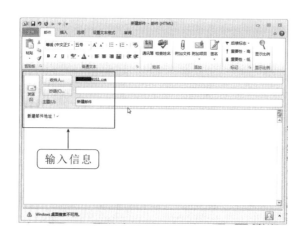

图 2-6-9　编辑新邮件

3.阅读和另存为邮件

当连接到 Internet 后，Outlook 将会根据用户所建立的账号，建立与相应服务器的连接。

（1）阅读电子邮件。打开 Outlook 窗口，在左侧的列表框中选择"收件箱"选项，在右侧的列表框中单击邮件，显示邮件信息，如图 2-6-10 所示。

图 2-6-10　显示邮件信息

（2）另存为电子邮件。用户除了可以阅读电子邮件中的所有信息，还可以将邮件存储在计算机中。选择"文件"→"另存为"命令，弹出"另存为"对话框，设置文件保存路径，单击"保存"按钮，执行操作后，即可另存为电子邮件。

知识链接

一、初识电子邮件

电子邮件又称为 E-mail，它是通过计算机网络进行信息传输的一种现代化通信方式。

1.电子邮件简介

电子邮件是 Internet 应用最广泛的服务，用户通过电子邮件系统将邮件发送到世界上任何指定的目的地，这些电子邮件可以是文字、图像、声音等方式。同时，用户可以收到大量免费的新闻、专题邮件，并实现轻松的信息搜索。

电子邮件地址是一个类似于用户住家门牌号码的邮箱地址，或者更准确地说，相当于用户在邮局租用了一个信箱。因为传统的信件是由邮递员送到家门口,而电子邮件需要自己去查看信箱,但不需要跨出家门一步。

2.电子邮箱的地址

电子邮件如同平常收信、发信需要有目的地址一样,也需要有电子邮件的地址。一个电子邮件地址通常由 3 个部分组成:邮箱名称＋@＋收取 E-mail 的服务器。

其中,@是电子邮件地址的专用标识符:在@前面的是用户的邮箱名称,用来表明用户;在@后面的是收发邮件的服务器名,也是表示电子邮箱所在的网站地址。

3.收费邮箱与免费邮箱

电子邮箱可分为收费邮箱与免费邮箱两种。免费邮箱通常是针对广大用户而设计的,其功能较收费邮箱而言,显得比较单一,没有收费邮箱服务周到;收费邮箱一般会按月向电子邮件服务商缴纳邮箱使用费。相对于免费邮箱而言,收费邮箱功能强大、界面友好、容量大、稳定可靠、安全高速、带宽独立,其双机热备份、杀毒、自由制定界面等都要优于免费邮箱。

如今各大网站都推出有免费邮箱服务,与往年相比,免费邮箱的服务品质也有了很大的提高,如网易的免费邮箱容量已经达到 3 GB。不过,免费邮箱防垃圾邮件的功能没有收费邮箱强。另外,免费邮箱的广告也偏多一些。

二、电子邮件服务器

电子邮件服务器是处理邮件交换的软硬件设施的总称,包括电子邮件程序、电子邮箱等。它是为用户提供 E-mail 服务的电子邮件系统,人们通过访问服务器可以实现邮件的交换。服务器程序通常不能由用户启动,而是一直在系统中运行,它一方面负责把本机上的 E-mail 发送出去,另一方面负责接收其他主机发过来的 E-mail,并把各种电子邮件分发给每个用户。

现阶段,基本的电子邮件传输大致遵循以下几种协议。

1.简单邮件传送协议

简单邮件传送协议(simple mail tranfer protocol,SMTP)是一组用于由源地址到目的地址传送邮件的规则,由它来控制信件的中转方式。SMTP 属于 TCP/IP 协议族,它帮助每台计算机在发送或中转信件时找到下一个目的地。通过 SMTP 所指定的服务器,就可以把 E-mail 寄到收信人的服务器上,整个过程只要几分钟。SMTP 服务器则是遵循 SMTP 的发送邮件服务器,用来发送或中转发出的电子邮件。

2.邮局协议第 3 版

邮局协议第 3 版(post office protocol version 3,POP3)是规定个人计算机如何连接互联网上的邮件服务器收发邮件的协议。它是互联网电子邮件的第一个离线协议标准,POP3 允许用户从服务器上把邮件存储到本地主机(自己的计算机)上,同时根据客户端的操作删除或保存在邮件服务器上的邮件。POP3 是 TCP/IP 协议族中的一员,由 RFC 1939 定义。POP3 主要用于支持使用客户端远程管理在服务器上的电子邮件。POP3 服务器则是遵循 POP3 的接收邮件服务器,用来接收电子邮件。

3.互联网邮件访问协议

互联网邮件访问协议（Internet mail access protocol，IMAP）是斯坦福大学在1986年研发的一种邮件获取协议。它的主要作用是使邮件客户端（如 Microsoft Outlook Express）从邮件服务器上获取邮件信息、下载邮件等。当前的权威定义是 RFC 3501。IMAP 运行在 TCP/IP 协议之上，使用的端口是143。它与 POP3 的主要区别是用户可以不用把所有的邮件全部下载，通过客户端直接对服务器上的邮件进行操作即可。

自主实践活动

尝试自己在计算机上使用 QQ 邮箱发送、回复电子邮件，并对电子邮件进行删除和分类操作。也可以尝试通过登录 Office 软件中的 Outlook，收发电子邮件。

活动七　网上购物

活动要求

网上购物就是通过互联网检索商品信息，并通过电子订购单发出购物请求，然后填上私人支票账号或信用卡的号码，厂商通过邮购的方式发货，或通过快递公司送货上门。新手想在网上购买商品，掌握网上购物技巧至关重要。

活动分析

一、思考与讨论

（1）什么是网上购物？网上购物有哪些优缺点？
（2）网上的商品很丰富，如何在海量的信息中快速找到需要的商品信息？
（3）根据所获取的商品信息，在不同的购物网站上尝试购物。

二、总体思路

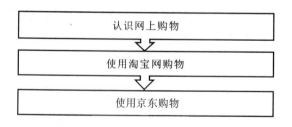

方法与步骤

网上购物

一、认识网上购物

网上购物的一般付款方式是款到发货（银行转账、在线汇款）和担保交易（货到付款）。随着互联网的普及，网上购物成为一种重要的购物形式。

二、使用淘宝网购物

淘宝网是亚太地区较大的网络零售交易平台，由阿里巴巴集团在 2003 年 5 月创立，深受民众欢迎。

1.进入淘宝网

在浏览器地址栏中输入 https://www.taobao.com，单击"转到"按钮，进入淘宝网，如图 2-7-1 所示。

图 2-7-1　进入淘宝网

2.注册淘宝会员

（1）单击"免费注册"超链接，在打开的网页中，单击"同意协议"按钮，如图 2-7-2 所示。

（2）根据提示填写注册信息，如图 2-7-3 所示，即可完成会员注册。

图 2-7-2　单击"同意协议"按钮

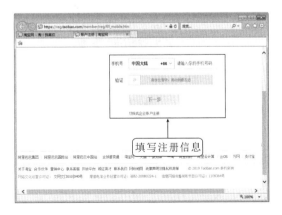

图 2-7-3　填写淘宝网注册信息

3.根据需要选购商品

（1）登录淘宝网，在搜索框中输入"U 盘"，单击"搜索"按钮，如图 2-7-4 所示。

（2）在打开的网页中将会列出相对应的商品，单击需要的商品的超链接，打开商品详情页，单击"加入购物车"按钮，如图 2-7-5 所示。

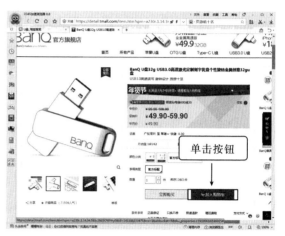

图 2-7-4　输入搜索内容并单击按钮　　　　　　图 2-7-5　单击"加入购物车"按钮

（3）用户如果想要继续购物，则单击"继续挑宝贝"按钮，反之则单击"购物车"按钮查看加入的商品，根据网页中的购买提示，逐步操作即可购买商品。

（4）用户在收到购买的货物后，仔细查看是否完整、有无损伤后确认收货。

💡提醒

用户在选购商品前，最好查看该商品的评价记录。当用户在淘宝网上选择某样商品后，单击商品页面中的"评价详情"超链接，在打开的网页中即可查看购物评价和留言，如图 2-7-6 所示。

图2-7-6　查看购物评价和留言

三、使用京东购物

京东是专业的综合网上购物商城，销售数万品牌，囊括家电、手机、计算机、母婴、服装等商品。

1.进入京东商城

在浏览器地址栏中输入 https://www.jd.com，单击"转到"按钮，进入京东商城，如图2-7-7所示。

图 2-7-7　进入京东商城

2.注册京东会员

(1)单击"免费注册"超链接，在打开的网页中，单击"同意并继续"按钮，如图 2-7-8 所示。

(2)根据提示填写注册信息，如图 2-7-9 所示，即可完成会员注册。

图 2-7-8　单击"同意并继续"按钮

图 2-7-9　填写注册信息

3.根据需要选购商品

(1)登录京东商城，在"电脑/办公"的"游戏设备"类别中，单击"游戏耳机"超链接，如图2-7-10 所示。

（2）在打开的网页中将会列出相对应的商品，单击需要的商品的超链接，打开记录该商品详细信息的网页，选择商品的颜色及套餐，单击"加入购物车"按钮，如图 2-7-11 所示。

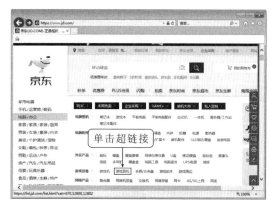

图 2-7-10　单击"游戏耳机"超链接

图 2-7-11　单击"加入购物车"按钮

（3）用户如果想要继续购物，则单击"继续挑宝贝"按钮，反之则单击"购物车"按钮查看加入的商品，根据网页中的购买提示，逐步操作即可购买商品。

提醒

用户在选购商品前，最好查看该商品的评价记录，当用户在京东选择某样商品后，单击商品页面中的"商品评价"超链接，在打开的网页中，即可查看购物评价和留言，如图 2-7-12 所示。

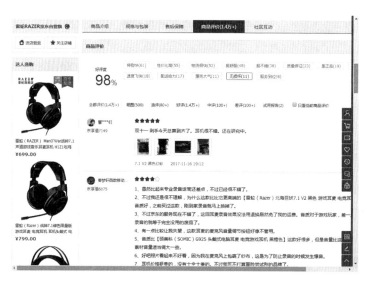

图2-7-12　查看购物评价和留言

知识链接

一、网购的优缺点

随着网络的不断发展，计算机普及到各个家庭，大家也知道商品是可以网购的。网购在给我们带来便利的经济消费的同时也有自身的一些弊端。

1.优点

(1)对于消费者来说。消费者可以在家"逛商店",订货不受时间、地点的限制;可以获得较大量的商品信息,买到当地没有的商品;网上支付较传统的现金支付更加安全,可避免现金丢失或遭到抢劫;从订货、买货到货物上门无须亲临现场,既省时又省力;由于网上店铺省去了店面租金等一系列费用,总的来说其商品较一般商场的同类商品更物美价廉;可以保护个人隐私。

(2)对于商家来说。由于网上销售库存压力较小、经营成本低、经营规模不受场地限制等,在将来会有更多的企业选择网上销售,通过互联网对市场信息的及时反馈适时调整经营战略,以此提高企业的经济效益和参与国际竞争的能力。

(3)对于整个市场经济来说。这种新型的购物模式可以在更大的范围内、更广的层面上以更高的效率实现资源配置。

综上所述,网上购物突破了传统商务的障碍,无论是对消费者、企业还是市场都有着巨大的吸引力和影响力,在新经济时期无疑是达到"多赢"效果的理想模式。

2.缺点

(1)存在大量的假冒伪劣产品。

(2)不能试穿。

(3)网络支付不安全,可能导致信息泄露。

(4)诚信问题。

(5)配送的速度不一。

(6)退货不方便。

二、移动购物

移动购物是电子商务发展到一定程度所衍生出来的一个分支,其购物流程和操作方法与 Web 版类似。

尽管是电子商务的一部分,移动购物还是有它自己的特征。

(1)移动性:移动购物并不受互联网光缆的限制,也不受接入点的限制,用户可以随身携带手机、平板电脑等移动通信设备随时随地进行购物(要有无线网络覆盖)。

(2)无处不在性:移动技术可以让用户在任何具有移动通信信号及网络覆盖的地方获取信息。

(3)个性化:移动硬件有存储容量上的限制,内存软件可以更好地帮助用户进行信息存储和分类,以满足用户的需求。

(4)便捷性:移动通信设备的便捷性表现在用户可以不受时间地点的限制进行购物。

(5)传播性和本地化:零售商或其他信息编写人都可以通过无线网络向部分或者全部进入这个区域的移动服务用户发送特定信息。

■■ 自主实践活动

学校将举行运动会,活动物资统一采购,作为筹备小组的物资采购负责人,考虑到活动经费的有效利用,请尝试在网上购买活动物资。

活动八　了解物联网

活动要求

物联网是新一代信息技术的重要组成部分，具有广泛的用途，同时和云计算、大数据有着千丝万缕的联系。本活动将对物联网的基础知识做一个阐述。

活动分析

一、思考与讨论

(1)物联网可以分为几层？每层的功能是什么？

(2)物联网有哪些常用技术？平时最常见的技术是什么？

(3)二维码分别用什么代表二进制的 0 和 1？

二、总体思路

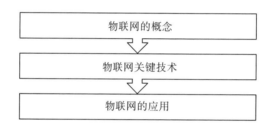

方法与步骤

一、物联网的概念

物联网是物物相连的网络，是互联网的延伸。它利用局部网络或互联网等通信技术把传感器、控制器、机器、人员和物等通过新的方式连在一起，使人与物、物与物相连，实现信息化和远程管理控制。

从技术架构来看，物联网可分为 4 层，即感知层、网络层、处理层和应用层，如图 2-8-1 所示。

图 2-8-1　物联网的 4 个层次

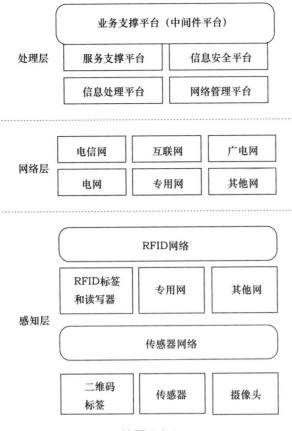

续图 2-8-1

每层的具体功能如表 2-8-1 所示。

表 2-8-1　物联网各个层次的功能

层　次	功　能
感知层	如果把物联网系统比喻为一个人体,那么感知层就好比人体的神经末梢,用来感知物理世界,采集来自物理世界的各种信息。感知层包含大量的传感器,如温度传感器、湿度传感器、应力传感器、加速度传感器、重力传感器、气体浓度传感器、土壤盐分传感器、二维码标签、射频识别(radio frequency identification,RFID)标签和读写器、摄像头、GPS 设备等
网络层	网络层相当于人体的神经中枢,起到信息传输的作用。网络层包含各种类型的网络,如互联网、移动通信网络、卫星通信网络等
处理层	处理层相当于人体的大脑,起到存储和处理的作用,包括数据存储、管理和分析平台
应用层	应用层直接面向用户,满足各种应用需求,如智能交通、智慧农业、智慧医疗、智能工业等

二、物联网关键技术

物联网是物与物相连的网络,通过为物体加装二维码、RFID 标签、传感器等,就可以实现物体身份唯一标识和各种信息的采集,再结合各种类型网络连接,就可以实现人和物、物和物之间的信息交换。因此,物联网中的关键技术包括识别和感知技术(二维码、RFID、传感器等)、网络与通信技术、数据挖掘与融合技术等。

1.识别和感知技术

二维码是物联网中一种很重要的自动识别技术,是在一维条码的基础上扩展出来的条码技术。

二维码包括堆叠式/行排式二维码和矩阵式二维码,后者较为常见,如图 2-8-2 所示。矩阵式二维码在一个矩形空间中通过黑、白像素在矩阵中的不同分布进行编码。在矩阵相应像素位置上,用点(方点、圆点或其他形状)的出现表示二进制的"1",点的不出现表示二进制的"0",点的排列组合确定了矩阵式二维码所代表的意义。二维码具有信息容量大、编码范围广、容错能力强、译码可靠性高、成本低、易制作等良好特性,已经得到了广泛的应用。

RFID 技术用于静止或移动物体的无接触自动识别,具有全天候、无接触、可同时实现多个物体自动识别等特点。

图 2-8-2　矩阵式二维码

RFID 技术在生产和生活中得到了广泛的应用,大大推动了物联网的发展,人们平时使用的公交卡、门禁卡、校园卡等都嵌入了 RFID 芯片,可以实现迅速、便捷的数据交换。从结构上讲,RFID 是一种简单的无线通信系统,由 RFID 读写器和 RFID 标签两个部分组成。RFID 标签是由天线、耦合元件、芯片组成的,是一个能够传输信息、回复信息的电子模块。RFID 读写器也是由天线、耦合元件、芯片组成的,用来读取(或者有时也可以写入)RFID 标签中的信息。RFID 使用 RFID 读写器及可附着于目标物的 RFID 标签,利用频率信号将信息由 RFID 标签传送至 RFID 读写器。以公交卡为例,人们持有的公交卡就是一个 RFID 标签(见图 2-8-3),公交车上安装的刷卡设备就是 RFID 读写器,当人们执行刷卡动作时,就完成了一次 RFID 标签和 RFID 读写器之间的非接触式通信和数据交换。

传感器是一种能感受规定的被测量件并按照一定的规律(数学函数法则)转换成可用信号的器件或装置,具有微型化、数字化、智能化、网络化等特点。人类需要借助耳朵、鼻子、眼睛等感觉器官感受外部物理世界,类似地,物联网也需要借助传感器实现对物理世界的感知。物联网中常见的传感器类型有光敏传感器、声敏传感器、气敏传感器、化学传感器、压敏传感器、温敏传感器、流体传感器等(见图 2-8-4),可以用来模仿人类的视觉、听觉、嗅觉、味觉和触觉。

图 2-8-3　公交卡

图 2-8-4　不同类型的传感器

2.网络与通信技术

物联网中的网络与通信技术包括短距离无线通信技术和远程通信技术。短距离无线通信技术包括 ZigBee、NFC、蓝牙、Wi-Fi、RFID 等。远程通信技术包括互联网、2G/3G/4G/5G 移动通信网络、卫星通信网络等。

3.数据挖掘与融合技术

物联网中存在大量数据来源、各种异构网络和不同类型的系统,如此大的不同类型的数据,如何实现有效整合、处理和挖掘,是物联网处理层需要解决的关键技术问题。云计算和大数据技术的出现,为物联网数据存储、处理和分析提供了强大的技术支撑,海量物联网数据可以借助庞大的云计算基础设施实现廉价存储,利用大数据技术实现快速处理和分析,满足各种实际应用的需求。

三、物联网的应用

物联网已经广泛应用于智能交通、智慧医疗、智能家居、环保监测、智能安防、智能物流、智能电网、智慧农业、智能工业等领域,对国民经济与社会发展起到了重要的推动作用,具体如下。

(1)智能交通。利用 RFID、摄像头、线圈、导航设备等物联网技术构建的智能交通系统,可以让人们随时随地通过智能手机、电子站牌等方式,了解城市各条道路的交通状况、所有停车场的车位情况、每辆公交车的当前位置等信息,合理安排行程,提高出行效率。

(2)智慧医疗。医生利用平板电脑、智能手机等设备,通过无线网络,可以随时访问各种诊疗仪器,实时掌握每个病人的各项生理指标数据,科学合理地制定诊疗方案,甚至可以实现远程诊疗。

(3)智能家居。利用物联网技术提升家居安全性、便利性、舒适性、艺术性,并实现环保节能的居住环境。例如,可以在工作单位通过智能手机远程开启家里的电饭煲、空调、门锁、监控、窗帘和电灯等,家里的窗帘和电灯也可以根据时间和光线变化自动开启和关闭。

(4)环保监测。人们可以在重点区域放置监控摄像头或水质土壤成分检测仪器,相关数据可以实时传输到监控中心,出现问题时实时发出警报。

(5)智能安防。采用红外线、监控摄像头、RFID 等物联网设备,实现小区出入口智能识别和控制、意外情况自动识别和报警、安保巡逻智能化管理等功能。

(6)智能物流。利用集成智能化技术,使物流系统能模仿人的智能,具有思维、感知、学习、推理判断和自行解决物流中某些问题的能力(如选择最佳行车路线、选择最佳包裹装车方案),从而实现物流资源优化调度和有效配置,提升物流系统效率。

(7)智能电网。采用智能电表,不仅可以免去抄表工的大量工作,还可以实时获得用户用电信息,提前预测用电高峰和低谷,为合理设计电力需求响应系统提供依据。

(8)智慧农业。利用温度传感器、湿度传感器和光线传感器,实时获得种植大棚内的农作物生长环境信息,远程控制大棚遮光板、通风口、喷水口的开启和关闭,让农作物始终处于最优生长环境,提高农作物产量和品质。

(9)智能工业。将具有环境感知能力的各类终端、基于泛在技术的计算模式、移动通信技术等不断融入工业生产的各个环节,大幅提高制造效率,改善产品质量,降低产品成本和资源消耗,将传统工业提升到智能化的新阶段。

下面以一个简单的智能公交实例来加深对物联网概念的理解。目前,很多城市居民的智能手机中都安装了"掌上公交"App，可以用手机随时随地查询每辆公交车的当前位置信息，这就是一种非常典型的物联网应用。

在智能公交应用中，每辆公交车都安装了 GPS 定位系统和 3G/4G 网络传输模块；在车辆行驶过程中，GPS 定位系统会实时采集公交车当前位置信息，并通过车上的 3G/4G 网络传输模块发送给车辆附近的移动通信基站，经由电信运营商的 3G/4G 网络传送到智能公交指挥调度中心的数据处理平台，平台再把公交车的当前位置信息发送给智能手机用户，用户的"掌上公交"App 就会显示出公交车的当前位置信息。

这个应用实现了"物与物的相连"，即把公交车和智能手机这两个物体连接在一起，让智能手机可以实时获得公交车的当前位置信息。

实际上，它也实现了"物和人的连接"，让手机用户可以实时获得公交车的当前位置信息。在这个应用中，安装在公交车上的 GPS 定位设备就属于物联网的感知层；安装在公交车上的 3G/4G 网络传输模块及电信运营商的 3G/4G 移动通信网络属于物联网的网络层；智能公交指挥调度中心的数据处理平台属于物联网的处理层；智能手机上安装的"掌上公交"App 属于物联网的应用层。

■ 知识链接

物联网产业

完整的物联网产业链主要包括核心感应器件提供商、感知层末端设备提供商、网络提供商、软件与行业解决方案提供商、系统集成商、运营及服务提供商等，如图 2-8-5 所示。

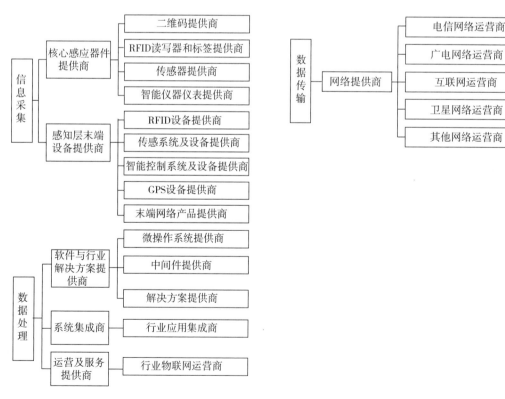

图 2-8-5　物联网产业链

■■ 自主实践活动

请以你熟悉的物联网应用为例,说明对物联网的理解。

项目考核

一、填空题

(1)计算机网络按拓扑结构可以分为_____ 、_____ 和_____ 。

(2)路由器的 IP 地址一般为_____ 、_____ 。

(3)_____ 是用来浏览和搜索各种资源、新闻的网络工具。

(4)_____ 是指 Internet 上所有的信息,包括_____ 、软件、_____ 、音乐等。

(5)_____ 是由腾讯公司开发的、基于 Internet 的即时通信软件,是目前使用较为广泛的聊天工具。该软件具有强大的功能,支持_____ 、视频电话、_____ 、共享文件、_____ 等多种功能,而且操作也非常简易、方便。

(6)_____ 就是通过互联网检索商品信息,并通过电子订购单发出购物请求,然后填上私人支票账号或信用卡的号码,厂商通过邮购的方式发货,或者通过快递公司送货上门。中国国内的网上购物,一般付款方式是_____ 和_____ 等。

二、简答题

(1)计算机网络由哪几部分构成? 要实现 Wi-Fi 上网需要哪些设备?

(2)如何使用浏览器浏览网页新闻和资源?

(3)如何在计算机中安装腾讯 QQ 聊天软件? 使用腾讯 QQ 可以做什么?

(4)收发电子邮件有哪几种方法?

(5)简述网上购物的一般流程。

3 项目三 图文编辑

项目三
图文编辑

情境描述

为弘扬正能量,激励在校学生积极进取、学好技能,丰富全校师生校园生活,学生会决定成立校刊编辑部,创办以"春风绿"为标题的校园特刊。校刊既要宣传学校的文化建设方针和政策,也要体现学生对于校园文化建设的思考、愿望和实践。校刊作为校园文化的重要内容和成果,反映了校园文化建设的现状,同时,校园文化的进一步发展有待于校刊的完善。因此,为搞好校园文化建设,必须首先搞好校刊制作。

本项目通过校刊刊头的设计,内容的排版及美化,页眉、页脚和页码的添加等活动,逐步介绍使用 Word 进行文字处理的基本方法和技巧。

活动一 设计刊头

活动要求

小张是校刊的总编辑,接到制作"春风绿"特刊的任务,他决定先从刊头入手。刊头在报刊设计中能起到画龙点睛的作用。刊头标题位置、字体、大小、形状、方向的处理,直接影响整个版面的视觉效果。在设计刊头时,刊头内容要和报刊主题思想一致,可以采用纯文字或者文字与装饰图片结合的形式。

活动分析

一、思考与讨论

(1)刊头部分由哪些元素组成?为什么要设计刊头?

(2)刊头分为哪些类型?

(3)刊头的设计形式有哪些?

二、总体思路

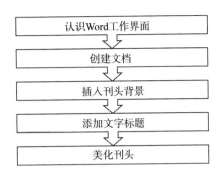

设计刊头

方法与步骤

一、认识 Word 工作界面

选择"开始"→"所有程序"→"Microsoft Office"→"Microsoft Word 2010"命令,或者双击桌面上的"Word 2010"程序图标,启动文字处理软件 Word,默认新建一个空白文档"文档 1"。

Word 2010 的工作界面主要由标题栏、功能区、文档编辑区、状态栏和视图切换区组成,如图 3-1-1所示。

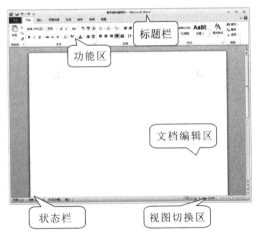

图 3-1-1 Word 工作界面

1.标题栏

标题栏位于窗口的最上方,由控制菜单图标、快速访问工具栏、文档名称和控制按钮等组成。

快速访问工具栏位于标题栏的左侧,用户可以单击"自定义快速访问工具栏"按钮,在展开的下拉列表中选择常用的工具命令,将其添加到快速访问工具栏中,以便以后使用。

控制按钮位于标题栏的最右侧,包括"最小化"按钮、"最大化"按钮或"向下还原"按钮和"关闭"按钮。

2.功能区

功能区主要包括"开始""插入""页面布局""引用""邮件""审阅"和"视图"等选项卡。用户可以切换到相应的选项卡中,单击相应组中的命令按钮完成所需的操作。

3.文档编辑区

文档编辑区是用来输入和编辑文字的区域。在文档编辑区中有一条竖直的、黑色的、不断闪动的短线，它就是光标，也称为插入点，用来控制用户在编辑区中输入字符的位置。

4.状态栏

状态栏位于窗口的最下方，主要用于显示当前文档的状态信息。

5.视图切换区

视图切换区位于状态栏的右侧，用来切换文档的视图方式。

二、创建文档

（1）打开文字处理软件 Word 2010，单击"文件"选项卡，选择"新建"命令，双击"空白文档"，或选择"空白文档"后单击右侧的"创建"按钮，如图3-1-2所示，创建新文档。

（2）单击"文件"选项卡，选择"保存"命令，在弹出的"另存为"对话框中，选择保存位置，输入文件名"春风绿校园特刊"，设置保存类型为"Word 文档"，单击"保存"按钮，如图 3-1-3 所示，得到文件"春风绿校园特刊.docx"。

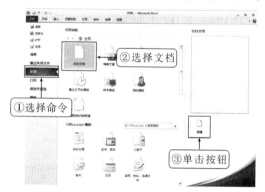

图 3-1-2　创建新文档

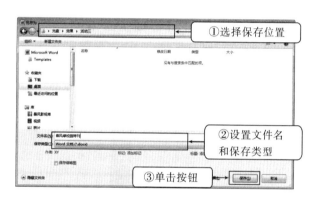

图 3-1-3　保存文档

三、插入刊头背景

（1）打开"春风绿校园特刊"Word 文档，在"插入"选项卡的"插图"组中，单击"图片"按钮，如图 3-1-4所示。

（2）弹出"插入图片"对话框，找到文件路径，选择"刊头背景 1"图片，单击"插入"按钮，如图 3-1-5 所示。

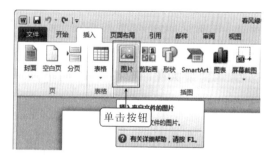

图 3-1-4　单击"图片"按钮

图 3-1-5　单击"插入"按钮

（3）完成刊头背景图片的插入，效果如图 3-1-6所示。

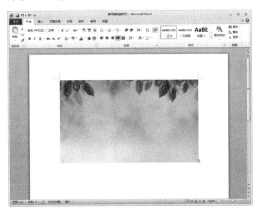

图 3-1-6　刊头背景效果图

四、添加文字标题

（1）在"插入"选项卡的"文本"组中，单击"文本框"下拉按钮，在弹出的"内置"列表中选择"简单文本框"选项，如图 3-1-7 所示。

（2）在弹出的文本框中输入刊头标题"春风绿"，单击图片任意位置，完成刊头标题的输入，如图 3-1-8所示。

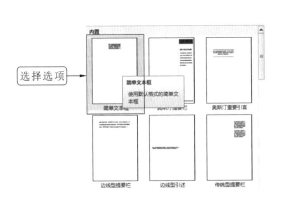

图 3-1-7　选择"简单文本框"选项

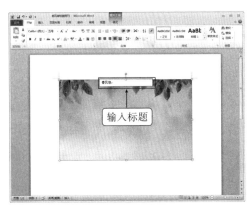

图 3-1-8　输入刊头标题

（3）使用相同的方法，再次插入文本框，并输入文本"××职教中心学校 编辑部"和"2018年 4 月 12 日 星期四"，如图 3-1-9 所示。

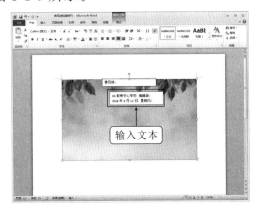

图 3-1-9　输入刊头文本

五、美化刊头

（1）同时选中两个文本框，在"格式"选项卡的"形状样式"组中，单击"形状填充"按钮，在展开的下拉列表中，选择"无填充颜色"命令，如图 3-1-10 所示。

（2）选中"春风绿"文本框，在"格式"选项卡的"形状样式"组中，单击"形状轮廓"按钮，在展开的下拉列表中，选择"无轮廓"命令，如图 3-1-11 所示。

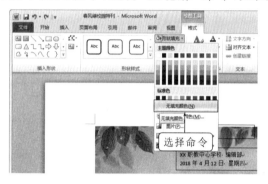

图 3-1-10　选择"无颜色填充"命令

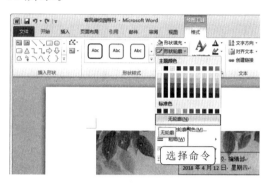

图 3-1-11　选择"无轮廓"命令

💡提醒

先选中一个文本框，按住"Shift"键，再单击另一个文本框，即可同时选中两个文本框。

（3）选中另一个文本框，在"格式"选项卡的"形状样式"组中，单击"形状轮廓"按钮，展开下拉列表，在"标准色"中选择"蓝色"选项，在"粗细"中选择"2.25 磅"选项，在"虚线"中选择"圆点"选项，效果如图 3-1-12 所示。

（4）全选"春风绿"文本框中的文本内容，在"开始"选项卡的"字体"组中，设置字体为"华文行楷"，字号为"小初"，如图 3-1-13 所示。

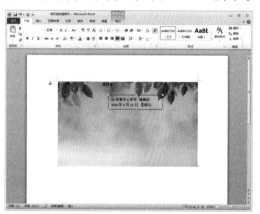

图 3-1-12　设置文本框边框

图 3-1-13　设置"春风绿"字符格式

（5）全选另一个文本框中的文本内容，在"开始"选项卡的"字体"组中，设置字体为"黑体"，字号为"小四"，如图 3-1-14 所示。

（6）单击"春风绿"文本框，将鼠标指针移动到文本框边上，当指针变成"十"字箭头时，按住鼠标左键不放，拖动到合适的位置后释放鼠标，即可完成"春风绿"位置的调整，如图 3-1-15 所示。

图 3-1-14　设置字符格式

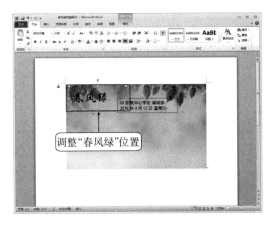

图 3-1-15　调整"春风绿"位置

（7）使用相同的方法，调整另一个文本框的位置，效果如图 3-1-16 所示。

（8）选中背景图片，在"格式"选项卡的"大小"组中，单击"裁剪"按钮，如图 3-1-17 所示。

图 3-1-16　调整文本框位置

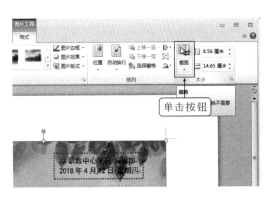

图 3-1-17　单击"裁剪"按钮

（9）进入图片的裁剪状态，将鼠标指针移动到需要进行裁剪的图片上，按住鼠标左键不放，拖动到合适的位置后释放鼠标，即可完成背景图片的裁剪，如图 3-1-18 所示。

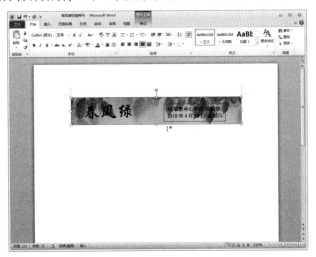

图 3-1-18　裁剪背景图片

知识链接

一、文本录入

文档制作的一般原则是先进行文本录入，后进行格式排版。在文本录入的过程中，不要使用空格对齐文本。

文本录入一般都是从页面的起始位置开始，当一行文字输入完之后，Word 会自动换行开始下一行的输入，整个段落录入完毕后按"Enter"键结束，在一个自然段内切忌使用"Enter"键进行换行操作。

文档中的标记称为段落标记，一个段落标记代表一个自然段。

编辑文档时，有"插入"和"改写"两种状态，双击状态栏中的"插入"或"改写"按钮，或者按"Insert"键，可以在这两种状态之间切换。在"插入"状态下，输入的字符将插入到插入点处；在"改写"状态下，输入的字符将覆盖现有的字符。

二、选择视图模式

Word 中有"页面视图""阅读版式视图""Web 版式视图""大纲视图"和"草稿"5 种文档视图模式，它们的作用各不相同，可以在"视图"选项卡的"文档视图"组中，单击不同按钮进行切换，如图 3-1-19 所示。

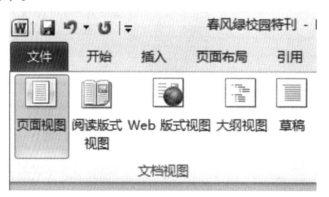

图 3-1-19　文档视图模式

（1）"页面视图"模式：该模式依照真实页面显示，用于查看文档的打印外观，可以预览打印的文字、图片和其他元素在页面中的位置。

（2）"阅读版式视图"模式：该模式是进行了优化的视图，便于在计算机屏幕上利用最大的空间阅读或批注文档。

（3）"Web 版式视图"模式：该模式一般用于创建网页文档，或者查看网页形式的文档外观。

（4）"大纲视图"模式：该模式能够查看文档的结构，并显示大纲工具。

（5）"草稿"模式：该模式一般用于快速编辑文本，简化了页面的布局，不会显示某些文档要素，如页边距、页眉和页脚、背景、图形对象，以及除了"嵌入型"以外的绝大部分图片。

三、插入图片

在文档中插入图片,可以使整个文档更加多彩。在 Word 2010 中,不仅可以插入背景图片,还可以在文中插入图片。Word 2010 支持多种图片格式,如".jpg"".jpeg"".tiff"".png"".bmp"等。

在"插入"选项卡的"插图"组中,单击"图片"按钮,如图 3-1-20 所示,在弹出的"插入图片"对话框中,选择需要插入的图片,单击"插入"按钮即可插入图片。

图 3-1-20　单击"图片"按钮

自主实践活动

使用 Word 2010 自主制作一个校园特刊的刊头,要求在一张 A4 纸上排版制作,合理布局版面,设置合适的字体、背景图片及边框。

活动二　排版及美化

活动要求

同学们得知学校成立编辑部并筹备创办校园特刊的消息后,纷纷投稿,内容包括校园新闻、诗歌摘抄、风土人情、人文地理、美文欣赏等。

编辑部通过筛选,选定了 6 篇稿件。主编小张决定安排两个版面进行刊登,要求在页面版式的安排上,尽量做到简洁清晰、灵活多变、便于浏览,从而激发读者的阅读兴趣。

活动分析

一、思考与讨论

(1)假如你是主编,你打算怎样在两个版面上安排 6 篇文稿,使得它们各具特色、浑然一体?

(2)在 Word 中如何选择不相邻的文字或段落?

(3)可否使用段落缩进进行文字编排?如何使用?在哪里使用好?

二、总体思路

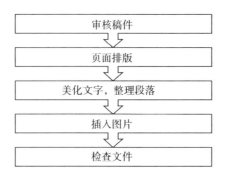

排版及美化

方法与步骤

一、审核稿件

（1）打开文字处理软件 Word 2010，单击快速访问工具栏中的"新建"按钮，如图 3-2-1 所示，或者直接按"Ctrl＋N"组合键，创建空白文档。

（2）在文档开头输入标题"春风绿特刊稿件"，如图 3-2-2 所示。

图 3-2-1　创建空白文档

图 3-2-2　输入标题

（3）打开文件夹"素材\项目三\稿件"中的 6 篇稿件，依次复制文本内容，并粘贴到空白文档中，各篇稿件之间空一行。

（4）认真阅读文档内容，修改不通顺的语句，在"审阅"选项卡的"校对"组中，单击"拼写和语法"按钮，弹出对话框，如图 3-2-3 所示，检查拼写和语法错误。

图 3-2-3　检查拼写和语法错误

（5）单击"文件"选项卡，选择"保存"命令，在弹出的"另存为"对话框中，选择保存位置，输入文件名"春风绿特刊稿件"，设置保存类型为"Word 文档"，单击"保存"按钮，得到文件"春风绿特刊稿件.docx"。

二、页面排版

（1）按"Ctrl＋A"组合键，选中整篇文档并右击，在弹出的快捷菜单中选择"复制"命令。

（2）打开刊头所在文档，在空白处右击，在弹出的快捷菜单中选择"粘贴"命令，将审阅后的稿件添加到文档中，效果如图 3-2-4 所示。

（3）删除首行的"春风绿特刊稿件"文本，按住"Ctrl"键选中 6 篇稿件的标题并右击，在弹出的快捷菜单中选择"编号"命令，展开级联菜单，如图 3-2-5 所示。

图 3-2-4　添加稿件

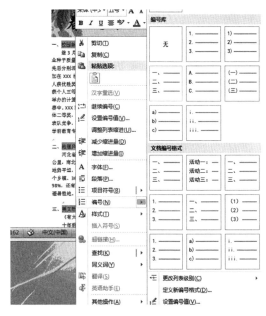

图 3-2-5　选择编号格式

（4）选择"定义新编号格式"命令，在弹出的"定义新编号格式"对话框中设置"编号样式"为"一，二，三（简）…"，"编号格式"为"一、"，"对齐方式"为"左对齐"，如图 3-2-6 所示，单击"确定"按钮，为 6 篇稿件的标题添加小节序号。

图 3-2-6　定义新编号格式

（5）选中前两篇文稿，在"页面布局"选项卡的"页面设置"组中，单击"分栏"按钮，在展开的下拉列表中选择"偏右"命令，如图 3-2-7 所示，分栏效果如图 3-2-8 所示。

图 3-2-7　选择"偏右"命令

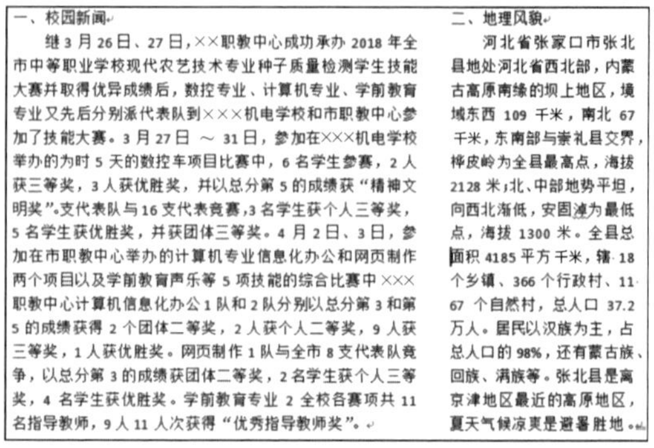

图 3-2-8　分栏效果

> **提醒**
>
> 　　进行分栏设置时，可以在两栏文档之间加上分隔线。在"页面布局"选项卡的"页面设置"组中，单击"分栏"按钮，在弹出的下拉列表中选择"更多分栏"命令，在弹出的"分栏"对话框中设置"预设"为"右"，勾选"分隔线"复选框，单击"确定"按钮，如图 3-2-9 所示。

　　（6）使用相同的方法，将第三篇文稿内容设置为"两栏"，效果如图 3-2-10 所示。

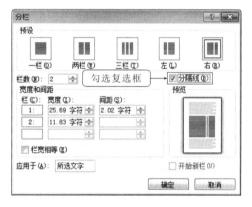

图 3-2-9　勾选"分隔线"复选框

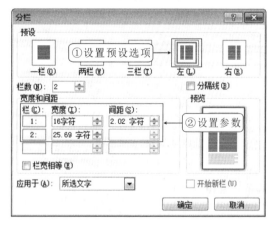

图 3-2-10　分栏效果

　　（7）选中第四篇和第五篇文稿，在"页面布局"选项卡的"页面设置"组中，单击"分栏"按钮，在展开的下拉列表中选择"更多分栏"命令，在展开的"分栏"对话框中设置"预设"为"左"，"宽度和间距"参数设置如图 3-2-11 所示，分栏效果如图 3-2-12 所示。

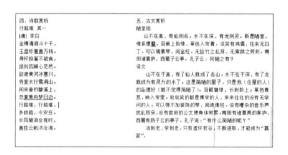

图 3-2-11　"分栏"对话框

图 3-2-12　分栏效果

(8)将光标定位在 3 篇文稿之后的空行上,在"页面布局"选项卡的"页面设置"组中,单击"分隔符"按钮,在展开的下拉列表中选择"分页符"选项,如图 3-2-13 所示,将第四、五、六篇文稿放入下一页版面。

(9)在"页面布局"选项卡的"页面设置"组中,单击"页边距"按钮,在展开的下拉列表中选择"窄"选项,如图 3-2-14 所示。

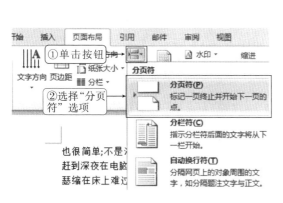

图 3-2-13　选择"分页符"选项

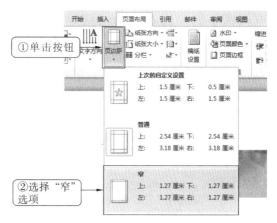

图 3-2-14　选择"窄"选项

> **提醒**
>
> 除上述固定页边距外,也可以根据需求自定义页边距。在"页面布局"选项卡的"页面设置"组中,单击"页边距"按钮,在展开的下拉列表中,选择"自定义页边距"命令进行设置。

(10)版面设置完成后,按"Ctrl+S"组合键再次保存文件。

三、美化文字,整理段落

(1)选中第一篇文稿的标题"校园新闻"并右击,在弹出的快捷菜单中选择"字体"命令,在弹出的"字体"对话框中,设置"中文字体"为"黑体","字形"为"加粗","字号"为"三号",如图3-2-15所示。

图 3-2-15　设置字符格式

（2）单击"文字效果"按钮，在弹出的"设置文本效果格式"对话框中，选择"阴影"，单击"预设"下拉按钮，在下列列表中选择"右下斜偏移"，如图 3-2-16 所示。单击"关闭"按钮，返回"字体"对话框，单击"确定"按钮。

（3）使用相同的方法，设置各篇文稿小标题的字符格式为"黑体""加粗""三号"，阴影效果为"右下斜偏移"，再设置各篇文稿正文的字符格式。

（4）选中第一篇文稿的标题"校园新闻"，在"页面布局"选项卡的"页面背景"组中，单击"页面边框"按钮，在弹出的"边框和底纹"对话框中单击"底纹"选项卡；设置图案"样式"为"浅色棚架"，"颜色"为"绿色"，"应用于"为"文字"，如图 3-2-17 所示。

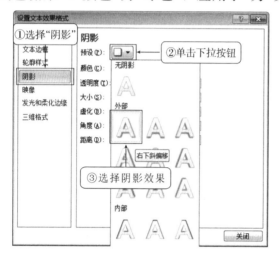

图 3-2-16　设置文本效果格式

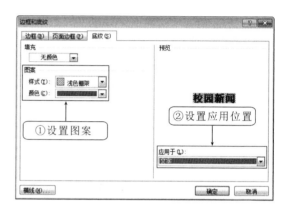

图 3-2-17　"边框和底纹"对话框

（5）单击"确定"按钮，应用效果如图 3-2-18 所示。

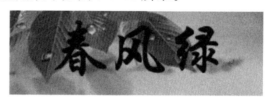

图 3-2-18　文字底纹效果

（6）保持第一篇文稿标题的选中状态，在"开始"选项卡的"剪贴板"组中双击格式刷，用格式刷分别拖选其他文稿的标题，将文字底纹格式复制到新的对象。操作完毕后再次单击"格式刷"按钮，结束格式复制。

四、插入图片

（1）将光标移至第四篇文稿，在"插入"选项卡的"插图"组中，单击"图片"按钮，在弹出的"插入图片"对话框中，选择要插入的素材图片"诗歌赏析花边 2"，单击"插入"按钮，如图 3-2-

19 所示。

（2）在插入的图片上右击，在弹出的快捷菜单中选择"自动换行"命令，展开级联菜单，选择"浮于文字上方"命令，如图 3-2-20 所示，可以将图片浮于文字上方。

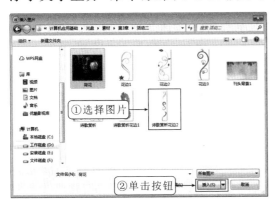

图 3-2-19　选择素材图片

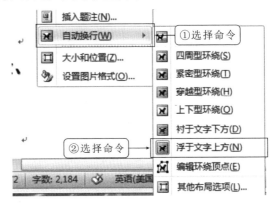

图 3-2-20　选择"浮于文字上方"命令

（3）通过鼠标拖动的方式来调整图片的大小和位置，效果如图 3-2-21所示。

（4）使用相同的方法，为第五篇和第六篇文稿添加图片。

五、检查文件

（1）按"Ctrl＋S"组合键，保存制作好的文档，关闭文件。

（2）重新打开文件"春风绿校园特刊.docx"，仔细校对文字，审核排版效果，修改满意后保存。

"春风绿校园特刊"排版美化效果如图 3-2-22 所示。

图 3-2-21　调整图片效果

图 3-2-22　排版美化效果

■■ 知识链接

一、定义新项目符号

在文本中使用项目符号时，如果要使用默认项目符号样式以外的符号，可以在"项目符号"下拉列表中，选择"定义新项目符号"命令，弹出"定义新项目符号"对话框，如图 3-2-23 所示，在对话框中单击"符号"按钮，弹出"符号"对话框，选择合适的符号作为定义的新项目符号，如图 3-2-24 所示。

图 3-2-23 "定义新项目符号"对话框

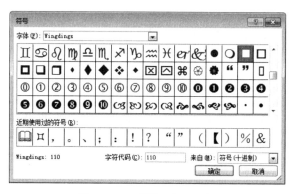

图 3-2-24 "符号"对话框

二、插入特殊符号

当要输入一些键盘上没有的特殊符号，如希腊字母、数学符号等，可以在"插入"选项卡的"符号"组中，单击"符号"按钮，在展开的下拉列表中选择"其他符号"命令，弹出"符号"对话框。在"符号"选项卡中，先选择相应的"子集"，再选择需要的符号，单击"插入"按钮完成输入，如图 3-2-25 所示。

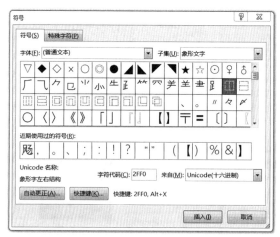

图 3-2-25 "符号"对话框

三、将表格转换成文本

Word 2010 支持文本和表格的相互转换。将表格转换成文本时，选择要转换为文本的行或表格，在"表格工具"→"布局"选项卡的"数据"组中，单击"转换为文本"按钮，在弹出的"表格转换成文本"对话框中,设置需要的"文字分隔符"。

例如,将表 3-2-1 所示的内容全部选中,并设置"文字分隔符"为"制表符",单击"确定"按钮,如图 3-2-26 所示。

表 3-2-1 股票交易数据

指数	开盘	收盘	最高	最低	涨跌幅	成交量
上证指数	1761.44	1730.49	1770.26	1729.48	−0.96％	232.9 亿元
深圳指数	4515.37	4461.65	4580.68	4455.64	−0.68％	237.9 亿元

图 3-2-26 "表格转换成文本"对话框

转换完成的文本如下,表格各行用段落标记分隔,各列用制表符分隔。

指数	开盘	收盘	最高	最低	涨跌幅	成交量
上证指数	1761.44	1730.49	1770.26	1729.48	−0.96％	232.9 亿元
深圳指数	4515.37	4461.65	4580.68	4455.64	−0.68％	237.9 亿元

四、字数统计

在"审阅"选项卡的"校对"组中,单击"数字统计"按钮,如图 3-2-27 所示。弹出的"字数统计"对话框会显示统计信息,包括"页数""字数""字符数(不计空格)""字符数(计空格)""段落数""行数""非中文单词"和"中文字符和朝鲜语单词",如图 3-2-28 所示,可以帮助用户了解文档的基本情况,方便版面的安排。

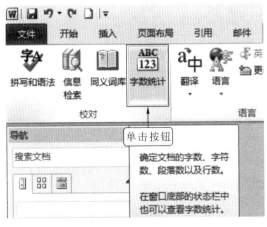

图 3-2-27 单击"字数统计"按钮

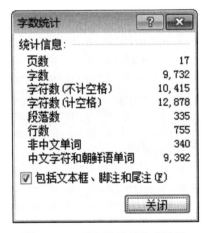

图 3-2-28 "字数统计"对话框

端午节是中国古老的传统节日,始于春秋战国时期,至今已有2000多年的历史。关于端午节的起源,在民间流传着许多传说。为弘扬中华民族传统文化,请尝试运用Word 2010软件,制作一份双页的端午节宣传单。

活动三　添加页眉、页脚和页码

活动要求

"春风绿"校园特刊已经基本完成了排版的任务,还需要创建页眉、页脚,插入页码并设置页码格式。

页眉和页脚通常用于显示文档的附加信息,如日期、作者名称、单位名称、徽标或者章节名称等。页眉位于页面顶部,页脚位于页面底部。Word可以给文档的每一页创建相同的页眉和页脚。页码是给文档每页所编的号码,便于读者阅读和查找,可以添加在页面顶端、页面底部和页边距等位置。

活动分析

一、思考与讨论

(1)为了提高文档的易用性,使外观效果更专业,应如何插入页眉和页脚?

(2)页眉、页脚和页码是否有个性化设置?

(3)在Word长文档中,由于篇幅很长,在页眉、页脚中可添加哪些信息以方便页面索引?

二、总体思路

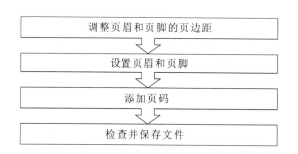

添加页眉、页脚和页码

方法与步骤

一、调整页眉和页脚的页边距

(1)启动文字处理软件Word 2010,打开资源包中的"素材\项目三\活动三\春风绿校园特刊"。

（2）在"页面布局"选项卡的"页面设置"组中，单击右下角的"页面设置"按钮，如图 3-3-1 所示。

（3）在弹出的"页面设置"对话框中，单击"版式"选项卡，设置"页眉"为"1.5 厘米"，"页脚"为"1.6 厘米"，"应用于"为"整篇文档"，单击"确定"按钮，如图 3-3-2 所示。

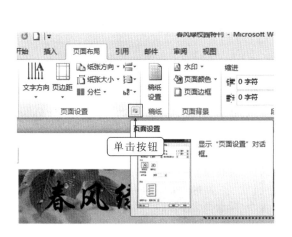

图 3-3-1　单击"页面设置"按钮

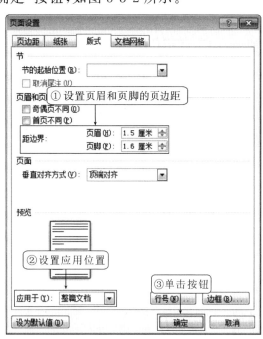

图 3-3-2　设置页眉和页脚的页边距

二、设置页眉和页脚

（1）在"插入"选项卡的"页眉和页脚"组中，单击"页眉"按钮，在展开的下拉列表中选择"奥斯汀"选项，如图 3-3-3 所示。

（2）进入页眉编辑界面，在文本框中输入"校园特刊"文本，如图 3-3-4 所示。

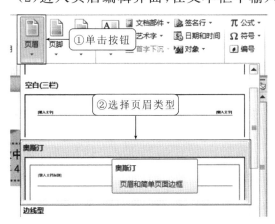

图 3-3-3　选择页眉类型

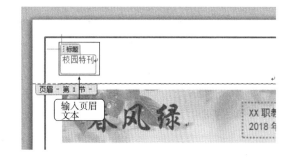

图 3-3-4　输入页眉文本

（3）选中"校园特刊"文本，设置字体为"华文彩云"，字号为"四号"，颜色为"紫色"，添加"下划线"，双击空白处，完成页眉设置并退出编辑界面，如图 3-3-5 所示。

（4）单击"页脚"按钮，在展开的下拉列表中选择"新闻纸"选项，如图3-3-6所示。

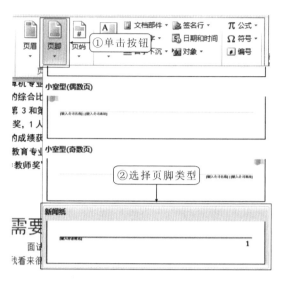

图 3-3-5　设置页眉格式

图 3-3-6　选择页脚类型

（5）进入页脚编辑界面，在文本框中输入页脚文本，如图 3-3-7 所示。

（6）选中页脚文本，设置字体为"幼圆"，字号为"小四"，颜色为"紫色"，双击空白处，完成页脚设置并退出编辑界面，如图 3-3-8 所示。

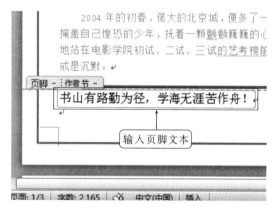

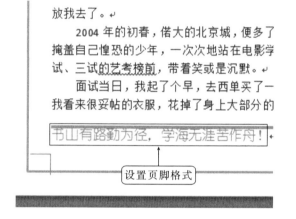

图 3-3-7　编辑页脚内容

图 3-3-8　设置页脚格式

💡 提醒

　　除了上述方式，还可以通过其他方法打开、关闭页眉和页脚编辑界面。将鼠标移动到文档的任意一个边角处双击，即可快速打开编辑界面，如图 3-3-9 所示。在"页眉和页脚工具"→"设计"选项卡的"关闭"组中，单击"关闭页眉和页脚"按钮，即可退出页眉和页脚编辑界面，如图 3-3-10 所示。

图3-3-9 双击鼠标

图 3-3-10 单击"关闭页眉和页脚"按钮

三、添加页码

(1)在"插入"选项卡的"页眉和页脚"组中,单击"页码"按钮,在展开的下拉列表中选择"当前位置"命令,再选择"圆角矩形"页码样式,如图 3-3-11 所示。

(2)选中插入的页码并右击,在弹出的快捷菜单中选择"自动换行"→"浮于文字上方"命令,如图 3-3-12所示。

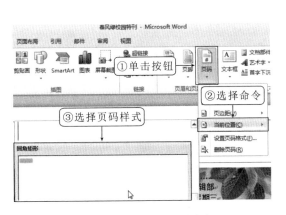

图 3-3-11 设置页码样式

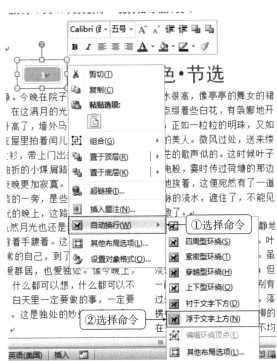

图 3-3-12 选择"浮于文字上方"命令

(3)选中页码,使用鼠标拖动的方法,将添加的页码调整到合适的位置,如图 3-3-13所示。

(4)选中页码,按"Ctrl＋C"组合键复制页码,按"Ctrl＋V"组合键粘贴页码,单击页码"1",将其修改为"2"后,用鼠标拖动到另一个版面的合适位置,如图 3-3-14 所示。

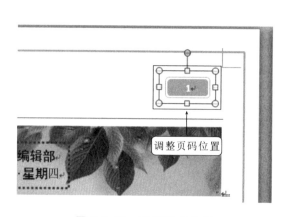

图 3-3-13　调整页码位置　　　　　　　　　　图 3-3-14　添加页码

> **提醒**
>
> 　　除了上述的页码添加方式外,还可以直接添加页码到页眉或页脚位置,需要注意的是,添加的页码将会替代原来的页眉或页脚内容。在"插入"选项卡的"页眉和页脚"组中,单击"页码"按钮,在展开的下拉列表中选择"页面底端"命令,选择"三角形 1"页码样式,如图 3-3-15 所示。添加页码后的效果如图 3-3-16 所示。

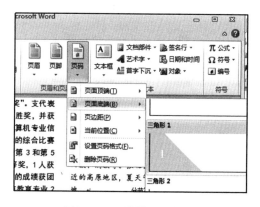

图3-3-15　设置页码样式　　　　　　　　　图 3-3-16　添加页码后的效果

四、检查并保存文件

　　(1)认真检查添加的页眉、页脚和页码。按"Ctrl＋S"组合键,保存制作好的文档,关闭文件。

　　(2)重新打开文件"春风绿校园特刊.docx",再次仔细校对文字,审核排版效果,修改满意后保存文件。

　　"春风绿校园特刊"最终制作效果如图 3-3-17 所示。

图 3-3-17　"春风绿校园特刊"最终效果

知识链接

一、删除页眉中的横线

页眉中的横线一般在插入页眉后会出现，有时也会在删除页眉、页脚、页码后出现。如果在删除页眉、页脚、页码后也显示横线，会显得整个文档特别不美观，可以使用"边框和底纹"功能将其删除。

双击文档中的页眉文本，弹出页眉和页脚编辑框，选择页眉文本，在"页面布局"组中，单击"边框"按钮，展开下拉列表，选择"边框和底纹"命令，弹出"边框和底纹"对话框，在"边框"选项卡的"设置"列表框中，选择"无"选项；在"应用于"下拉列表框中，选择"段落"选项，单击"确定"按钮，如图 3-3-18 所示。在"设计"选项卡的"关闭"组中，单击"关闭页眉和页脚"按钮，即可删除页眉中的横线。

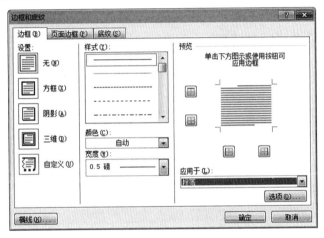

图 3-3-18 "边框和底纹"对话框

二、生成 PDF 文件

Adobe 公司的 PDF 是全世界电子版文档分发的公开实用标准。PDF 具有许多其他电子文档格式无法比拟的优点，可以将文字、字形、格式、颜色及独立于设备和分辨率的图形图像等封装在一个文件中，该格式文件中还可以包含超文本链接、声音和动态影像等电子信息，支持特长文件，集成度和安全可靠性较高。

在 Word 2010 中可以直接将 Word 文档保存为 PDF 格式。文档编辑完成后，单击"文件"选项卡的"另存为"命令。在弹出的"另存为"对话框中选择"保存类型"为"PDF（＊.pdf)"，即可将 Word 文档保存为 PDF 文件。

自主实践活动

为弘扬中华民族传统文化，请用 Word 2010 制作一份双页的端午节宣传单，并尝试为这份宣传单添加具有特色的页眉、页脚和页码。

项目考核

一、填空题

（1）_____与_____在报刊设计中起到画龙点睛的作用。对标题位置、字体、大小、形状、_____的处理，直接关系到整个版面的视觉效果。

（2）同时选中两个文本框的操作方法是首先选中一个文本框，按住_____键，再单击另一个文本框。

（3）进行分栏设置的时候，可以在文档两栏之间加上_____。

（4）_____和_____通常用于显示文档的附加信息，如页码、日期、作者名称、单位名称、徽标或者章节名称等，_____位于页面顶部，而_____位于页面底部。

（5）Word可以给文档的每一页建立相同的_____和_____。_____就是给文档每页所编的号码，便于读者阅读和查找。_____可以添加在页面顶端、页面顶部和页边距等地方。

二、简答题

（1）Word文档的排版与美化应该如何操作？

（2）Word文档中的页眉和页脚有什么特点？如何添加页眉和页脚？

（3）简述在Word文档中添加页码的方法。

4 项目四 数据处理

情境描述

临近年终,科信集团对公司一年来的业绩、利润和收入情况进行总结统计,对公司现有的员工进行档案统计,以了解公司一年来的人员流失情况。为了实时掌握公司的销售情况,及时分析产品销售量,需要统计出营销人员每月的销售情况。财务部门则根据员工档案、销售业绩等情况,对公司每年的财政支出、收入进行统计与分析,并计算出员工的工资、年终奖等,以便及时给员工发放工资和奖金。

活动一　制作员工档案表

活动要求

科信集团为了统计在职员工情况,要求人事部制作一份员工档案表,表格能够清晰地显示在职员工详细情况,并能计算出员工的工作年限。在制作员工档案表时,公司要给每个员工分配编号,写清楚员工的姓名(相同姓名的员工要备注出来)、部门、职务、身份证号、学历、入职时间以及联系电话等基本信息。

活动分析

一、思考与讨论

(1)Excel 2010 是微软公司推出的一款集电子表格、数据存储、数据处理和分析等功能于一体的办公应用软件,Excel 2010 的工作界面由哪些部分组成?

(2)在制作员工档案表时,要为员工档案表依次添加文本和数据,如何在表格中输入文本和数据? 如何输入带有序列差的数据和不同单元格中的相同数据?

(3)在制作员工档案表时,要计算出员工的工作年限,为员工工资中的工龄工资计算做准备,一般使用哪些公式和函数计算工作年限的数据?

(4)在设计员工档案表时,表格应该设计成几列几行? 每列各表示什么信息? 每行各表示什么信息？

（5）为了更加美观、清晰地显示该员工档案表信息，应该如何对表格样式进行设置？

二、总体思路

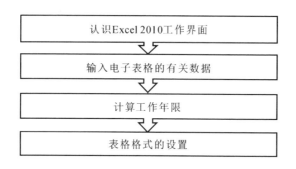

认识Excel 2010工作界面

输入电子表格的有关数据

计算工作年限

表格格式的设置

制作档案表

▮▮ 方法与步骤

一、认识 Excel 2010 工作界面

选择"开始"→"所有程序"→"Microsoft Office"→"Excel 2010"命令，或者双击桌面上的Excel 2010 程序图标，启动电子表格软件 Excel 2010。这时 Excel 2010 会默认新建一个空白工作簿，并命名为"工作簿1"，选择"文件"→"保存"命令，在弹出的"另存为"对话框中，设置保存位置为指定的文件夹，输入文件名"员工档案表"，并设置保存类型为"Excel 工作簿（＊.xlsx）"。

Excel 2010 的工作界面主要由标题栏、功能区、名称框、编辑栏、工作区、状态栏、视图切换区和比例缩放区组成，如图 4-1-1 所示。

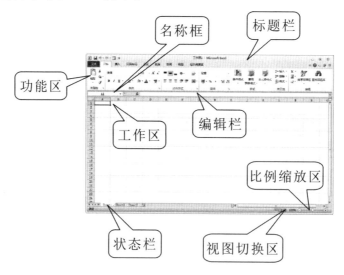

图 4-1-1　Excel 工作界面

1.标题栏

标题栏位于窗口的最上方，由控制菜单图标、快速访问工具栏、工作簿名称和控制按钮等组成。

快速访问工具栏位于标题栏的左侧，用户可以单击"自定义快速访问工具栏"按钮▤，在展开的下拉列表中选择常用的工具命令，将其添加到快速访问工具栏中，以便使用，如图 4-1-2 所示。

图 4-1-2 "自定义快速访问工具栏"下拉列表

控制按钮位于标题栏的最右侧,包括"最小化"按钮、"最大化"按钮或者"向下还原"按钮和"关闭"按钮。

2.功能区

功能区主要包括"开始""插入""页面布局""公式""数据""审阅""视图"以及"开发工具"等选项卡。用户可以切换到相应的选项卡中,单击相应组中的命令按钮完成操作。

3.名称框

名称框中显示的是当前活动单元格的地址或者单元格定义名称、范围和对象。

4.编辑栏

编辑栏用于显示或编辑当前活动单元格的数据和公式。

5.工作区

工作区是用来输入、编辑以及查阅的区域。工作区主要由行标识、列标识、表格区、滚动条和工作表标签组成。

(1)行标识用数字表示,列标识用大写英文字母表示,每一个行标识和列标识的交叉点就是一个单元格,行标识和列标识组成的地址就是单元格的名称。

(2)表格区是用来输入、编辑以及查询的区域。

(3)滚动条分为垂直滚动条和水平滚动条,分别位于表格区的右侧和下方。当工作表内容过多时,用户可以拖动滚动条进行查看。

(4)工作表标签显示的是工作表的名称,默认情况下,每个新建的工作簿中只有3个工作表,单击工作表标签可切换到相应的工作表。

6.状态栏

状态栏位于窗口的最下方,主要用于显示当前工作簿的状态信息。

7.视图切换区

视图切换区位于状态栏的右侧,用来切换工作簿视图方式,一般包括"普通"视图、"页面布局"视图和"分页预览"视图。

8.比例缩放区

比例缩放区位于视图切换区的右侧,用来设置表格区的显示比例。

二、输入电子表格的有关数据

利用 Excel 2010 提供的各种功能,用户可以方便地在工作表中录入和修改数据。

1.输入文本

在工作表中输入文本的方法很简单,既可以直接在单元格中输入,也可以在编辑栏中输入。

(1)在工作表中单击 A1 单元格,切换到中文输入状态,输入表格标题"员工档案表"。

(2)使用同样的方法,在第二行即 A2 至 I2 单元格中依次输入工号、姓名、部门等内容。

(3)使用同样的方法,依次在其他单元格中输入文本内容,如图 4-1-3 所示。

2.填充工号

使用 Excel 2010 中的自动填充功能可以快速在工作表中输入相同或者有一定规律的数据,不仅可以增加输入的准确性,还可以大大提高数据输入的效率。

(1)在工作表中单击 A3 和 A4 单元格,输入 SL001 和 SL002。

(2)选择 A3 和 A4 单元格,将鼠标指针移至 A4 单元格右下方的填充柄上,当鼠标指针呈黑色"十"字形状时,按住鼠标左键并向下拖动至 A17 单元格后,释放鼠标左键,填充工号,如图 4-1-4 所示。

图 4-1-3　输入文本

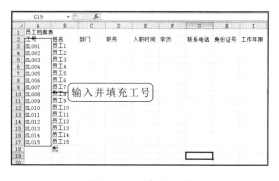

图 4-1-4　填充工号

3.输入日期

(1)单击 E3 单元格,直接在单元格中输入 2007-3-7 或者 2007/3/7,按"Enter"键确认。

(2)使用同样的方法,在 E4 至 E17 单元格中,依次输入日期和时间。

(3)选择 E3 至 E17 单元格,在"开始"选项卡的"数字"组中,单击"数字格式"按钮,展开下拉列表,选择"长日期"选项,更改单元格数据的数字格式,如图 4-1-5 所示。

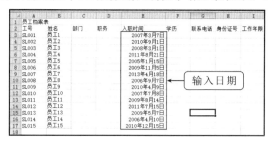

图 4-1-5　输入日期

4.使用"数据验证"功能输入部门、职务和学历

在工作表中输入数据后,因为有些数据太相似,可以使用"数据验证"功能中的数据序列,通过提供的下拉列表对学历、部门、职务等进行选择。

(1)选择 C3 至 C17 单元格,在"数据"选项卡的"数据工具"组中,单击"数据有效性"按钮,展开下拉列表,选择"数据有效性"命令,弹出"数据有效性"对话框,设置"有效性条件"和"来源",如图 4-1-6 所示。

(2)单击"确定"按钮,在选择的单元格中添加"序列"按钮,在下拉列表中选择相应的部门,填充数据,如图 4-1-7 所示。

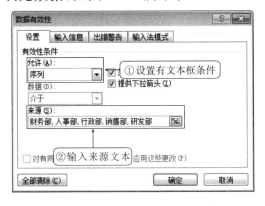

图 4-1-6 "数据有效性"对话框

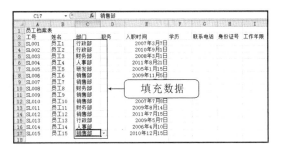

图 4-1-7 使用序列填充数据

(3)使用相同的方法,依次在"职务"和"学历"序列填充数据,最终效果如图 4-1-8 所示。

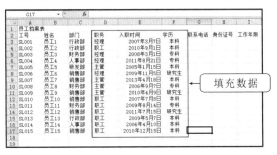

图 4-1-8 使用序列填充数据的效果

5.输入电话和身份证号码

(1)选择 G3 至 G17 单元格,依次输入数字和符号,完成电话号码的输入。

(2)选择 H3 至 H17 单元格,依次输入身份证号码(在默认情况下,刚输入的身份证号码是以"科学记数"方式显示的)。

(3)在"开始"选项卡的"数字"组中,单击"数字格式"按钮,展开下拉列表,选择"文本",更改单元格数据的数字格式,最终效果如图 4-1-9 所示。

图 4-1-9 输入电话号码和身份证号码效果

三、计算工作年限

工作人员在国家机关、社会团体以及企业事业单位工作的时间，一律计算为工作年限。计算好工作年限后，才能计算工龄工资。

（1）单击 I3 单元格，输入公式"＝FLOOR（DAYS360（E3，TODAY（））/365，1）"，按"Enter"键，计算出工作年限数据。

（2）选择 I3 单元格，将鼠标指针移至 I3 单元格右下方的填充柄上，当鼠标指针呈黑色"十"字形状时，按住鼠标左键并向下拖动至 I17 单元格后，释放鼠标左键，填充工作年限，最终效果如图 4-1-10 所示。

图 4-1-10　填充工作年限

四、表格格式的设置

为了使表格更加直观，需要设置表格的格式。

1.设置表格标题

（1）选择标题单元格 A1，单击"开始"选项卡，设置标题的字体和颜色。

（2）使用相同的方法，依次设置第二行标题的字体样式、字号和颜色等，最终效果如图 4-1-11 所示。

2.设置表格对齐方式

（1）选择 A1 至 I1 单元格，在"对齐方式"组中，单击"合并后居中"按钮，将标题居中对齐。

（2）选择其他单元格文本，在"对齐方式"组中，单击"居中"按钮，将文本居中对齐，最终效果如图 4-1-12 所示。

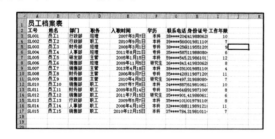

图 4-1-11　设置表格标题

图 4-1-12　设置表格对齐方式

3.调整表格行高和列宽

在默认情况下，工作表中的行高和列宽是固定的，但是当单元格中的内容太多时，就无法将其完全显示出来，此时需要调整行高和列宽。依次选择行和列对象，通过移动行和列边框线,完成表格行高和列宽的调整;或右击需要调整的行和列,通过"行高"和"列宽"对话框中的参数设置进行调整,最终效果如图 4-1-13 所示。

图 4-1-13　调整表格行高和列宽效果

4.表格内容的格式化

(1)选择 A2 至 I17 单元格,在"开始"选项卡的"样式"组中,单击"套用表格格式"按钮,展开下拉列表,如图 4-1-14 所示。

(2)选择合适的表格样式,套用表格样式的效果如图 4-1-15 所示。

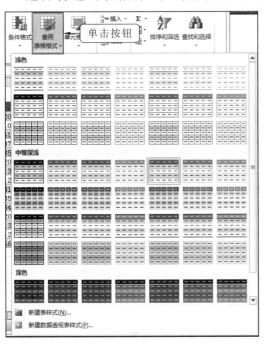

图 4-1-14　"套用表格格式"下拉列表

图 4-1-15　套用表格格式效果

知识链接

一、工作簿与工作表的认识

启动 Excel 2010 后,会自动创建并打开一个新的工作簿,工作簿文件扩展名为".xlsx"。每一个工作簿最多可包含 255 个不同类型的工作表,默认情况下一个工作簿中包含 3 个工作表。

Excel 2010 中的工作表是一个表格,行号为 1、2、3…,列号采用 A、B、C…编号。每个工作表由多个纵横排列的单元格构成。单元格的名称由列号和行号一起组成,如第一个单元格为"A1 单元格"。

二、表格格式的设置（套用表格格式）

使用 Excel 2010 提供的"套用表格格式"功能，可以非常有效地节省时间、提高效率，规范编排出表格。选择单元格区域，在"开始"选项卡的"样式"组中，单击"套用表格格式"下拉按钮，展开下拉列表，选择合适的表格样式即可。

Excel 2010 还提供了"单元格样式"功能，针对主题单元格和表格标题，预设了一些样式，供用户快速地选择和使用。选择单元格内容，在"开始"选项卡的"样式"组中，单击"单元格样式"下拉按钮，展开下拉列表，选择合适的单元格样式即可。

自主实践活动

尝试自己制作一份员工档案表，工作表中应包含有标题、文本和数据等内容，再通过"套用表格格式"功能为工作表套用格式。

活动二　销售情况统计

活动要求

科信集团有 6 位营销人员，每位营销人员每月的销售情况都是不一样的。公司为了统计营销人员的销售情况，要求财务人员使用电子表格软件制作一份文档，文档中能清晰地反映每位营销人员每月的销售总额，以及每位营销人员一年的平均销售额。为了更加直观，要求在制作的电子表格中采用适当的统计图来清晰地显示每位营销人员的销售总额情况。

活动分析

一、思考与讨论

（1）在 Word 的"营销人员每月销售情况统计表"中，如何计算当月销售总额，以及当年的平均销售额？表格中的数据能使用公式或函数进行统计吗？

（2）如何将 Word 中"营销人员每月销售情况统计表"的表格数据快速复制到 Excel 中？

（3）在 Excel 中，根据"营销人员每月销售情况统计表"中的数据，应该使用什么公式或函数计算出每位营销人员的销售总额、月平均销售额？

（4）为了更加直观、清晰地显示"营销人员每月销售情况统计表"，应如何美化表格？

（5）查阅相关资料，了解在纸张上手工制作统计表的基本步骤与方法以及统计图的类型。

（6）为了能清晰地看出当月哪位营销人员的销售业绩最高，哪位营销人员的业绩最低，应该制作什么类型的统计图？

二、总体思路

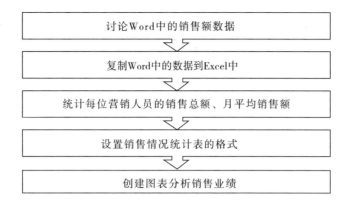

讨论Word中的销售额数据

复制Word中的数据到Excel中

统计每位营销人员的销售总额、月平均销售额

设置销售情况统计表的格式

创建图表分析销售业绩

■◆ 方法与步骤

销售情况分析

一、讨论 Word 中的销售额数据

（1）启动 Word 2010，打开资源包中的"素材\项目四\营销人员每月销售情况统计表.docx"文件。该文件中存放的是科信集团每位营销人员的每月销售额相关数据，如图 4-2-1 所示。

（2）用"计算器"分别计算各位营销人员的销售总额。选择"开始"→"所有程序"→"附件"→"计算器"命令，弹出"计算器"对话框，如图 4-2-2 所示。计算全年各位营销人员的销售总额。

图 4-2-1 营销人员每月销售情况统计表

图 4-2-2 "计算器"对话框

（3）用"计算器"分别计算各月的平均销售额。

二、复制 Word 中的数据到 Excel 中

启动 Excel，把 Word 表格中的数据复制到 Excel 工作表中。

（1）打开 Word 2010，选择"营销人员每月销售情况统计表.docx"中的表格。单击"开始"选项卡，单击"剪贴板"组中的"复制"按钮。

（2）切换到 Excel 2010，选择 A1 单元格。单击"开始"选项卡"剪贴板"组中的"粘贴"按

钮,在展开的下拉列表中,选择"选择性粘贴"命令。在弹出的"选择性粘贴"对话框中,选择"粘贴"方式为"文本",如图 4-2-3 所示。

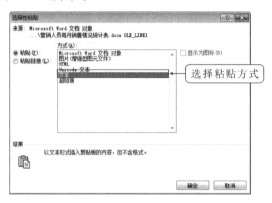

图 4-2-3　选择"粘贴"方式

（3）选择"文件"选项卡中的"保存"命令,在弹出的"另存为"对话框中,选择保存位置,输入文件名"营销人员每月销售情况的统计与分析",设置保存类型为"Excel 工作簿（＊.xlsx）"。

三、统计每位营销人员的销售总额、月平均销售额

1.计算每位营销人员的销售总额

（1）在 A14 单元格中输入文字"销售总额"。单击单元格 B14,在"公式"选项卡中,单击"插入函数"按钮,弹出"插入函数"对话框,在"选择函数"列表框中选择求和函数"SUM",单击"确定"按钮,如图 4-2-4 所示。

（2）在弹出的"函数参数"对话框中,设置函数的参数为单元格区域 B2:B13,单击"确定"按钮,如图 4-2-5 所示,即可在 B14 单元格中计算出销售员 1 的年销售总额。

图 4-2-4　"插入函数"对话框

图 4-2-5　"函数参数"对话框

想一想:①SUM 是什么函数? 单元格区域 B2:B13 表示什么?

②在 B14 单元格中使用 SUM 函数或公式"＝B2＋B3＋B4＋B5＋B6＋B7＋B8＋B9＋B10＋B11＋B12＋B13"都可以计算出销售员 1 的年销售总额,两种方法有何异同之处?

（3）把 B14 单元格中的内容复制到 C14 至 F14 单元格,计算其他销售员的年销售总额,计算结果如图 4-2-6 所示。

	A	B	C	D	E	F
1	月销售业绩	销售员1	销售员2	销售员3	销售员4	销售员5
2	1月	9200	21500	16500	17854	6900
3	2月	11200	13500	7800	9710	53500
4	3月	9900	6750	32000	17853	13240
5	4月	13200	29500	9870	19705	54200
6	5月	18900	7850	17520	16890	26000
7	6月	63500	8950	8650	57895	69870
8	7月	15620	15762	9150	6800	5400
9	8月	16400	35780	19850	13570	9760
10	9月	2400	计算销售员年销售总额			8550
11	10月	15200				17400
12	11月	22400	21500	12540	48000	16800
13	12月	25430	29870	21560	17850	16820
14	销售总额	244950	214162	175370	265517	298440

图 4-2-6　计算年销售总额

2.计算营销人员的月平均销售额

(1)在 G1 单元格中输入文字"平均销售额"。单击 G2 单元格,在"公式"选项卡中,单击"插入函数"按钮,在"选择函数"列表框中选择求平均值函数"AVERAGE",设置函数参数为单元格区域 B2:F2,计算销售员的月平均销售额。

(2)将 G2 单元格中的函数内容复制到 G3 至 G13 单元格,计算销售员其他月的平均销售额,计算结果如图4-2-7所示。

	A	B	C	D	E	F	G	H
1	月销售业绩	销售员1	销售员2	销售员3	销售员4	销售员5	平均销售额	
2	1月	9200	21500	16500	17854	6900	14390.8	
3	2月	11200	13500	7800	9710	53500	19142	
4	3月	9900	6750	32000	17853	13240	15948.6	
5	4月	13200	29500	9870	19705	54200	25295	
6	5月	18900				26000	17432	
7	6月	63500	计算月平均销售额		57895		41773	
8	7月	15620				5400	10546.4	
9	8月	16400	35780	19850	13570	9760	19072	
10	9月	24000	7550	12500	11500	8550	12820	
11	10月	15200	15650	7430	27890	17400	16714	
12	11月	22400	21500	12540	48000	16800	24248	
13	12月	25430	29870	21560	17850	16820	22306	
14	销售总额	244950	214162	175370	265517	298440		
15								

图 4-2-7　计算月平均销售额

四、设置销售情况统计表的格式

1.表格标题的插入

(1)单击行号"1",选择工作表的第一行,单击"开始"选项卡,在"单元格"组中单击"插入"按钮,在展开的下拉列表中,选择"插入工作表行"命令,如图 4-2-8所示,在第 1 行前插入一个空白行。

(2)在 A1 单元格中输入表格标题"营销人员每月销售情况统计表"。

(3)在标题下插入一个空白行,输入销售部门名称和统计年份,如图 4-2-9 所示。

图 4-2-8　选择"插入工作表行"命令

	A	B	C	D	E	F	G
1	营销人员每月销售情况统计表						
2	销售部门:	华南地区			年份:	2018年	
3	月销售业绩	销售员1	销售员2	销售员3	销售员4	销售员5	平均销售额
4	1月	9200	21500	16500	17854	6900	14390.8
5	2月	11200	13500	7800	9710	53500	19142
6	3月	9900	6750	32000	17853	13240	15948.6
7	4月	13200	29500	9870	19705	54200	25295
8	5月	18900	7850	17520	16890	26000	17432
9	6月	63500	8950	8650	57895	69870	41773
10	7月	15620	15762	9150	6800	5400	10546.4
11	8月	16400	35780	19850	13570	9760	19072
12	9月	24000	7550	12500	11500	8550	12820
13	10月	15200	15650	7430	27890	17400	16714
14	11月	22400	21500	12540	48000	16800	24248
15	12月	25430	29870	21560	17850	16820	22306
16	销售总额	244950	214162	175370	265517	298440	

图 4-2-9　插入工作表行

127

2.表格标题格式的设置

为了使表格的标题更加醒目，要对表格标题进行格式设置。

（1）选择需要设定格式的标题单元格 A1，单击"开始"选项卡，使用"字体"组的格式设置工具，设置标题的字体和颜色，如图 4-2-10 所示。

（2）选择 A1：G1 单元格区域，在"开始"选项卡中，单击"对齐方式"组的"合并后居中"按钮，把表格标题显示在表格中间位置，如图 4-2-11 所示。

图 4-2-10　设置标题的字符格式

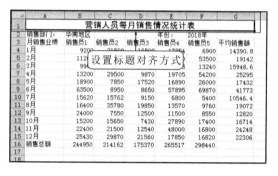

图 4-2-11　设置标题的对齐方式

3.表格内容格式的设置

除了使用格式设置工具外，还可以使用"设置单元格格式"对话框进行格式的设置。

（1）设置数字显示格式。在统计表中，平均销售额数据的小数位数都不一样，看起来很不美观，可把平均销售额的数字格式设置为保留 1 位小数。

选择需要设置的单元格或单元格区域，如单元格区域 G4：G15，单击"开始"选项卡，在"单元格"组中，单击"格式"按钮，在弹出的下拉列表中选择"设置单元格格式"命令，在弹出的"设置单元格格式"对话框中，单击"数字"选项卡，设置如图 4-2-12 所示。

（2）设置对齐方式。如果统计表中的单元格内容或内容长度不一致，可以设置单元格内容的对齐方式，使整个表格看起来更加整齐、美观。

例如，将表格的行标题和列标题设置为居中对齐。选择单元格区域 A3：G3，A4：A16，单击"开始"选项卡，在"单元格"组中，单击"格式"按钮，在展开的下拉列表中选择"设置单元格格式"命令，在弹出的"设置单元格格式"对话框中，单击"对齐"选项卡，设置如图 4-2-13 所示。

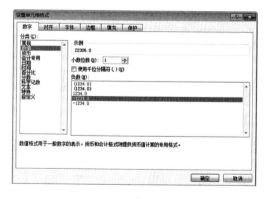

图 4-2-12　"数字"选项卡

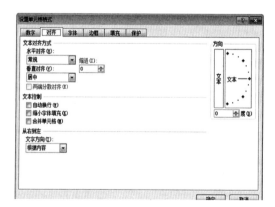

图 4-2-13　"对齐"选项卡

使用相同的方法，将单元格区域 B4：G16 的对齐方式设置为"居中"。

（3）设置字符格式。对不同的单元格内容设置不同的字体、大小和颜色，可以突出单元格或单元格区域之间的不同。

选择需要设置的单元格或单元格区域，如 A2、E2、A3：G3、A4：A16、B16：F16，单击"开始"选项卡，在"单元格"组中，单击"格式"按钮，在展开的下拉列表中选择"设置单元格格式"命令，在弹出的"设置单元格格式"对话框中，单击"字体"选项卡，具体设置如图 4-2-14 所示。

（4）设置表格边框。Excel 中呈网格状的水印表格线打印不出来。如需打印，要为表格设置边框。

例如，对整个表格设置边框，选择单元格区域 A3：G16，单击"开始"选项卡，在"单元格"组中，单击"格式"按钮，在展开的下拉列表中选择"设置单元格格式"命令，在弹出的"设置单元格格式"对话框中，单击"边框"选项卡，具体设置如图 4-2-15 所示。

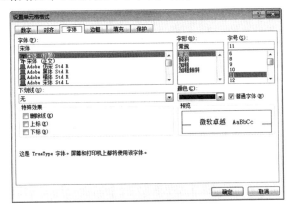

图 4-2-14　"字体"选项卡

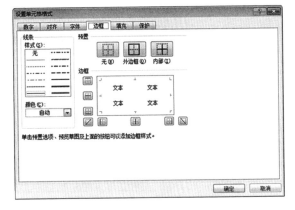

图 4-2-15　"边框"选项卡

（5）设置表格底纹。Excel 中的表格默认是无底纹的，可以为某些单元格设置底纹来突出重点。

例如，设置表格的行标题和列标题的底纹，选择单元格区域 A3：G3，A16：G16，单击"开始"选项卡，在"单元格"组中，单击"格式"按钮，在展开的下拉列表中选择"设置单元格格式"命令，在弹出的"设置单元格格式"对话框中，单击"填充"选项卡，具体设置如图 4-2-16 所示。

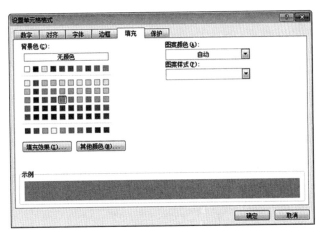

图 4-2-16　"填充"选项卡

1.调整表格的行高与列宽

在 Excel 2010 中创建的表格,行高和列宽是默认的,即单元格的显示区域是默认的。如果某个单元格的内容太多,超出显示区域的部分就不能显示,这时需要通过修改单元格的行高和列宽将其显示出来。

确定需要修改行高的行,将鼠标指针移动到行的下边界线上,当鼠标指针变成双向箭头时,按住鼠标左键并拖动,调整到合适的高度后释放鼠标左键。确定需要修改列宽的列,将鼠标指针移动到列的右边界线上,当鼠标指针变成双向箭头时,按住鼠标左键并拖动,调整到合适的列宽后释放鼠标左键。

在行的下边界线和列的右边界线上双击,可将行高、列宽调整到与其中内容相适应。格式化后的表格如图 4-2-17 所示。

营销人员每月销售情况统计表						
销售部门:	华南地区			年份:	2018年	
月销售业绩	销售员1	销售员2	销售员3	销售员4	销售员5	平均销售额
1月	9200	21500	16500	17854	6900	14390.8
2月	11200	13500	7800	9710	53500	19142
3月	9900	6750	32000	17853	13240	15948.6
4月	13200	29500	9870	19705	54200	25295
5月	18900	7850	17520	16890	26000	17432
6月	63500	8950	8650	57895	69870	41773
7月	15620	15762	9150	6800	5400	10546.4
8月	16400	35780	19850	13570	9760	19072
9月	24000	7550	12500	11500	8550	12820
10月	15200	15650	7430	27890	17400	16714
11月	22400	21500	12540	48000	16800	24248
12月	25430	29870	21560	17850	16820	22306
销售总额	244950	214162	175370	265517	298440	

图 4-2-17　格式化后的表格

五、创建图表分析销售业绩

统计数据除了可以分类整理制成统计表以外,还可以制成统计图。用统计图表示有关数量之间的关系,比统计表更加形象,使人一目了然、印象深刻。常用的统计图有柱形图、折线图、饼图等。

1.选择数据源

要制作统计图反映营销人员的月销售总额,需要选择的数据源为销售员和销售总额,即选择单元格区域 A3:F3,按住"Ctrl"键的同时,再选择单元格区域 A16:F16,完成多个不同单元格区域的选择操作。

2.创建图表

单击"插入"选项卡,在"图表"组中,单击"柱形图"按钮,展开下拉列表,选择一个柱形图样式,如图 4-2-18 所示。

生成的柱形图效果如图 4-2-19 所示,整个图表区包含标题、绘图区、坐标轴、图例 4 个部分。

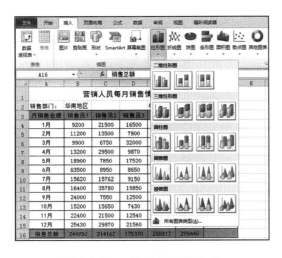

图 4-2-18　选择柱形图样式

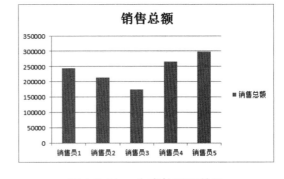

图 4-2-19　生成柱形图效果

（1）标题。图表标题可以清晰地反映图表的内容，使图表更易于理解。

（2）绘图区。绘图区是统计图显示的区域，是以坐标轴为边的长方形区域。

（3）坐标轴。坐标轴用于界定绘图区的图形代表的意义，用作度量的参照框架，默认 Y 轴为垂直坐标并包含数据，X 轴为水平轴并包含分类。

（4）图例。图例用于标识图表中的数据系列或分类指定的图案或颜色，默认显示在绘图区右侧。

图表中各个部分的位置和内容不是固定不变的，可以用鼠标拖动改变它们的位置，修改甚至删除某个部分，以便让图表更加美观和合理。

选中图表标题，可将标题修改为"销售人员的月销售总额统计图"，并使用工具栏设置标题的字符格式。

本柱形图中只有一个数据序列（销售总额）和数据分类（销售员），图例的作用不是很大，可以删除。选中图例"销售总额"，按"Delete"键即可将其删除。

> **提醒**
>
> （1）图表能更加清晰地反映数据所表达的含义；不同类型的图表作用不同，要根据需要选择图表的类型。
>
> （2）制作图表首先要选择数据源，当工作表中的数据发生变化时，由这些数据生成的图表会自动调整，以反映数据的变化。

知识链接

一、函数的使用

函数是预先定义好的内置公式。函数由函数名和用括号括起来的参数组成。常用的函数有 SUM（求和）、AVERAGE（求平均值）、MAX（求最大值）、MIN（求最小值）等。如果函数以公式的形式出现，应在函数名前面输入"＝"。例如，求学生成绩表中的班级总分，可以输入"＝SUM（G4：G38）"，单元格 G4：G38 中存放的是每个学生的成绩。

函数的输入有以下两种方法：比较简单的函数，可采用直接输入的方法；通过函数列表输入函数。

二、单元格格式的设置

为了使数据表更加整齐、美观、清晰，可以对表格标题和表格内容进行格式的设置。

（1）选中要设置的单元格，进行单元格格式的设置。

（2）选中要设置的单元格并右击，在弹出的快捷菜单中选择"设置单元格格式"命令，在弹出的"设置单元格格式"对话框中，进行数字、对齐、字体、边框、填充等的设置，如图 4-2-20 所示。

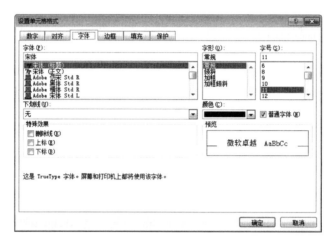

图 4-2-20 "设置单元格格式"对话框

三、行高与列宽的设置

1.用鼠标设置行高、列宽

将鼠标指针移动到行（列）的边界上，当鼠标指针变成双向箭头时，按住鼠标左键，拖动行（列）标题的下（右）边界来设置所需的行高（列宽），调整到合适的高度（宽度）后释放鼠标左键。

在行的下边界线和列的右边界线上双击，可将行高、列宽调整到与单元格中的内容相适应。

2.利用菜单精确设置行高、列宽

选定所需要调整的区域，单击"开始"选项卡，在"单元格"组中单击"格式"按钮，在展开的下拉列表中选择"行高"（或"列宽"）命令，然后在弹出的"行高"（或"列宽"）对话框上设定行高和列宽的精确值，如图 4-2-21 所示。

图 4-2-21 "行高"和"列宽"对话框

选定需要调整的区域,单击"开始"选项卡,在"单元格"组中单击"格式"按钮,在弹出的下拉列表中选择"自动调整行高"(或"自动调整列宽"),电子表格软件将自动调整到合适的行高或列宽。

四、图表的创建

利用电子表格软件提供的图表功能,可以基于工作表中的数据建立统计表。这是一种使用图形来描述数据的方法,用于直观地表达各统计值的差异,利用生动的图形和鲜明的色彩使工作表引人注目,具体步骤如下。

(1)明确设计意图:需要通过图表来表达什么信息,实现什么目的。

(2)确定图表类型:根据需要,确定合适的图表类型。

(3)选择数据源:选择要绘制成图表的单元格数据区域。

(4)插入图表:单击"插入"选项卡,在"图表"组中选择需要的图表类型。在下拉列表中选择其中一种具体样式。

五、图表类型

柱形图:在垂直方向绘制出的长条图,可以包含多组数据系列,其中分类为 X 轴,数值为 Y 轴。

折线图:将数据用描点的方式绘制在二维坐标图上,再用线条连接这些数据点,可以表示多组数据系列。

饼图:反映数据系列中各个项目与项目总和之间的比例关系。

条形图:在水平方向绘出的长条图,与柱形图相似,也可以包含多组数据系列,但其分类在 Y 轴,数值在 X 轴,用来强调不同分类之间的差别。

面积图:与折线图相似,只是将连线与分类轴之间用图案填充,可以显示多组数据系列。

XY(散点图):将数据用描点的方式描绘在二维坐标轴上,X 轴和 Y 轴均是数据轴。

股价图:用来显示股票的走势。

曲面图:显示不同平面上的数据变化情况和趋势。

圆环图:显示方法及用途与饼图相似,但是将不同的数据系列绘制在不同半径的同心圆环上,而各个数据系列中的数据点百分比显示在对应的圆环上。

气泡图:与散点图类似,用于比较成组的数值。

雷达图:能够反映出数据系列相对于中心点以及相对于彼此数据类别间的变化。

■■ 自主实践活动

尝试自己制作一份营销人员每月销售情况统计表,并在工作表中包含有标题、文本和数据等内容,再通过图表统计分析销售数据。

<h1 style="text-align:center">活动三　财务支出分析</h1>

■ 活动要求

到年底了,科信集团需要将各部门的各项费用做一个统计与分析,以便能够清楚地了解公司财务支出的项目和金额。由于各个部门的花费金额都不一样,为了更好、更直观地呈现数据,需要使用数据透视表和数据透视图功能,分析财务数据。

■ 活动分析

一、思考与讨论

(1)在电子表格软件中,根据"财务支出统计与分析"工作表中的数据,应该使用什么公式和函数计算出各部门一年的费用总额? 如何计算出各项目一年的费用总额?

(2)如何在"财务支出统计与分析"工作表中进行费用数据的排序和汇总?

(3)为了能够清晰地看出一年中各项目的费用总额变化趋势,应该制作出什么类型的统计图? 应该选择统计表中的哪些数据来制作统计图?

(4)表示各个部门费用使用情况变化趋势的统计图包括哪些要素? 如何设置统计图表各个要素的格式使统计图比较美观、清晰?

二、总体思路

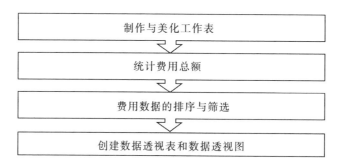

制作与美化工作表
↓
统计费用总额
↓
费用数据的排序与筛选
↓
创建数据透视表和数据透视图

■ 方法与步骤

财务支出分析

一、制作与美化工作表

1.新建与保存文件

启动 Excel 2010 电子表格软件,自动新建工作簿,选择"文件"→"保存"命令,在弹出的"另存为"对话框中,设置保存位置为指定的文件夹,输入文件名"财务支出统计与分析表",设置保存类型为"Excel 工作簿(＊.xlsx)",单击"保存"按钮,如图 4-3-1 所示。

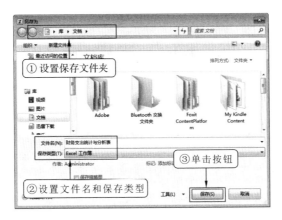

图 4-3-1 "另存为"对话框

2.重命名工作表

为了更好地管理工作表,需要按照工作表的内容对工作表重命名。默认的工作表名称为"Sheet1",双击"Sheet1",将其修改为"各部门费用情况统计"。

3.复制数据

打开资源包中的"素材\项目四\财务支出统计.txt"文本文件,如图 4-3-2 所示,将文本文件中的数据复制到电子表格软件工作表中。

图 4-3-2 "财务支出统计"文本文件

💡 **提醒**

使用"选择性粘贴"功能,"粘贴"方式选择"文本"选项,可将文本文档中的表格标题与表格内容复制到电子表格软件工作表中。

4.设置表格标题

(1)单击行号"1"选择工作表的第一行,单击"开始"选项卡,在"单元格"组中单击"插入"按钮,在展开的下拉列表中选择"插入工作表行",在第 1 行前插入一行空白行。

(2)在新插入的行中输入标题"财务支出统计与分析表",选择单元格区域 A1:L1,在"开始"选项卡的"对齐方式"组中,单击"合并后居中"按钮,合并居中单元格,如图 4-3-3 所示。

(3)选择 A1、A2:L2、A3:A10,在"开始"选项卡中的"字体"组中,使用各种工具按钮,设置字符格式,如图 4-3-4 所示。

图 4-3-3 输入标题并居中

图 4-3-4 设置字符格式

（4）选择相应的单元格和单元格区域，弹出"设置单元格格式"对话框，单击"边框"选项卡，设置边框样式和颜色，为单元格添加外边框和斜线边框，如图 4-3-5 所示。

（5）在"设置单元格格式"对话框中，单击"对齐"选项卡，勾选"自动换行"复选框，为文本进行自动换行，如图 4-3-6 所示。

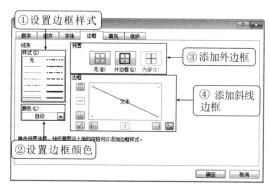

图 4-3-5　设置边框

图 4-3-6　自动换行文本

5.调整表格的行高与列宽

在 Excel 2010 中创建的表格，行高和列宽是默认的，使用鼠标拖动行或列的边框线，可调整表格的行高和列宽。

6.对齐表格文本

在 Excel 2010 中创建的表格，文本默认左对齐显示。选择单元格区域 A2：L10，在"开始"选项卡的"对齐方式"组中，单击"居中"按钮，居中对齐文本，最终效果如图 4-3-7 所示。

图 4-3-7　表格最终效果

二、统计费用总额

1.计算每个部门的费用总额

利用 SUM 函数计算每个部门的费用总额，计算结果如图 4-3-8 所示。

2.计算每个项目的费用总额

利用 SUM 函数计算每个项目的费用总额，计算结果如图 4-3-9 所示。

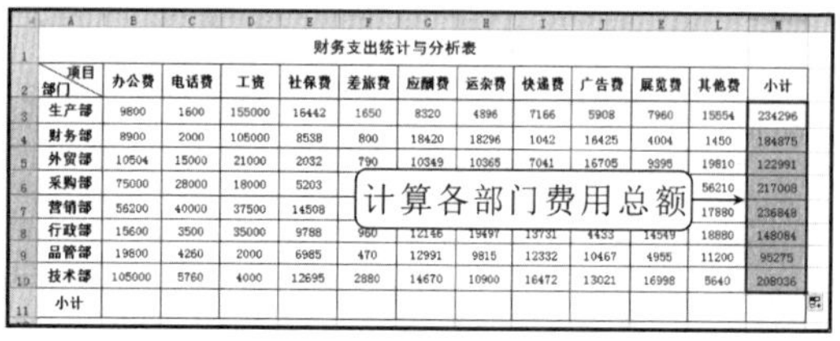

图 4-3-8　计算每个部门的费用总额

图 4-3-9　计算每个项目的费用总额

三、费用数据的排序与筛选

1.排序数据

排序数据主要是将数据按照一定的顺序进行排列。用户可以将各部门费用总额按照从高到低的顺序或者从低到高的顺序进行排序,也可以按照多个关键字的条件排序。

(1)选择单元格区域 A2:M11,单击"数据"选项卡,在"排序和筛选"组中单击"排序"按钮,弹出"排序"对话框,具体设置如图 4-3-10 所示。

(2)将各部门费用总额按从高到低的顺序进行排序,结果如图 4-3-11 所示。

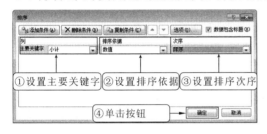

图 4-3-10 "排序"对话框

图 4-3-11 数据排序结果

2.筛选数据

Excel 2010 提供了数据"筛选"的功能,即设置一定的条件,将数据表中满足条件的单元格隐藏起来。

筛选数据前需要执行"撤销"命令,取消前面的排序操作。

(1)数字筛选。选择数据区域中的任意一个单元格,单击"数据"选项卡,在"排序和筛选"组中,单击"筛选"按钮,开启"筛选"功能,单击"小计"按钮,在展开的列表中选择"数字筛选"→"高于平均值"命令,如图 4-3-12 所示。

(2)自定义筛选。选择"自定义筛选"命令,弹出"自定义自动筛选方式"对话框,在其中设置筛选条件,单击"确定"按钮,如图 4-3-13 所示。

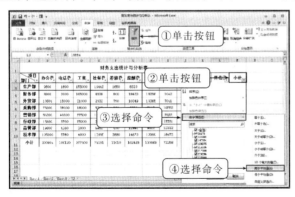

图 4-3-12 自动筛选数据

图 4-3-13 "自定义自动筛选方式"对话框

自定义自动筛选结果如图 4-3-14 所示。

项目部门	办公费	电话费	工资	社保费	差旅费	应酬费	运杂费	快递费	广告费	展览费	其他费	小计
生产部	9800	1600	155000	16442	1650	8320	4896	7166	5908	7960	15554	234296
财务部	8900	2000	105000	8538	800	18420	18296	1042	16425	4004	1450	184875
采购部	75000	28000	18000	5203	860	6356	7145	10552	5262	4420	56210	217008
营销部	56200	40000	37500	14508	2600	19173	19654	3922	9670	15741	17880	236848
行政部	15600	3500	35000	9788	960	12146	19497	13731	4433	14549	18880	148084
技术部	105000	5760	4000	12695	2880	14670	10900	16472	13021	16998	5640	208036

图 4-3-14 数据筛选结果

3.取消筛选

单击"数据"选项卡,在"排序和筛选"组中,单击"筛选"按钮,可以取消前面的筛选操作,显示出所有的内容。

四、创建数据透视表和数据透视图

在制作财务支出统计表的过程中,数据透视表和数据透视图是经常用到的数据分析工具。数据透视表和数据透视图可以直观地反映数据的对比关系,而且具有很强的数据筛选和汇总功能。

1.创建数据透视表

数据透视表是从 Excel 数据库中产生的一个动态汇总表格,它具有强大的透视和筛选功能,在分析数据信息的过程中经常会用到。

(1)选择任意一个单元格,单击"插入"选项卡,在"表格"组中单击"数据透视表"按钮,展开下拉列表,选择"数据透视表"命令,如图4-3-15所示。

(2)弹出"创建数据透视表"对话框,选中"选择一个表或区域"单选按钮,"表/区域"文本框的内容已经自动填好,选中"新工作表"单选按钮,如图 4-3-16所示。

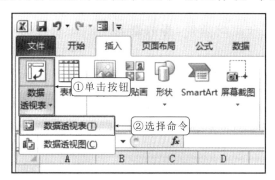

图 4-3-15　选择"数据透视表"命令

图 4-3-16　"创建数据透视表"对话框

> 💡 **提醒**
>
> 在"选择放置数据透视表的位置"选项组中有两个选项:一个是"新工作表",表示数据透视表建立在一张新工作表中;另一个是"现有工作表",表示数据透视表建立在当前工作表中,需要单击当前工作表中要放置数据透视表的单元格。

(3)单击"确定"按钮,新建一个工作表,如图4-3-17所示。

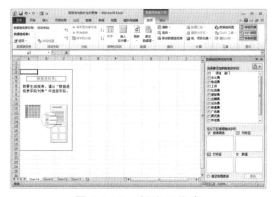

图 4-3-17　新建工作表

（4）选择要添加到数据透视表的字段，将"项目 部门"字段拖动到"行标签"中，将"办公费""电话费"和"工资"字段拖动到"数值"中，如图 4-3-18 所示。

图 4-3-18　添加数据透视表字段　　　　　图 4-3-19　"数据透视表工具"选项卡

> 💡 提醒
>
> 单击创建的数据透视表的任意内容，显示"数据透视表工具"选项卡，如图 4-3-19 所示，可以设置数据透视表的格式。

2.创建数据透视图

数据透视图是数据透视表的图形表达形式，其图表类型与前面介绍的一般图表类型类似，主要有柱形图、条形图、折线图、饼图、面积图以及圆环图等。

（1）选择单元格区域 A3：D12，单击"数据透视表工具"→"工具"组中的"数据透视图"按钮，如图4-3-20所示。

（2）弹出"插入图表"对话框，选择"折线图"图表，如图 4-3-21 所示。

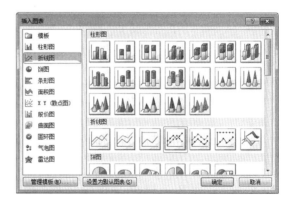

图 4-3-20　单击"数据透视图"按钮　　　　　图 4-3-21　"插入图表"对话框

（3）单击"确定"按钮，创建数据透视图，效果如图 4-3-22 所示。

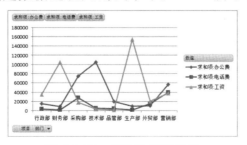

图 4-3-22　创建数据透视图

3.美化数据透视图

（1）选择数据透视图，单击"格式"选项卡，在"形状样式"组中，单击"其他"按钮，展开下拉列表，选择合适的形状样式，更改图表的形状样式，如图 4-3-23 所示。

（2）单击"设计"选项卡，在"图表样式"组中，单击"其他"按钮，展开下拉列表，选择合适的图表样式，更改图表的样式，如图 4-3-24 所示。

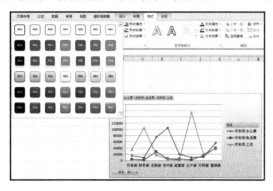
图 4-3-23　更改图表形状样式

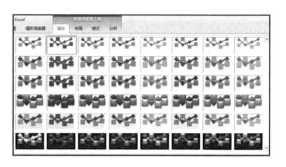
图 4-3-24　"图表样式"列表

（3）在图 4-3-25 所示的"布局"选项卡中，依次单击"标签""坐标轴"和"分析"组中的工具按钮，为图表添加图表标题、坐标轴标题、图例、坐标轴及网格线等图表元素。

图 4-3-25　"布局"选项卡

知识链接

一、数据的排序

数据排序是将工作表选定区域中的数据按指定的条件进行重新排序，数据排序的操作如下。

（1）选择需要排序的数据区域，单击"数据"选项卡，在"排序与筛选"组中单击"排序"按钮，弹出"排序"对话框。

（2）选择"主要关键字""排序依据"和"次序"。如果需要，单击"添加条件"按钮，设置次要关键字，设置完成后单击"确定"按钮，如图 4-3-26 所示。

图 4-3-26　设置排序条件

二、数据的筛选

数据的筛选是按给定的条件从工作表中筛选符合条件的记录,满足条件的记录被显示出来,而其他不符合条件的记录则被隐藏,具体操作如下。

(1)选择需要筛选的数据区域中的任意一个单元格。单击"数据"选项卡,在"排序与筛选"组中单击"筛选"按钮,单击单元格中的筛选按钮,在列表中选择"数字筛选"→"自定义筛选方式"命令。

(2)在弹出的"自定义筛选方式"对话框中设置筛选条件,单击"确定"按钮,显示满足条件的记录。

■ 自主实践活动

尝试自己制作一份财务支出统计与分析表,工作表中应包含标题、文本和数据等内容,再通过数据透视表和数据透视图统计与分析各部门的财务支出费用。

活动四　工资统计

■ 活动要求

科信集团每月都需要给员工发放工资。员工工资统计表是反映员工工资各项目明细情况的表格。财务人员在核算员工工资时,需要将每个员工的基本工资、绩效工资、奖金、津贴、社保扣款等核实结算,以方便科信集团支付工资给每个员工,且支付的金额都是正确的。

■ 活动分析

一、思考与讨论

(1)根据"科信集团所有员工的工资发放制度",思考如何计算集团中员工的各类工资金额。

(2)科信集团员工的工资项目中包含基本工资、绩效工资等,如何统计各类工资项目的总额? 如何筛选出想要的工资总额?

(3)要反映各个部门的工资总额占公司总工资额的比例,应该制作什么类型的统计图?应该如何选择统计表中的数据来制作统计图?

(4)为了给员工发放工资,需要制作每个员工的工资条,如何制作员工的工资条?

二、总体思路

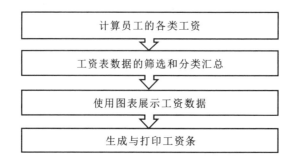

計算员工的各类工资

↓

工资表数据的筛选和分类汇总

↓

使用图表展示工资数据

↓

生成与打印工资条

▣ 方法与步骤

工资统计

一、计算员工的各类工资

启动 Excel 2010，打开资源包中的"素材\项目四\员工工资统计表"文件，如图 4-4-1 所示。

1.计算员工基本工资

基本工资是根据员工职位、能力、价值核定的，这是员工工作稳定性的基础，是员工安全感的保证。在计算员工基本工资时，要用到"IF"函数。

（1）选择 D3 单元格，单击"公式"选项卡，在"函数库"组中，单击"插入函数"按钮，弹出"插入函数"对话框，选择"IF"函数，如图 4-4-2 所示。

图 4-4-1 "员工工资统计表"文件

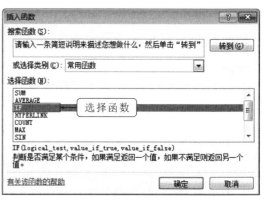

图 4-4-2 "插入函数"对话框

（2）单击"确定"按钮，弹出"函数参数"对话框，设置函数输入条件，如图 4-4-3 所示。

（3）选择 D3 单元格，将鼠标指针移至 D3 单元格右下方的填充柄上，当鼠标指针呈黑色"十"字形状时，按住鼠标左键并向下拖动到 D9 单元格后，释放鼠标左键，填充公式，显示基本工资的计算结果，如图 4-4-4 所示。

图 4-4-3 设置函数输入条件

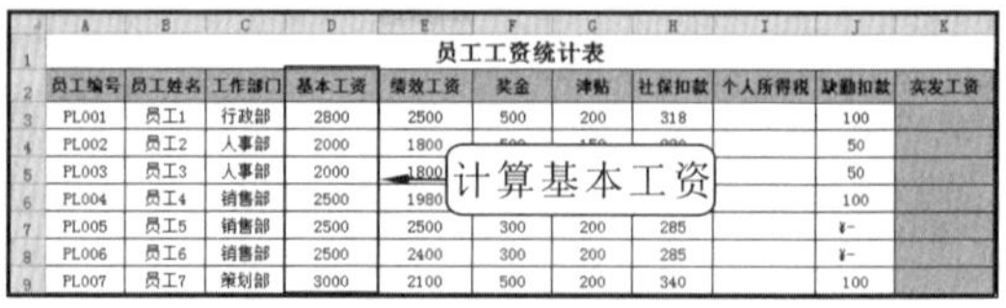

图 4-4-4 计算基本工资

2.计算个人所得税

根据国家法律规定,当工资达到一定的金额上限时,需要缴纳个人所得税。在计算个人所得税时,需要组合使用"IF"函数和"SUM"函数。

(1)选择 I3 单元格,单击"公式"选项卡,在"函数库"组中,单击"插入函数"按钮,弹出"插入函数"对话框,选择"IF"函数。

(2)单击"确定"按钮,弹出"函数参数"对话框,设置函数输入条件,如图 4-4-5 所示。

(3)选择 I3 单元格,将鼠标指针移至 I3 单元格右下方的填充柄上,当鼠标指针呈黑色"十"字形状时,按住鼠标左键并向下拖动到 I9 单元格后,释放鼠标左键,填充公式,显示个人所得税的计算结果,如图 4-4-6 所示。

图 4-4-5 设置函数输入条件

图 4-4-6 计算个人所得税

3.计算员工实发工资

利用"SUM"函数计算每名员工的实发工资,计算结果如图 4-4-7 所示。

图 4-4-7 计算员工实发工资

二、工资表数据的筛选和分类汇总

要分别统计出每个部门的工资总额,可以采用以下两种方法。

1."筛选"出各部门员工和实发工资再统计

要统计"销售部"员工的实发工资,可以先"筛选"出所有销售部的员工和实发工资,再使用求和函数进行计算。

(1)单击统计表中的任意一个单元格,单击"数据"选项卡,在"排序和筛选"组中单击"筛选"按钮,开启"筛选"功能,单击"工作部门"右侧的下拉按钮,展开下拉列表,只勾选"销售部"复选框,如图 4-4-8 所示。

(2)单击"确定"按钮,筛选结果如图 4-4-9 所示。

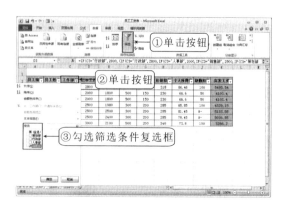

图 4-4-8　设置筛选条件

图 4-4-9　筛选结果

图 4-4-10　计算销售部工资总额

（3）选择筛选出来的单元格区域 A2:K8，将其复制到新工作表"Sheet2"下 A2 开始的单元格区域中，并调整列宽到合适的宽度。

（4）在 C7 单元格中输入"销售部工资合计"，使用"SUM"函数，在 K7 单元格中计算出销售部工资总额，如图 4-4-10 所示。

（5）使用相同的方法，计算出"人事部""策划部"实发工资总额。

2.使用"分类汇总"功能统计

分类汇总是将数据分类统计，是 Excel 2010 中的重要功能，可以免去大量相同的公式和函数操作。当数据表中有多个类别的数据需要分类统计时，可以使用该功能。

使用分类汇总必须先把数据按某个分类字段排序（即分类），再进行数据的求和、求平均值等汇总。如需要求每个部门的实发工资总额，必须先将数据表按照"工作部门"排序，再进行"实发工资"的求和汇总。

（1）选择工作表"Sheet1"，单击"数据"选项卡，在"排序和筛选"组中单击"筛选"按钮，取消筛选操作，显示出所有的内容。

（2）选择单元格区域 C3:C9，单击"数据"选项卡，在"排序和筛选"组中，单击"升序"按钮，升序排列数据，结果如图 4-4-11 所示。

（3）选择单元格区域 A2:K9，单击"数据"选项卡，在"分级显示"组中，单击"分类汇总"按钮，弹出"分类汇总"对话框，设置如图 4-4-12 所示。

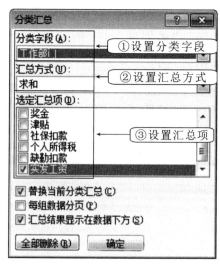

图 4-4-11　升序排序数据

图 4-4-12　"分类汇总"对话框

（4）单击"确定"按钮，分类汇总的结果如图4-4-13所示。

员工编号	员工姓名	工作部门	基本工资	绩效工资	奖金	津贴	社保扣款	个人所得税	缺勤扣款	实发工资
			员工工资统计表							
PL007	员工7	策划部	3000	2100	500	200	340	73.8	100	5286.2
		策划部 汇总								5286.2
PL001	员工1	行政部	2800	2500	500	200	318	86.46	100	5495.54
		行政部 汇总								5495.54
PL002	员工2	人事部	2000	1800	500	150	230	66.6	50	4103.4
PL003	员工3	人事部	2000	1800	500	150	230	66.6	50	4103.4
		人事部 汇总								8206.8
PL004	员工4	销售部	2500	1980	300	200	285	65.85	100	4529.15
PL005	员工5	销售部	2500	2500	300	200	285	81.45	0	5133.55
PL006	员工6	销售部	2500	2400	300	200	285	78.45	0	5036.55
		销售部 汇总								14699.25
		总计								33687.79

图 4-4-13　分类汇总结果

员工编号	员工姓名	工作部门	基本工资	绩效工资	奖金	津贴	社保扣款	个人所得税	缺勤扣款	实发工资
			员工工资统计表							
		策划部 汇总								5286.2
		行政部 汇总								5495.54
		人事部 汇总								8206.8
		销售部 汇总								14699.25
		总计								33687.79

图 4-4-14　分类汇总的两级显示效果

💡 **提醒**

完成分类汇总之后，在工作表的左侧增加了一列大纲级别，顶部为大纲级别按钮，用来确定数据的显示形式。单击第二级显示级别符号，可改变显示的级别，如图 4-4-14 所示。

3.比较两种方法

比较"先筛选再统计"和通过"分类汇总"功能直接进行分类统计这两种方法，说一说"分类汇总"的用途。

三、使用图表展示工资数据

1.创建饼图

仅排列在工作表的一列或一行中的数据可以绘制到饼图中。饼图显示一个数据系列（在图表中绘制的相关数据点，这些数据源自数据表的行或列）中各项的大小与各项总和的比例。

（1）选择 C4、C6、C9、C13 单元格，按住"Ctrl"键的同时，再选择 K4、K6、K9、K13 单元格。

（2）单击"插入"选项卡，在"图表"组中，单击"饼图"按钮，展开下拉列表，选择"分离型三维饼图"，生成三维饼图，如图 4-4-15 所示。

2.对饼图进行格式设置

为了使创建的饼图更加合理、清晰，需设置饼图的格式，包括设置饼图的标题、布局等。

（1）选择图表对象，单击"布局"选项卡，在"标签"组中，单击"图表标题"按钮，展开下拉列表，选择"图表上方"命令，如图 4-4-16 所示。

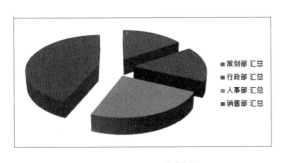

图 4-4-15　三维饼图

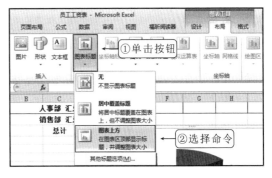

图 4-4-16　选择"图表上方"命令

（2）在图表的上方添加标题，将标题修改为"各部门工资情况的统计图"，并设置合适的字体和字号,效果如图 4-4-17 所示。

（3）单击图表的任何部分,Excel 显示"图表工具"选项卡,可以修改图表的格式,如选择合适的"图表布局""图表样式"等。参考效果如图 4-4-18 所示。

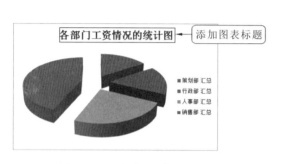

图 4-4-17　添加图表标题效果

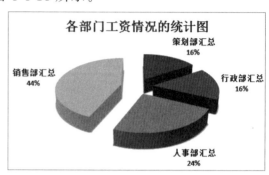

图 4-4-18　各部门工资情况的统计图

四、生成与打印工资条

工资条也叫工资表,是员工所在单位定期给员工反映工资的纸条。在工资条中,为了方便阅读,要求每名员工的工资都有表头。

生成工资条的方法有两种:一种是通过 VLOOKUP 函数快速生成工资条;另一种是使用排序法制作工资条。

1.通过 VLOOKUP 函数快速生成工资条

VLOOKUP 函数是 Excel 2010 中的一个纵向查找函数,它与 LOOKUP 函数和 HLOOKUP 函数属于一类函数,在工作中都有广泛应用,如核对数据、在多个表格之间快速导入数据等。

（1）右击工作表"Sheet1",弹出快捷菜单,选择"移动或复制"命令,弹出"移动或复制工作表"对话框,如图 4-4-19 所示,复制两个工作表。

（2）取消两个工作表中的分类汇总操作,重命名工作表,并对复制后的工作表中的相应数据进行删除操作,效果如图 4-4-20 所示。

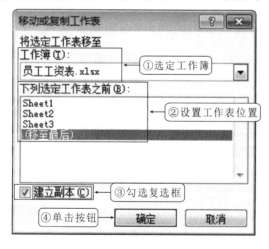

图 4-4-19　"移动或复制工作表"对话框

图 4-4-20　删除数据效果

（3）在 A3 单元格中输入"PL001",选择 B3 单元格,单击"公式"选项卡,在"函数库"组中,单击"插入函数"按钮,弹出"插入函数"对话框,选择"VLOOKUP"函数,单击"确定"按钮,弹出"函数参数"对话框,设置函数参数,如图 4-4-21 所示。

(4)完成公式的输入和计算后,使用同样的方法,在其他单元格中依次输入公式,并将"函数参数"对话框中的"Col_index_num"依次修改为3~10,结果如图 4-4-22 所示。

图 4-4-21 "函数参数"对话框

图 4-4-22 公式计算结果

(5)选择单元格区域 A1:K3,将鼠标指针移动到单元格右下角,当鼠标指针呈黑色"十"字形状时,按住鼠标左键并拖动到第 27 行单元格后,释放鼠标左键,生成每位员工的工资条,效果如图 4-4-23所示。

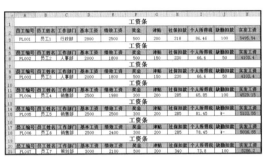

图 4-4-23 生成工资条效果

2.使用排序法制作工资条

(1)单击"Sheet4"工作表,在 L3 至 L9 单元格中输入数值1~7,如图 4-4-24 所示。

(2)对 L3 至 L9 单元格中的数据进行复制操作,选中 L1 单元格,在"开始"选项卡的"编辑"选项组中,单击"排序和筛选"按钮,展开下拉列表,选择"升序"命令,自动生成工资条并排序的效果如图 4-4-25 所示。

图 4-4-24 输入数值

图 4-4-25 排序数据效果

3.打印工资条

(1)单击"Sheet2"工作表,单击"页面布局"选项卡,在"页面设置"组中,单击"纸张方向"按钮,展开下拉列表,选择"纵向"或"横向"命令,更改纸张方向,如图 4-4-26 所示。

(2)单击"页面布局"选项卡,在"页面设置"组中,单击"纸张大小"按钮,展开下拉列表,选择对应命令,更改纸张大小,如图 4-4-27 所示。

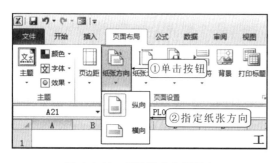

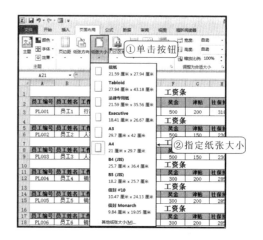

图 4-4-26　"纸张方向"列表　　　　　　　　图 4-4-27　"纸张大小"列表

（3）单击"页面布局"选项卡，在"页面设置"组中，单击"打印区域"按钮，展开下拉列表，选择对应命令，更改打印区域，如图 4-4-28 所示。

（4）单击"文件"选项卡，选择"打印"命令，在"打印"界面设置打印机、打印份数等，单击"打印"按钮，打印工资条，如图 4-4-29 所示。

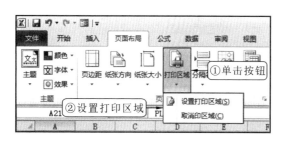

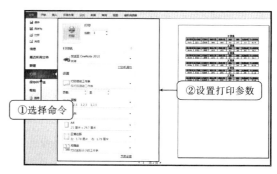

图 4-4-28　"打印区域"列表　　　　　　　　图 4-4-29　打印工资条

知识链接

一、数据分类汇总方式选择

分类汇总必须把数据先按某个关键字进行分类，再按照求和、求平均值等进行数据的汇总。在"分类汇总"对话框中，单击"汇总方式"下接按钮，展开下拉列表，选择不同的汇总方式，计算出不同结果，如图4-4-30所示。

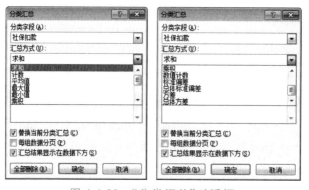

图 4-4-30　"分类汇总"对话框

二、工作表的操作

在工作表名称上右击,弹出快捷菜单,可以进行工作表的插入、删除、移动和复制等。在工作表比较多的情况下,单击左侧的箭头,可依次显示所有的工作表。

三、页面布局

如果需要打印工作表,或进行页边距、页面背景等设置,可以单击"页面布局"选项卡进行页面设置,如图 4-4-31 所示,包括"页边距""纸张方向""纸张大小""打印区域"等的设置。

图 4-4-31 "页面布局"选项卡

自主实践活动

尝试自己制作一份员工工资统计表,工作表中应包含有标题、文本和数据等内容,再通过筛选、分类汇总功能可以计算各部门的工资总额。

项目考核

一、填空题

(1)_____是微软公司推出的一款集_____、数据存储、_____和_____等功能于一体的办公应用软件。

(2)通常情况下,Excel 工作界面中显示"开始"_____、_____、"页面布局"、_____、_____、"审阅""视图"以及"开发工具"等选项卡。

(3)使用_____和_____可以直观地反映数据的对比关系,而且具有很强的数据筛选和汇总功能。

(4)数据的_____是按给定的条件从工作表中_____符合条件的记录,满足条件的记录被显示出来,而其他不符合条件的记录则被隐藏。

(5)_____是将数据分类统计,是 Excel 中的重要功能,可以免去大量相同的公式和函数操作。

二、简答题

(1)Excel 中如何进行软件的启动与退出操作?

(2)Excel 中的表格该怎样进行美化?

(3)Excel 中的数据如何进行统计与分析?

5 项目五
程序设计入门

情境描述

自然语言是人们交流的工具,而程序是人与计算机交流的工具,如果没有程序,计算机什么也不会做。用户在使用计算机时,需要让计算机按规定完成一系列的工作,这就要求计算机具备理解并执行人们给出的各种指令的能力。因此,在用户和计算机之间需要一种双方都能识别的特定语言,这种特定的语言就是计算机语言,又称程序设计语言。

活动一　初识程序设计

活动要求

如果人们不得不使用机器语言直接编写程序,那么要想开发像操作系统、大型应用软件这样的复杂软件系统基本上是不可能的。因此,类似伪代码的高级程序设计语言被开发出来,它使算法既便于理解,又能够很方便地转换为机器指令。本活动将学习程序设计的基础知识。

活动分析

一、思考与讨论

(1)什么是程序和程序设计?

(2)计算机求解问题的一般过程是什么?

(3)算法是什么? 如何表示算法?

二、总体思路

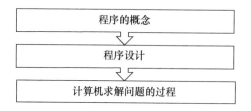

方法与步骤

一、程序的概念

简单地说,程序就是计算机指令的集合,是指挥计算机进行一定操作、完成一定功能的一组指令的集合。

人们使用计算机,就是要利用计算机处理、解决各种不同的问题。但是,计算机不会自己思考,它是人类手中的木偶,因此人们要明确告诉它做什么工作和做哪几步才能完成这个工作。试想一下,计算机程序执行的整个过程是怎样的?计算机完成一个人们分配给它的任务,就像"军训"这个工作,它按照人们的命令去做,人们说"立正",它不能"稍息",就这样在人们的支配下完成预定工作。这里人们所下达的每个命令称为指令,它对应着计算机执行的一个基本动作。人们告诉计算机按照某种顺序完成一系列指令,这一系列指令的集合称为程序。程序一般以文件的形式存放在计算机的存储器中,称为程序文件。编写程序,就是根据不同计算机指令的不同格式编写相应的程序文件。

二、程序设计

程序设计又称编程,是指编写计算机程序解决某个问题的过程。专业的程序设计人员常被称为程序员。

进行程序设计必须具备以下4个方面的知识。

(1)领域知识。这是给出解决某个问题算法的基础。例如,要解决素数判断的问题,必须了解素数的概念及素数判断的数学方法,这就是领域知识。如果程序员不具备解决某个问题的领域知识,是不可能编写出解决该问题的计算机程序的。

(2)程序设计方法。程序设计方法是指合理编排计算机程序内部逻辑的方法。程序员在具备领域知识的基础上,必须掌握某种程序设计方法,运用适当的思维方式,构造出解决某个问题的算法。

(3)程序设计语言。要使用计算机解决某个问题,程序员必须掌握某种程序设计语言(如Python),运用程序设计语言将算法转换为计算机程序。

(4)程序设计工具。程序员在进行程序设计时,为了提高程序设计的效率和程序的质量,通常需要使用某种程序设计工具。

三、计算机求解问题的过程

问题求解是计算科学的根本目的之一,计算科学也是在问题求解的实践中逐渐发展壮大的。人们既可用计算机来求解如数据处理、数值分析等问题,也可用计算机来求解如物理学、化学和心理学所提出的问题。当拿到问题之后,不能马上就编写程序,而是要经历一个思考、设计、编写程序及调试的过程。编写程序解决问题的过程一般包括如图5-1-1所示的5个步骤。

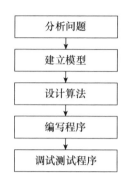

图 5-1-1　问题求解过程图

（1）分析问题：确定计算机要做什么，实现自然语言的逻辑建模。

（2）建立模型：将原始问题转换为数学模型。

（3）设计算法：形式化地描述解决问题的途径和方法。

（4）编写程序：将算法翻译成计算机程序。

（5）调试测试程序：发现和修改程序运行过程中存在的错误。

其中，前 3 个步骤在问题求解过程中具有非常重要的地位。只有当算法设计好之后，才可以很方便地用程序设计语言编写程序。下面详细介绍这 5 个基本步骤。

1.分析问题

通过分析题意，搞清楚问题的含义，明确问题的目标是什么，要求解的结果是什么，问题的已知条件和已知数据是什么，从而建立逻辑模型，将一个看似很困难、很复杂的问题转换为基本逻辑（如顺序、选择或循环等）。例如，要找到两个城市之间的最近路线，从逻辑上应该如何推理和计算？用户可以先利用图形的方式将城市和交通路线表示出来，再从所有的路线中选择一条最近的路线。

人们一般将问题简单地分为数值型问题和非数值型问题。非数值型问题可以通过模拟为数值型问题来求解。人们已经将问题求解进行分类，设计了比较成熟的解决方案，不同类型的问题可以有针对性地处理。

2.建立模型

在分析问题的基础上，要建立计算机可实现的数学模型。确定数学模型就是把实际问题直接或间接转换为数学问题，直到得到求解问题的公式。例如，对于求解一元二次方程 $ax^2+bx+c=0$ 的根，如下的求根公式就是解本题的数学模型，可直接用求根公式求解。

$$x_{1,2}=\frac{-b\pm\sqrt{b^2-4ac}}{2a}$$

建模是计算机求解问题的难点，也是计算机求解问题成败的关键。对于数值型问题，可以先建立数学模型，直接通过数学模型来描述问题。对于非数值型问题，可以先建立一个过程或仿真模型，通过它们来描述问题，再设计算法解决。

3.设计算法

有了数学模型或者公式，需要将数学的思维方式转换为离散计算的模式。算法是求解问题的方法和步骤，通过设计算法，可以根据给定的输入得到期望的输出。

对于数值型问题，一般采用离散数值分析的方法处理。在数值分析中有许多经典算法，当然也可以根据问题的实际情况自己设计解决方案。对于非数值型问题,可以通过数据结构或算法分析进行仿真,也可以选择一些成熟和典型的算法进行处理,如穷举法、递推法、递归法、分治法、回溯法等。

对于求解大问题、复杂问题,需要将大问题分解成若干小问题,每个小问题将作为程序设计的一个功能模块。

算法确定之后,可进一步形式化地表示成伪代码或流程图。算法可以理解为由基本运算及规定的运算顺序所构成的完整的求解问题的步骤,或者按照要求设计好的有限步骤的确切的计算序列。

4.编写程序

编写程序是指根据已经形式化的算法,选用一种程序设计语言,按照程序设计语言的语法规则写出源程序。对于上面提到的求解一元二次方程 $ax^2+bx+c=0$ 的根,其 Python 程序代码如下。

```
'''设置二次项系数 a、一次项系数 b 和常数项 c 的值'''
a=6
b=2
c=5
#利用求根公式计算二次方程的两个根
x1=(-b+(b*b-4*a*c)**0.5)/(2*a)
x2=(-b-(b*b-4*a*c)**0.5)/(2*a)
print("当 a=6,b=2,c=5 时,二次方程的两个根如下:")
print("x1=",x1,sep="")
print("x2=",x2,sep="")
```

> **提醒**
>
> 在 Python 中,注释语句以字符"#"开始,位于"#"之后的语句不被执行。字符"#"仅注释其所在的行。如果进行大段的注释,可以使用 3 个单引号或 3 个双引号将注释内容包围。

5.调试测试程序

编写程序的过程中需要不断上机调试程序。证明和验证程序的正确性是一件极为困难的事情,比较实用的方法就是对程序进行测试,看运行结果是否符合预先的期望。如果不符合,则要进行判断,找出问题出现的地方,对算法或程序进行修正,直到得到正确的结果。

上文中求解一元二次方程的根的 Python 程序的运行结果如下。

```
当 a=6,b=2,c=5 时,二次方程的两个根如下。
x1=(-0.1666666666666666+0.8975274678557507j)
x2=(-0.1666666666666667-0.8975274678557507j)
```

知识链接

一、程序设计语言的种类

对计算机而言,要编写程序就必须使用程序设计语言。程序设计语言是指编写程序时,根据事先定义的规则(语法)而写出的预定语句的集合。程序设计语言经过多年的发展已经从机器语言演化到高级语言。

1.机器语言

在计算机发展的早期,唯一的程序设计语言是机器语言。每种计算机都有自己的机器语言,由 0 和 1 的序列组成。

机器语言是计算机硬件唯一能理解的语言,它由具有两种状态的电子开关构成:关(0)和开(1)。

虽然用机器语言编写的程序真实地表示了数据是如何被计算机操纵的,但它至少有以下两个缺点:第一,它依赖于计算机,如果使用不同的硬件,那么一台计算机的机器语言与另一台计算机的机器语言是不同的;第二,用机器语言编写程序是非常单调乏味的,而且很难发现错误。

2.汇编语言

程序设计语言后来的发展是伴随着用带符号或助记符的指令和地址代替二进制码发生的。因为它们使用符号或助记符,所以被称为汇编语言。

汇编程序是一种特殊程序,用于将汇编语言代码翻译成机器语言代码。

汇编语言尽管与机器语言相比有不少优势,但是仍有一些不足——它们没有提供最终的程序设计环境。毕竟,在汇编语言中使用的原语本质上和与之对应的机器语言代码相同,这两者的不同仅体现在它们的语法上。因此,用汇编语言编写的程序必然依赖于机器。也就是说,程序中使用的指令都是遵循特定的机器特性来编写的。用汇编语言写的程序不能方便地移植到另一种机器上,必须重写以遵循新机器的寄存器配置和指令系统。

汇编语言的另一个缺点是,尽管程序员不再必须使用数字形式编写代码,但仍不得不从机器语言的角度一小步一小步地思考。这种情况类似于房屋设计——要根据木板、钉子和砖块等来设计。确实,在实际的房屋建造中,最后的确还需要一个基于这些基本元素的描述,但是如果根据诸如房间、窗户和门等更大的单元来思考设计,设计过程会更简单。

3.高级语言

尽管汇编语言大大提高了程序设计的效率,但仍然需要程序员在使用的硬件上花费大部分精力。用符号语言编程也很枯燥,因为每条机器指令都必须单独编码。为了提高程序员的工作效率,以及从关注计算机转到关注要解决的问题,产生了高级语言。

用高级语言编写的程序可移植到许多不同的计算机上,使程序员能够将精力集中在应用程序上,而不是复杂的计算机结构上。高级语言旨在使程序员摆脱汇编语言烦琐的细节。高级语言与汇编语言有一个共性,它们必须被转换为机器语言,这个转换过程称为解释或编译。

数年来,人们开发了各种各样的高级语言,如 BASIC、Python、Ada、C 语言、C＋＋和 Java 等。

二、程序设计语言的处理

计算机能识别的符号只有"0"和"1",因此,在所有的程序设计语言中,除了用机器语言编写的程序能够被计算机直接理解和执行外,用其他程序设计语言编写的程序都必须经过一个翻译过程才能转换为计算机能识别的机器语言程序。实现这个翻译过程的工具是语言处理程序,即翻译程序,也称为编译器。

1.汇编程序

汇编程序是将汇编语言编写的程序(源程序)翻译成机器语言程序(目标程序)的工具。经过汇编程序翻译后的目标程序虽已是二进制代码,但它还不能直接执行,需要使用连接程序把目标程序与库文件或其他目标程序(如已经编写好的程序段)连接在一起,才能形成可以执行的程序(可执行程序),如图 5-1-2 所示。

图 5-1-2 汇编语言源程序的执行过程

2.翻译程序

翻译程序是将高级语言编写的源程序翻译成目标程序的工具。

翻译程序有两种工作方式,即解释方式和编译方式,相应的翻译工具也分别称为解释程序和编译程序。

(1)解释方式。解释方式的翻译工作由"解释程序"来完成。解释程序对源程序进行逐句分析,若没有错误,则将该语句翻译成一条或多条机器语言指令,然后立即执行这些指令;若发现错误,则会立即停止、报错并提醒用户更正代码。其工作过程如图 5-1-3 所示。

图 5-1-3 解释方式的工作过程

(2)编译方式。编译方式的翻译工作由"编译程序"来完成。这种方式如同"笔译",在纸上记录翻译后的结果。编译程序对整个源程序进行编译处理后,产生一个与源程序等价的目标程序,但目标程序还不能立即装入机器执行,因为还没有连接成一个整体。在目标程序中可能还要调用一些其他程序设计语言编写的程序和标准程序库中的标准子程序,所有这些程序通过连接程序组合成一个完整的可执行程序。其工作过程如图 5-1-4 所示。

图 5-1-4 编译方式的工作过程

三、算法

著名计算机科学家沃思提出一个公式:程序＝数据结构＋算法。其中,数据结构是对程序中数据的描述,主要是数据的类型和数据的组织形式;算法是对程序中操作的描述,即操作步骤。数据是操作的对象,操作的目的是对数据进行加工处理,以得到期望的结果。算法是灵魂,数据结构是加工对象。

算法是根据问题定义中的信息得来的,是对问题处理过程的进一步细化,但算法不是计算机可以直接执行的,只是编制程序代码前对处理思想的一种描述,因此算法是独立于计算机的,但其具体实现是在计算机上进行的。

1.算法的特性

一个算法应该具有以下特征。

(1)有穷性。一个算法必须保证执行有限步之后结束。在执行有限步后,计算必须终止,并得到解答。也就是说,一个算法的实现应该在有限的时间内完成。

(2)确切性。算法的每个步骤必须有确切的定义。算法中对每个步骤的解是唯一的。

(3)零个或多个输入。输入是指在执行算法时需要从外界取得的必要的信息。一个算法有零个或多个输入,以刻画运算对象的初始情况。

(4)一个或多个输出。输出是算法执行的结果。一个算法有一个或多个输出,以反映对输入数据加工后的结果。没有输出的算法是毫无意义的。

(5)有效性。算法的有效性(又称可行性)是指算法中待实现的运算,都是基本的运算,原则上可以由人们用纸和笔,在有限的时间里精确地运算完成。

2.算法的描述

算法的常用表示方法有以下 3 种。

(1)使用自然语言描述算法。所谓自然语言,是指人们日常生活中使用的语言,如汉语、英语或数学符号等。

(2)使用流程图描述算法。流程图又称框图,它是用各种几何图形、流程线及文字说明来描述计算过程的图形。用流程图描述算法具有直观、思路清晰、便于检查修改的优点。

(3)使用伪代码描述算法。伪代码是一种介于自然语言与程序设计语言之间的算法描述方法,其结构性较强,比较容易书写和理解,修改起来也相对方便。其特点是不拘泥于程序设计语言的语法结构,而着重以灵活的形式表现被描述对象。伪代码利用自然语言的功能和若干基本控制结构来描述算法。伪代码没有统一的标准,可以自己定义,也可以采用与程序设计语言类似的形式。

下面以求解 sum＝1＋2＋3＋…＋(n－1)＋n 为例,说明算法的 3 种描述方法。

第一种:使用自然语言描述求和的算法。

(1)确定一个 n 的值。

(2)累加和 sum 置初值 0。

(3)自然数 i 置初值 1。

(4)如果 i≤n,则重复执行。

i＋sum→sum

i＋1→i

(5)输出 sum 的值,算法结束。

从上面描述的求解过程中不难发现,用自然语言描述的算法通俗易懂,而且容易掌握,但算法的表达与计算机的具体高级语言形式差距较大。另外,使用自然语言描述算法的方法还存在一定的缺陷。例如,当算法中有多分支或循环操作时很难表述清楚;使用自然语言描述算法还很容易造成歧义,可能使他人对相同的一句话产生不同的理解。

第二种:使用流程图描述求和的算法。

使用流程图描述求和的算法,如图 5-1-5 所示。从图中可以比较清晰地看出求解问题的执行过程。流程图是用图形表示算法的,直观形象,易于理解。下面对流程图中的一些常用符号做一个解释,如表 5-1-1 所示。

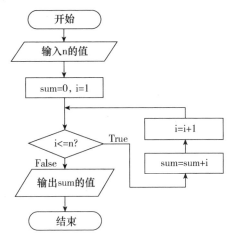

图 5-1-5 求和算法的流程图

表 5-1-1 流程图的符号表示

符 号	名 称	作 用
⬭	起止框	表示程序运行的开始和结束
▱	输入/输出框	表示程序运行过程中,从外部获取信息(输入),然后将处理过的信息输出
◇	判断框	表示程序运行过程中的分支结构。菱形框的 4 个顶点中,通常用上面的顶点表示入口,根据需要用其余的顶点表示出口
▭	处理框	表示程序运行过程中需要处理的内容。只有一个入口和一个出口
→	流程线	用于指示流程的方向
○	连接点	用于将画在不同地方的流程线连接起来
---- ⌐	注释框	对流程图中某些框的操作做必要的补充说明,可以帮助他人更好地理解流程图的作用。注释框不是流程图中的必要部分

💡 提醒

无论是使用自然语言还是使用流程图描述算法,仅仅是表述了设计者解决问题的一种思路,都无法被计算机直接接收并进行操作。

第三种:使用伪代码描述求和的算法。

具体内容如下。

输入 n 的值
置 sum 的初值为 0
置 i 的初值为 1
当 i＜＝n 时,重复执行下面的操作
使 sum ＝sum ＋ i
使 i＝i＋1
（循环体到此结束）
输出 sum 的值

伪代码是一种用来书写程序或描述算法时使用的非正式、透明的表述方法。它并不是一种程序设计语言,这种方法针对的是一台虚拟计算机。伪代码通常采用自然语言、数学符号等来描述算法的操作步骤,同时采用计算机高级语言（如 Python、C＋＋、Java 等）的控制结构来描述算法步骤的执行顺序。伪代码的书写格式比较自由,容易表达出设计者的思想,写出的算法很容易修改,但是用伪代码写的算法不如流程图直观。

自主实践活动

请设计一个算法,描述直角三角形面积的求解方法。

活动二　Python 程序设计基础

活动要求

Python 是一种面向对象的程序设计语言,具有清晰的结构、简洁的语法和强大的功能。它可以完成从文本处理到网络通信等各种工作。Python 自身提供了大量的模块来实现各种功能。除此之外,用户还可以使用 C/C＋＋来扩展 Python,甚至可以将 Python 代码嵌入其他程序设计语言编写的程序中。本活动将学习 Python 的基础语法和 Python 编程的基本方法。

活动分析

一、思考与讨论

（1）Python 开发环境如何搭建?
（2）Python 程序如何运行?
（3）作为一种程序设计语言,Python 具有哪些基本元素?
（4）在 Python 中如何定义变量?
（5）Python 提供了哪些基本的数据类型?

二、总体思路

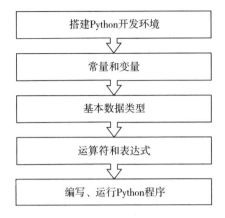

方法与步骤

Python编写及运行

一、搭建 Python 开发环境

Python 可以运行在多种操作系统上，本书是以 Windows 为平台来介绍 Python。Python 官方网站提供了 Windows 下的安装程序，通过运行安装程序可以非常方便地安装 Python。

1.下载 Python 安装包

在浏览器中打开 Python 官方网站（www.python.org），单击"Downloads"选项，单击"Python 3.8.3"按钮，如图 5-2-1 所示。在打开的对话框中选择保存位置，浏览器会自动下载安装包。

图 5-2-1　Python 安装包下载

提醒

目前，Python 有两个版本：Python 2.x 和 Python 3.x。这两个版本是不兼容的。由于 Python 2.x 不再更新维护，本书将以 Python 3.x 为基础进行讲解。

2.安装 Python

（1）打开 Python 3.8.3 所在目录，双击下载的文件。

（2）在打开的对话框中勾选"Add Python 3.8 to PATH"，然后单击"Customize installation"选项，如图 5-2-2 所示。

（3）保持默认设置不变，单击"Next"按钮，如图 5-2-3 所示。

图 5-2-2　安装 Python

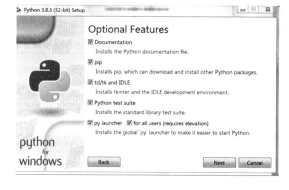
图 5-2-3　单击"Next"按钮

（4）单击"Browse"按钮，自定义安装路径；单击"Install"按钮，安装程序开始自动安装，如图 5-2-4 所示。

（5）安装成功后，会出现如图 5-2-5 所示的界面。

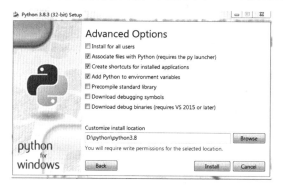
图 5-2-4　自定义安装路径

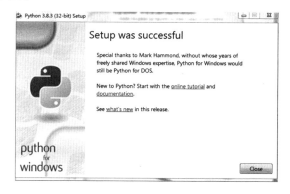
图 5-2-5　安装成功

3.运行 Python

（1）Python 交互模式。

在"开始"菜单的搜索框中输入"cmd"，单击 cmd.exe 选项，在打开的命令提示符窗口中输入"python"，并按 Enter 键。若 Python 安装成功，则窗口中将显示 Python 版本信息，如图 5-2-6 所示。Python 版本信息的结尾有符号">>>"。">>>"称为 Python 命令提示符，表示 Python 在等待用户输入代码。如果现在输入一行 Python 代码，Python 就会执行该代码。这种模式称为 Python 交互模式。

图 5-2-6　Python 版本信息

如果安装过程中出现 Setup failed,请按以下方法解决。

解决方法 1:在"开始"菜单的搜索框中输入"windows update",下载安装 Windows 7 Service Pack 1。

解决方法 2:单击 Setup failed 界面中的 log file 选项,查看系统中缺失的文件,然后在微软公司官网中搜索该文件并下载安装。

(2)通过 IDLE 运行 Python。

IDLE 是一个基本的 Python 集成开发环境,不仅具有基本的文本编辑功能,还具有语法加亮、代码自动完成、段落缩进、Tab 键控制及程序调试等功能。

要运行 IDLE,可以选择"开始"→"所有程序"→"Python 3.8"→"IDLE(Python 3.6 32-bit)"命令,此时系统会打开如图 5-2-7 所示的 IDLE 运行窗口。进入该窗口后,可以在">>>"后面直接输入和运行语句,也可以创建新的 Python 源文件或打开已有的 Python 源文件。

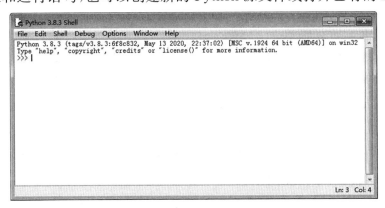

图 5-2-7 IDLE 运行窗口

二、常量和变量

常量和变量是程序设计语言的最基本元素,它们是构成表达式和编写程序的基础。下面将介绍 Python 的常量和变量。

1.常量

常量是内存中用于保存固定值的单元,在程序中常量的值不能发生改变。例如,123、"Py"、True 等都是常量。Python 中并没有命名的常量,通常用一个不改变值的变量来表示常量。例如,可以用 PI=3.14 来定义圆周率。

2.变量

变量是内存中命名的存储位置。与常量不同的是,变量的值可以动态变化。变量名属于标识符。Python 的标识符命名规则如下。

(1)标识符的第一个字符必须是字母或下划线(_)。

(2)标识符的第一个字符后面可以由字母、下划线或数字(0~9)组成。

(3)标识符是区分大小写的。也就是说,Score 和 score 是不同的。

例如,_score、Number 和 number123 是有效的变量名,而 123number(以数字开头)和 my score(变量名中包含空格)是无效的变量名。

Python 的关键字是系统自带的、具有特定含义的标识符，不能用作变量名。常用的 Python 关键字有 and、elif、global、or、else、pass、break、continue、import、class、return、for、while 等。

Python 的变量不需要声明，可以直接使用赋值运算符对其进行赋值操作，根据所赋的值来决定其数据类型。

三、基本数据类型

Python 提供的基本数据类型包括数值类型、字符串类型、布尔类型和空值等。

1.数值类型

数值类型用于存储数值，数值类型数据可以参与算术运算。数值类型包括整型、浮点型和复数型。

（1）整型数据（int）。整型数据即整数，没有小数部分，但可以有正负号。在 Python 3.x 中，整型数据的值在计算机内的表示不是固定长度的，在内存容量允许的前提下，整型数据的取值范围几乎涵盖了所有整数。

在 Python 中，整数常量可以用十进制、二进制、八进制和十六进制表示。

十进制整数的表示形式与数学中相同，如 125、-326、0、2020 等。

二进制整数用 0b 或 0B 作为前缀，只有 0 和 1 两个数码，如 0B1011、0B1110001 等。

八进制整数用 0o 或 0O 作为前缀，共有 8 个数码，即 0~7，如 0o457、0o767 等。

十六进制整数用 0x 或 0X 作为前缀，共有 16 个数码，即数字 0~9 和小写字母 a~f 或大写字母 A~F，如 0xcacd、0x5afebcd 等。

（2）浮点型数据（float）。浮点数表示一个实数。对于浮点数，Python 3.x 默认提供 17 位有效数字的精度。浮点数有两种表示形式，即十进制小数形式和指数形式。

十进制小数形式由数字和小数点组成，如1.57、0.0、195.0 等。此外，十进制小数形式允许小数点后面没有任何数字，这表示小数部分为 0。例如，"123."表示 123.0。

指数形式是用科学计数法表示浮点数，用字母 e 或 E 表示以 10 为底数的指数。字母 e 之前为数字部分，可以带有小数部分，之后为指数部分，必须为整数，数字部分和指数部分必须同时出现。例如，7.6e132 表示 7.6×10^{132}，2.49e-9 表示2.49×10^{-9}。

（3）复数型数据（complex）。复数是 Python 内置的数据类型。复数的表示形式为 $a + bj$。其中，a 为复数的实部；b 为复数的虚部；j 表示虚数单位（表示-1 的平方根），字母 j 也可以写成大写形式 J。在 Python 中，可以使用 real 和 imag 属性来获取一个复数的实部和虚部。

【例 5-2-1】输出各种数值类型常量。

算法分析：在 Python 中，可以使用内置函数 type(obj)来检查 obj 参数的数据类型；对于整数、浮点数和复数，该函数的返回值分别为"＜class'int'＞"、"＜class'float'＞"和"＜class'complex'＞"。

程序代码：

```
#十进制整数
print(12345689)
#二进制整数
print(0b110111010101011)
#八进制整数
print(0o126731777)
#十六进制整数
print(0x123456789abcdef)
#查看整数的数据类型
print(type(153))
#十进制小数形式的浮点数
print(153.456)
#指数形式的浮点数
print(2.2e10)
#查看浮点数的数据类型
print(type(1.53))
#复数
print(3+4j)
#查看复数的实部
print((3+4j).real)
#查看复数的虚部
print((3+4j).imag)
#查看复数的数据类型
print(type(5+6j))
```

程序运行结果：

```
12345689
28331
22787071
81985529216486895
<class 'int'>
153.456
22000000000.0
<class 'float'>
(3+4j)
3.0
4.0
<class 'complex'>
```

2.字符串类型

字符串是使用单引号、双引号或三引号（3 个单引号或 3 个双引号）括起来的任意文本，如""、'Python'、'He said,"hello!"'、"中国梦""等。其中，""表示空字符串。使用单引号或双引号括起来的字符串只能是单行的，如果字符串是多行的，则需要使用三引号括起来。

在 Python 中，字符串是不可变对象，即字符串中的字符不能被改变。当修改字符串时，系统将生成一个新的字符串对象。

转义字符是一些特殊字符，它们以反斜线（\）开头，后面跟一个或多个字符。转义字符具有特定的含义，不同于字符本来的含义。常用的转义字符如表 5-2-1 所示。

表 5-2-1 常用的转义字符

转义字符	描　　述	转义字符	描　　述
\O	空字符	\n	换行符（LF）
\\	反斜线（\）	\t	水平制表符（Tab）
\'	单引号（'）	\v	垂直制表符（VT）
\"	双引号（"）	\r	按 Enter 键（CR）
\a	响铃	\ooo	八进制数 ooo 表示的字符
\b	退格（Backspace）	\xhh	十六进制数 hh 表示的字符

如果不想让转义字符生效，可使用 r 或 R 来定义原始字符串，以显示字符串原来的意思。例如，用 print()函数输出"r"\t\n""时将得到"\t\n"。

【例 5-2-2】在字符串中使用转义字符。

算法分析：利用 print()函数输出多个字符串时，可以用 sep 参数指定不同输出项之间的分隔符，该参数的默认值为空格。若要将数据显示在不同的行，可将 sep 参数设置为转义字符"\n"；若要以水平制表符来分隔各输出项，可将 sep 参数设置为转义字符"\t"。

程序代码：

```
#在字符串中使用转义字符\n 和\t
print("编程语言排行榜:\nPython\tC\tJava \tC++")
#使用单引号定义字符串
s1='Python 程序设计'
#检查字符串的数据类型
print(type(s1))
#在字符串中使用双引号
print("\"class\"是 Python 中的关键字。")
#使用三引号定义字符串
s2="""
白日依山尽，黄河入海流。
欲穷千里目，更上一层楼。
"""
print(s2)
```

程序运行结果：

> 编程语言排行榜：
> Python C Java C++
> <class 'str'>
> "class"是 Python 中的关键字。
> 白日依山尽，黄河入海流。
> 欲穷千里目，更上一层楼。

3.布尔类型

布尔类型数据(bool)常用于描述逻辑判断的结果。布尔类型数据只有两个值，即逻辑真和逻辑假，分别用 True 和 False 表示。将其他类型的数据转换为布尔值时，数值0(包括整数0 和浮点数 0.0)、空字符串、空值(None)及空集合均被视为 False，其他值均被视为 True。

4.空值

在 Python 中，空值是一个特殊值，用 None 表示。

> **提醒**
>
> 除整数类型、浮点数类型等基本的数据类型外，Python 还提供了列表、元组、字典、集合等组合数据类型。组合数据类型能将不同类型的数据组织在一起，实现更复杂的数据表示或数据处理功能。

四、运算符和表达式

运算符用于指定对数据进行何种运算。Python 提供了丰富的运算符，按照功能可分为算术运算符、赋值运算符、关系运算符和逻辑运算符等；按照操作数的数目，可分为单目运算符、双目运算符和三目运算符。

表达式是由运算符和圆括号将常量、变量和函数等按一定规则组合在一起的式子。通过运算符对表达式中的值进行若干次运算，最终得到表达式的返回值。根据运算符的不同，Python 有算术表达式、关系表达式、逻辑表达式等。

1.算术运算符

算术运算符可以用于对操作数进行算术运算，其运算结果是数值类型。Python 的算术运算符如表 5-2-2 所示。

表 5-2-2　算术运算符

运算符	描　　述	示　　例
+	加法运算或正号	3+3 返回 6，+2 返回 2
−	减法运算或负号	4−2 返回 2，−2 返回−2
*	乘法运算	2*3 返回 6
/	除法运算	18/3 返回 6
//	整除运算，返回商	17//3 返回 5
%	整除运算，返回余数	17%3 返回 2
**	求幂运算	4**返回 16

2.关系运算符

关系运算符又称比较运算符，用于比较两个操作数的大小，其运算结果是一个布尔值。关系运算符的操作数可以是数字，也可以是字符串。若操作数是字符串，则系统会从左向右逐个比较每个字符的 Unicode 码，直到出现不同的字符或字符串为止。Python 的关系运算符如表 5-2-3 所示。

表 5-2-3　关系运算符

运算符	描　述	示　例
＝＝	等于	2＝＝3 返回 False，"ab"＝＝"AB"返回 False
＜	小于	2＜5 返回 True，"this"＜"This"返回 False
＞	大于	3＞2 返回 True，"book"＞"bool"返回 False
＜＝	小于或等于	3＜＝6 返回 True
＞＝	大于或等于	4＞＝4 返回 True
！＝	不等于	3！＝5 返回 True

3.赋值运算符

赋值运算符主要用来为变量赋值。使用时，可以直接把基本赋值运算符"＝"右边的值赋给左边的变量，也可以进行某些运算后再赋值给左边的变量。在 Python 中，常用的赋值运算符如表 5-2-4 所示。

表 5-2-4　常用的赋值运算符

运算符	描　述	示　例	结　果
＝	简单的赋值运算	x＝y	x＝y
＋＝	加赋值	x＋＝y	x＝x＋y
－＝	减赋值	x－＝y	x＝x－y
＊＊＝	幂赋值	x＊＊＝y	x＝x＊＊y
//＝	取整除赋值	x//＝y	x＝x//y

> 💡 **提醒**
>
> 混淆＝和＝＝是程序设计中常见的错误之一。很多程序设计语言（不只是 Python）都使用了这两个符号，而且很多程序员经常会用错这两个符号。

4.逻辑运算符

逻辑运算符用于布尔值的运算，包括逻辑与、逻辑或和逻辑非。其中，逻辑与和逻辑或是双目运算符，逻辑非是单目运算符。Python 的逻辑运算符如表 5-2-5 所示。

表 5-2-5　逻辑运算符

运算符	描　述	示　例
and	逻辑与	True and True 返回 True True and False 返回 False False and True 返回 False False and False 返回 False
or	逻辑或	True or True 返回 True True or False 返回 True False or True 返回 True False or False 返回 False
not	逻辑非	not True 返回 False not False 返回 True

【例 5-2-3】各种基本运算符的应用。

算法分析：使用各种基本运算符时，需要注意操作数和运算结果的数据类型。算术运算的操作数和结果都是数值类型；关系运算的操作数可以是数值或字符串，运算结果则是布尔类型；逻辑运算的操作数和结果都是布尔类型。

程序代码：

```
#创建变量
x＝5
y＝3
#算术运算
print("x＝",x,",y＝",y,sep="")
print("x＋y＝",x＋y,sep="")
print("x－y＝",x－y,sep="")
print("x * y＝",x * y,sep="")
print("x/y＝",x/y,sep="")
print("x//y＝",x//y,sep="")
print("x%y＝",x%y,sep="")
print("x * * y＝",x * * y,sep="")
#关系运算
print("x＝＝y 返回",x＝＝y,sep="")
print("x＞y 返回",x＞y,sep="")
print("x＞＝y 返回",x＞＝y,sep="")
print("x＜y 返回",x＜y,sep="")
print("x＜＝y 返回",x＜＝y,sep="")
print("x!＝y 返回",x!＝y,sep="")
#逻辑运算
print("x＞y and y＜2 返回",x＞y and y＜2,sep="")
print("x＞y or y＜2 返回",x＞y or y＜2,sep="")
print("not(x＞y)返回",not(x＞y),sep="")
```

程序运行结果：

```
x=5,y=3
x+y=8
x-y=2
x * y=15
x/y=1.6666666666666667
x//y=1
x%y=2
x * * y=125
x==y 返回 False
x>y 返回 True
x>=y 返回 True
x<y 返回 False
x<=y 返回 False
x!=y 返回 True
x>y and y<2 返回 False
x>y or y<2 返回 True
not(x>y)返回 False
```

💡 提醒

Python 还提供了位运算符、成员运算符和身份运算符等运算符。

5.运算符的优先级

所谓运算符的优先级，是指在运算中哪一个运算符先计算，哪一个后计算，与数学中四则运算遵循的"先乘除，后加减"是一个道理。

在 Python 中，优先级高的运算符先执行，优先级低的运算符后执行，同一优先级的运算符按照从左到右的顺序执行。用户也可以像四则运算那样使用括号来改变运算次序，括号内的运算符最先执行。表 5-2-6 所示的为运算符的优先级。同一行中的运算符具有相同的优先级，它们的结合方向决定求值顺序。

表 5-2-6　运算符的优先级

运算符	描　述	优先级
* *	幂	高
~、+、-	取反、正号和负号	↓
* 、/、%、//	算术运算符	
+、-	算术运算符	
<、<=、>、>=、!=、==	比较运算符	低

五、编写、运行 Python 程序

1.一分钟创建一个绘画程序

turtle 模块是 Python 中一个用于绘制图形的函数库,它像一个小乌龟,在一个横轴为 x、纵轴为 y 的坐标系中,从(0,0)位置开始,通过一组函数的控制,在平面坐标系中移动,从而在其爬行的路径上绘制出图形。它是 Python 自带的、无需再次安装。

下面利用 turtle 模块绘制一朵太阳花。

算法分析:在 Python 中,turtle.color 可以控制画笔颜色和图形的填充颜色,turtle.forward 可以控制画笔沿当前方向移动的距离,turtle.left 可以控制画笔沿逆时针方向旋转一定的角度。

程序代码:

```
import turtle    ♯导入模块
♯画线颜色为红色,填充颜色为黄色
turtle.color("red", "yellow")
turtle.speed(10)        ♯画线的速度
turtle.begin_fill()
for i in range(50):    ♯画 50 次
turtle.forward(200)    ♯前进 200 像素
turtle.left(170)        ♯左转 170°
turtle.end_fill()
turtle.done()    ♯绘制结束后,使窗口不消失
```

程序运行结果如图 5-2-8 所示。

图 5-2-8　绘图效果

2.判断闰年

用户输入年份,如果为闰年,则输出 True;如果不是,则输出 False。判断闰年的规则如下:

(1)能被 4 整除且不能被 100 整除的为闰年,如 2004 年是,1900 年不是。

(2)能被 400 整除的是闰年,如 2000 年是,1900 年不是。

算法分析:判断规则中,(1)、(2)是"或"的关系,只要一条成立就是闰年。(1)中实际有两个条件,"能被 4 整除"和"不能被 100 整除",它们是"与"的关系。一个数能否被另一个数整除,可通过余数是否为 0 来判断。因此,判断闰年的逻辑表达式为

　　(year%4==0 and year%100!=0) or (year%400==0)　　♯year 表示年份

程序代码：

```
    ♯输入的是字符串
    stryear＝input("请输入年份：")
    year＝int(stryear)    ♯字符串转换为整数
    result＝(year％4＝＝0 and year％100！＝0) or (year％400＝＝0)    ♯计算
逻辑表达式
    print("闰年判断结果是：",result)
```

程序运行结果：

```
    >>>
    请输入年份：1990
    闰年判断结果是：False
    >>>
    请输入年份：1996
    闰年判断结果是：True
    >>>
    请输入年份：2000
    闰年判断结果是：True
```

知识链接

一、输入/输出函数

通过输入函数，Python 程序在执行过程中可接收用户输入的数据；通过输出函数，Python 可以将程序处理结果显示出来。

1.input 函数

input 函数将用户输入的内容以字符串形式返回。其语法如下。

```
<变量>＝input([<提示>])
```

说明：<提示>显示在屏幕上，提示用户输入什么数据，可以没有，即圆括号内为空白。

如果想要获取数字，可以使用 int、float 等函数将字符串转换为数字。例如：

```
a＝int(input("请输入整数"))        ♯a 是整数
b＝float(input("请输入实数"))       ♯b 是实数
print(a,b)
```

程序运行结果：

```
请输入整数 2015
请输入实数 20.15
2015 20.15
```

2.print 函数

print 函数可以输出 Python 中所有数据类型的值，而不需要事先指定要输出的数据类型。其语法如下。

print(＜输出项列表＞,sep＝＜分隔符＞,end＝＜结束符＞)

说明:＜输出项列表＞表示可以输出多项内容,各项内容之间用逗号隔开。例如:

print("Sun","Mon","Tue","Wed","Thi","Fri","Sat",sep=',',end=';')

print(1,2,3,4)

程序运行结果:

Sun,Mon,Tue,Wed,Thi,Fri,Sat;1 2 3 4

二、流程控制结构

在 Python 中有 3 种流程控制结构:顺序结构、选择结构和循环结构。

顺序结构是指程序从上向下依次执行每条语句的结构,中间没有任何的判断和跳转。

选择结构是指根据条件判断的结果来选择执行不同代码的结构。Python 提供了 if 语句来实现选择结构。

循环结构是指根据条件来重复地执行某段代码或遍历集合中元素的结构。Python 提供了 while 语句、for 语句来实现循环结构。

1.if 语句

if 语句共有 3 种不同的形式,分别是单分支结构、双分支结构和多分支结构。

(1)使用简单的 if 语句实现单分支结构,语法如下。

if 表达式:

　　语句块

说明:

①if 是 Python 关键字。

②表达式是布尔类型的,其结果为 True 或 False。

③表达式与 if 关键字之间要以空格分隔开。

④表达式后面要使用冒号(:)来表示满足此条件后要执行的语句块。

⑤语句块与 if 语句之间使用缩进来区分层级关系。

单分支 if 语句的流程图如图 5-2-9 所示。

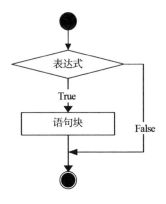

图 5-2-9　单分支 if 语句的流程图

【例 5-2-4】判断输入的是不是符合要求的数。

算法分析:使用 if 语句判断用户输入的数是不是除以三余二,除以五余三,除以七余二的数,这 3 个条件之间是"与"的关系。

程序代码:

```
print("今有物不知其数,三三数之剩二,五五数之剩三,七七数之剩二,问几何? \n")
number＝int(input("请输入您认为符合条件的数:"))        ＃输入一个数
if number % 3 == 2 and number % 5 == 3 and number % 7 == 2:     ＃判断是否符合
条件
    print(number,"符合条件:三三数之剩二,五五数之剩三,七七数之剩二")
```

运行程序,当输入 23 时,结果如图 5-2-10 所示;当输入 17 时,结果如图 5-2-11 所示。

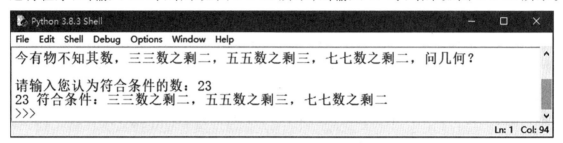

图 5-2-10　输入的是符合条件的数

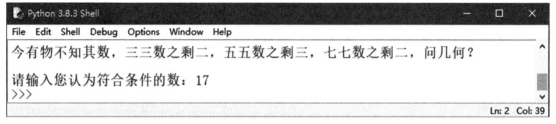

图 5-2-11　输入的不是符合条件的数

(2)使用 if_else 语句实现双分支结构,语法如下。

if 表达式:

　　语句块 1

else:

　　语句块 2

说明:

①当表达式为真时,执行语句块 1;当表达式为假时,执行语句块 2。

②else 子句不能单独使用,它必须是 if 语句的一部分,与同层级最近的 if 配对使用。

if_else 语句的流程图如图 5-2-12 所示。

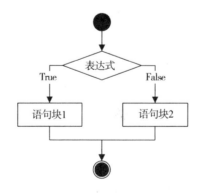

图 5-2-12　if_else 语句的流程图

（3）使用 if.elif.else 语句实现多分支结构，语法如下。

```
if 表达式1：
    语句块1
elif 表达式2：
    语句块2
elif 表达式3：
    语句块3
.
else：
    语句块 n
```

说明：

else 子句可以没有，但最多只能有一个。

if.elif.else 语句的流程图如图 5-2-13 所示。

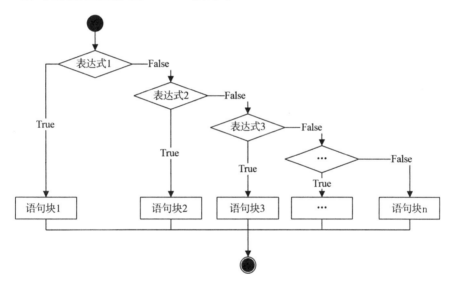

图 5-2-13 if.elif.else 语句的流程图

【例 5-2-5】输出玫瑰花语。

算法分析：使用 if.elif.else 语句可以实现根据用户输入的玫瑰花的朵数，输出其代表的含义。

程序代码：

```
print("在古希腊神话中，玫瑰集爱情与美丽于一身，所以人们常用玫瑰来表达爱情。")
print("但是不同朵数的玫瑰花代表的含义是不同的。\n")
#获取用户输入的朵数，并转换为整型
number＝int(input("输入您想送几朵玫瑰花，小默会告诉您含义："))
#判断输入的数是否为1,代表1朵
if number == 1：
    #如果等于1,则输出提示信息
```

```
        print("1 朵:你是我的唯一!")
    elif number == 3:            #判断是否为 3 朵
        print("3 朵:I Love You!")
    elif number == 10:           #判断是否为 10 朵
        print("10 朵:十全十美!")
    elif number == 99:           #判断是否为 99 朵
        print("99 朵:天长地久!")
    elif number == 108:          #判断是否为 108 朵
        print("108 朵:求婚!")
    else:
        print("小默也不知道了! 可以考虑送 1 朵、3 朵、10 朵、99 朵或 108 朵呦!")
```

说明:第 4 行代码中的 int()函数用于将用户的输入强制转换成整型。

运行程序,输入一个数值,并按 Enter 键,即可显示相应的提示信息,效果如图 5-2-14 所示。

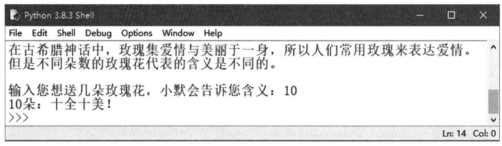

图 5-2-14　if_elif_else 语句的使用

2. while 语句

while 语句通过一个条件来控制是否要继续执行循环体中的语句。其语法如下。

while 循环条件:

　　循环体

说明:

(1)关键字 while 后的内容是循环条件,它是一个布尔表达式,其值为真或假。

(2)循环体是指一组被重复执行的语句。

while 语句的流程图如图 5-2-15 所示。

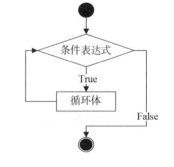

【例 5-2-6】国际象棋棋盘由 64 个黑白相间的格子组成。假如在第 1 个格子里放 1 颗棋子,在第 2 个格子里放 2 颗棋子,在第 3 个格子里放 4 颗棋子,以后每个格子里放的棋子数都比前一个格子增加一倍,请问在第 64 个格子里放的棋子数是多少? 这样摆满棋盘上的 64 个格子一共需要多少颗棋子?

图 5-2-15　while 语句的流程图

算法分析:棋盘格子序号用变量 i 表示,i 的取值范围为 0～63,0 表示第 1 个格子,1 表示第 2 个格子,以此类推;序号为 i 的格子里放的棋子数为 $n = 2**i$;棋子总数用变量 sum 表示。摆满棋盘时,所有格子里的棋子总数可以使用 while 语句进行计算。循环条件为 i≤

63,在循环体中将每个格子里的棋子数累加起来并存入变量 sum,然后使变量 i 增加 1。待循环正常结束后,用 print 函数输出结果即可。

程序代码:

```
i,n,sum=0,1,0
while i<=63:
    n=2**i
    sum+=n
    i+=1
print("第 64 个格子里放的棋子数为{0}。".format(n))
print("摆满棋盘时,所有格子里的棋子总数为{0}。".format(sum))
```

程序运行结果:

第 64 个格子里放的棋子数为 9223372036854775808。

摆满棋盘时,所有格子里的棋子总数为 18446744073709551615。

说明:第 7 行代码用到了 str.format 函数。str.format 函数用于实现字符串的格式化,它使用花括号"{}"包围待替换的字符串,而未被花括号包围的字符会原封不动地出现在结果中。例如:

```
"{0} {1}".format("hello", "world")
```

运行结果如下。

```
'hello world'
```

3.for 语句

for 语句用来遍历数据集合或迭代器中的元素。其语法如下。

for 循环变量 in 序列表达式:
    循环体

说明:

(1)循环变量和序列表达式之间使用关键字 in 连接。

(2)执行 for 语句时,序列表达式中的元素会依次赋值给循环变量。

(3)在循环体中操作循环变量,实现遍历序列表达式的目的。

for 语句的流程图如图 5-2-16 所示。

【例 5-2-7】从键盘输入一个自然数,判断它是不是素数。

算法分析:根据数学知识可以知道,素数是一个大于 1 的自然数,其特点是除了 1 和它自身之外不能被其他自然数整除。要判断一个自然数 n 是不是素数,可以使用 $2,4,\cdots,\sqrt{n}$ 去除它,如果都不能整除,则 n 为素数。对于输入的自然数 n,可以使用 range 函数生成整数序列 $2,4,\cdots,\sqrt{n}+1$,并通过 for 语句遍历这些整数,依次判断每个数能否整除 n。如果 n 不等于 1 且能被序列中的某个整数整除,则 n 不是素数。

程序代码:

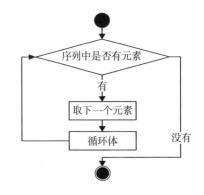

图 5-2-16 for 语句的流程图

```
n＝int(input("请输入一个自然数："))
isPrimeNumber＝True                                    ＃设置素数标识
m＝int(n * * 0.5)
for i in range(2,m+1)：
    if n％i＝＝0：                                      ＃若当前整数能整除输入的数
        isPrimeNumber＝False                           ＃修改素数标识
    else：
        ＃循环结束时重新设置素数标识
        isPrimeNumber＝isPrimeNumber and n!＝1
print("{0}{1}素数".format(n,"是"if isPrimeNumber else"不是"))
```

程序运行结果：

请输入一个自然数：100

100 不是素数。

再次运行程序的结果：

请输入一个自然数：101

101 是素数。

自主实践活动

请使用 Python 编程,绘制一个五角星。

项目考核

一、填空题

(1)按变量名的定义规则,(　　　)是不合法的变量名。

A.def   B.Mark_2   C.tempVal   D.Cmd

(2)表达式"123"＋"100"的值是(　　　)。

A.223   B.'123＋100'   C.'123100'   D.123100

(3)(　　　)是正确的赋值语句。

A.x＋y＝20   B.x＝y＝50

C.y＝2x   D.20＝x＋y

(4)(　　　)是不正确的赋值语句。

A.x＝y   B.x＝20

C.x,y＝10,20   D.x＝10,y＝20

(5)判断两个对象是否为同一个对象使用的运算符是(　　　)。

A.＝＝   B.is   C.in   D.＝

(6)表示"身高 H 超过 1.7 米且体重 W 小于 62.5 公斤"的逻辑表达式为( )。

A.H＞＝1.7 and W＜＝62.5　　　　　B.H＜＝1.7 or W＞＝62.5

C.H＞1.7 and W＜62.5　　　　　　　D.H＞1.7 or W＜62.5

(7)下列选项中,不属于 Python 循环结构的是( )。

A.for 循环　　　　　　　　　　　　B.while 循环

C.do_while 循环　　　　　　　　　　D.嵌套的 while 循环

(8)以下代码段,运行结果正确的是( )。

```
x=2
y=2.0
if x==y:print("Equal")
else:print("Not Equal")
```

A.Equal　　　　　　　　　　　　　　B.Not Equal

C.运行异常　　　　　　　　　　　　D.以上结果都不对

(9)以下代码段,运行结果正确的是( )。

```
x=2
if x：print(True)
else:print(False)
```

A.True　　　　　　　　　　　　　　B.False

C.运行异常　　　　　　　　　　　　D.以上结果都不对

(10)以下代码段,运行结果正确的是( )。

```
a=17
b=6
result=a%b
print(result)
```

A.0　　　　　　　　B.1　　　　　　　　C.2　　　　　　　　D.5

(11)以下代码段,运行结果正确的是( )。

```
i=3
j=0
k=3.2
if i<k：
  if i==j：
    print(i)
  else:
    print(j)
else:
  print(k)
```

A.3　　　　　　　　B.0　　　　　　　　C.3.2　　　　　　　　D.以上结果都不对

二、简答题

(1)简述 Python 的标识符命名规则。

(2)简述 while 循环和 for 循环的执行过程。

三、编程题

(1)编写程序,求 3 个数中的最大数。

(2)输入一个整数,判断这个数是正数、负数还是 0。

(3)录入一个学生的成绩,把该学生的成绩转换成"A:优秀、B:良好、C:合格、D:不及格"的形式,最后将该学生的成绩打印出来。

6 项目六 数字媒体技术应用

情境描述

在制作多媒体作品之前,首先应该分析和理解作品所要表达的思想内容及想要宣传的目标主题,然后再设计、创作。在制作过程中,首先收集相关的信息素材,如文字、声音、图像、视频等;然后对各种原始素材进行整理及加工,使之符合作品表现要求;最后使用相应的计算机多媒体编辑软件,将信息素材编辑合成并发布展示。通过本项目的学习,读者能初步学会应用多媒体技术获取、处理及表达信息。

活动一 感知多媒体

活动要求

某网站正在举办微视频制作大赛,规定作品主题为萌宝成长记录。学生小燕是一名计算机爱好者,她决定参加这次大赛并希望取得好的成绩。小燕在报名之前要做以下准备工作:确定作品主题为"萌宝成长记";设计微视频的结构与内容;熟悉多媒体的相关知识。

活动分析

一、思考与讨论

(1)主题鲜明的计算机多媒体作品更能让受众产生共鸣并深受启发。请讨论本影视短片所要表达的主题内容。

(2)多媒体信息要比单纯的文字信息更加生动直观,但必须经过精心设计后才可运用,不能生搬硬套,没有精心设计过的作品不可能较好地表达出主题思想。除了文字以外,你还准备了什么素材?

(3)图像与声音都是多媒体作品的重要元素,可以从哪些途径获取这些信息?怎样获取与作品主题相关的图像和声音等多媒体信息?

二、总体思路

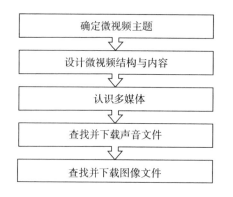

熟悉多媒体

方法与步骤

一、确定微视频主题

孩子是每个父母的掌上明珠，为了记录宝宝成长的每一个瞬间，父母都会给宝宝拍摄照片，也会写下一些宝宝专属日记，陪伴宝宝快乐成长。

本影视短片主要记录宝宝的一些成长变化，让父母能够体会与宝宝共处的亲子乐趣，帮助宝宝健康成长。制作好微视频后，可以将视频发送到互联网上，让家里其他人也能够看到宝宝的成长变化，从而增进宝宝与家人之间的感情。

> **提醒**
>
> 通过网络或书籍等渠道，收集制作"多媒体视频"的相关资料，进一步了解微视频的制作技巧。

二、设计微视频结构与内容

（1）影片由片头文字、片尾文字及分别代表不同成长期的多张图片构成。

（2）片头文字用飞入方式展示，内容为"萌宝成长记"。

（3）片尾文字用向上滚动方式展示，内容由3行文字组成，依次为"影片策划：×××""影片制作：×××"和" 年 月 日"。

（4）用8张具有代表性的萌宝图片反映宝宝的成长，且每张图片之间应有不同的过渡效果。

（5）影片要能表现儿童天真、活泼、可爱的特点。

（6）影片的总时长控制在3～5分钟。

（7）影片的主色调为红黄两色。

三、认识多媒体

1.多媒体技术和多媒体系统

多媒体的英文单词是 multimedia，它由 multi 和 media 两部分组成，是多种媒体的综合。

多媒体中包含有多媒体技术和多媒体系统两部分。

（1）多媒体技术是一种把文本、图形、图像、动画和声音等多种信息类型综合在一起，并通过计算机进行处理和控制，能支持一系列交互式操作的信息技术。

（2）多媒体系统把多种技术综合应用到一个计算机系统中，实现信息输入、处理和输出等多种功能。一个完整的多媒体系统由多媒体硬件和多媒体软件两部分构成。

2.多媒体软件

多媒体软件可分为三大类，如表 6-1-1 所示。

表 6-1-1　多媒体软件分类

多媒体软件类别		多媒体软件名称
多媒体播放软件		Windows Media Player、暴风影音、千千静听
多媒体素材制作软件	文字编辑与录入软件	Microsoft Word、UltraEdit、记事本
	图形和图像编辑与处理软件	ACDSee、Adobe Photoshop、美图秀秀、光影魔术手
	音频编辑与处理软件	Adobe Audition、GoldWave、Wave Edit
	视频编辑与合成软件	Adobe After Effects、Windows Movie Maker、Adobe Premiere
	动画制作软件	3ds Max、Maya、Flash
多媒体合成软件		Authorware、Director、Flash、PowerPoint

四、查找并下载声音文件

（1）打开 IE 浏览器，登录百度网站，进入百度音乐搜索页面。

（2）以"儿童音乐"为关键词，搜索相关音乐。

（3）在符合关键词要求的歌曲列表中，下载需要的声音文件并保存到"我的音乐"文件夹中，重命名为"儿童音乐"。

五、查找并下载图片文件

（1）打开 IE 浏览器，登录百度网站，进入百度图片搜索页面。

（2）以"婴幼儿"为关键词，搜索相关图片，如图 6-1-1 所示。

图 6-1-1　图片页面

（3）在与关键词相关的图片页面中查找需要的图片。

（4）根据网页上给出的图片相关信息选择适当的图片并右击，在打开的快捷菜单中选择"图片另存为"命令保存图片，如图 6-1-2 所示。

（5）使用相同的方法，查找并下载另外 7 张图片，并保存在"图片库"中，如图 6-1-3 所示。

图 6-1-2　保存图片文件

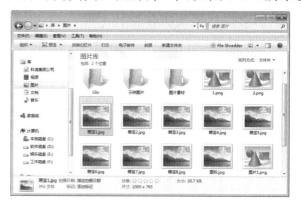

图 6-1-3　图片库

知识链接

一、获取多媒体素材

处理多媒体文件时，对于不同的多媒体素材，获取文件的方式也不相同。多媒体素材的获取途径和常用软件如表 6-1-2 所示。

表 6-1-2　多媒体素材的获取途径和常用软件

素材类型	获取途径	常用软件
文字素材	使用已有的文字素材	Microsoft Word、汉王
	录入待编辑的文字素材	
	用 OCR 文字识别技术将扫描图像文字转换为文本文字	
	从网络上下载文字素材	
图像素材	利用数码相机拍摄图像素材	Google、百度、ACDSee、Adobe Photoshop、Snagit、美图秀秀、光影魔术手
	利用扫描仪扫描获取图像素材	
	利用屏幕抓图软件捕获图像素材	
	从光盘图库中选取图像素材	
	从网络上下载图像素材	
视频素材	抓取影碟光盘中的视频素材	Adobe Premiere、Adobe After Effects、Windows Movie Maker、3ds Max、Maya、Flash
	利用采集卡捕捉录像机中的视频素材	
	使用视频编辑软件生成视频素材	
	使用动画制作软件生成视频素材	
	从网络上下载视频素材	
音频素材	利用声卡采集音频素材	Adobe Audition、GoldWave、录音机
	从光盘声音资源库中选取音频素材	
	从网络上下载音频素材	

二、编辑数码照片

为了让数码照片更加漂亮、美观，需要使用 ACDSee 软件对数码照片进行编辑和美化操作。

（1）打开 ACDSee 软件，进入"相片管理器"的浏览窗口，如图 6-1-4 所示。窗口分左右两大区域，左边是文件夹区域，右边是视图区域。

（2）双击文件夹区域中的某个图片，进入"相片管理器"的查看窗口，可使用"上一个""下一个"或"自动播放"按钮对单个图像进行全屏观察，如图 6-1-5 所示。单击"查看"按钮可以直接返回浏览窗口，单击"编辑"按钮可以直接进入编辑窗口。

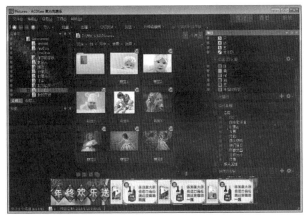

图 6-1-4 ACDSee 浏览窗口

图 6-1-5 ACDSee 查看窗口

（3）在编辑窗口中，可使用"编辑面板"对图片进行"曝光""色彩""文本"以及"清晰度"等简单编辑。

①在 ACDSee 编辑窗口中选择一幅图片，选择左侧的"曝光"选项，如图 6-1-6 所示。

②设置曝光强度为 14，如图 6-1-7 所示，单击"完成"按钮，保存调整后的文件。

图 6-1-6 选择"曝光"选项

图 6-1-7 设置曝光强度

③在 ACDSee 编辑窗口中选择另一幅图片，在"编辑"面板中选择"自动色阶"选项卡，在弹出的界面中选择"自动调整对比度与颜色"选项，如图 6-1-8 所示。单击"完成"按钮，保存文件。

④在 ACDSee 编辑窗口中再选择一幅图片，在"编辑"面板中选择"清晰度"选项，设置清晰度为"100"，如图 6-1-9 所示。单击"完成"按钮，保存文件。

图 6-1-8 "自动色阶"调整

图 6-1-9 设置清晰度

> **提醒**
>
> ACDSee 不仅可以调整图像颜色，还可以更改图像格式及大小等。

自主实践活动

城市经济快速发展，对文化提出更高的要求。自 1999 年至今，中国长沙国际艺术节秉承经典、不断创新，走出了辉煌历程。历年的活动内容包括舞台艺术演出、文化艺术展览、群众文化活动和各类演出交易等。

本届中国长沙国际艺术节筹备组为宣传历届艺术节，更进一步提升艺术节质量，准备制作一部微电影放在艺术节网站上，并向社会征集微电影的设计方案及相关素材。要求影片的主题鲜明、内容充实，能让观众深入了解艺术节的文化内涵。

(1)以中国长沙国际艺术节为背景，设计一个数码影视作品的主题与内容。

主题应该鲜明且有针对性，如历届艺术节的简介，包括时间、特色及有代表性的节目等，某届艺术节中的某项活动的介绍，节徽征集作品欣赏，艺术节各场馆介绍，某位艺术大师的介绍等方面。作品内容不宜过多，影片时间不宜过长。

(2)根据主题与内容，查找相关文字资料，撰写解说词，并录制在计算机内。

(3)通过各种渠道获取与主题相关的、能表现作品内容的多媒体信息，如图像、声音、视频等。

活动二 录制伴音解说

活动要求

熟悉了多媒体知识后，需要先录制好微视频的伴音解说，然后运用 GoldWave 软件合成与加工多种声音信息，使之能更好地运用到影视作品中。

活动分析

一、思考与讨论

（1）语言和文字是多媒体作品中不可或缺的内容，好的影视解说可使观众更容易理解影视作品所要表达的思想内容。请收集一些关于儿童成长的文章，并撰写一篇300字左右的影视解说稿。

（2）为使作品的语音部分更加生动且富有感染力，需将一段旋律优美的音乐合成在语音信息中，制作出一段有背景音乐的文字解说语音。用什么风格的音乐才能更好地与解说语音融合？

（3）录音是一种信息获取的过程，也是将文字信息转变为声音信息的一种方法。最简单的录音方法就是使用 Windows 操作系统自带的"录音机"软件。请试着打开"录音机"软件录制一段你的声音。

二、总体思路

录制伴音解说

方法与步骤

一、撰写微视频解说词

根据影片的主题，从多种渠道获取有关儿童成长的文字资料，撰写影片解说词文稿。参考文稿见资源包中的"素材\项目六\成长寄语.txt"文件，内容如下。

成长寄语

亲爱的萌宝：

哇，转眼间你已经四岁四个月了，随着你的慢慢成长，你懂的、会的也越来越多，爸爸妈妈看在眼里，乐在心里，你每天开开心心地成长，快快乐乐地玩耍，是爸爸妈妈最大的幸福。

自从上了幼儿园以后，你变得更加懂事了，能主动帮爸妈做一些事，爱看书听故事了，经常拿出自己的书来翻看，每天晚上睡觉前都要听妈妈给你讲故事，养成了良好的习惯。你已经能够跟大人一起吃饭，而且大部分时间都是独立完成的。虽然有时你也会撒娇，但穿脱衣服和鞋子你都能应付自如了。邻居家上幼儿园的小朋友都喜欢和你一起玩，你的亲和力很强呢！你爱跳舞，爱画画，爱唱歌，尤其表达能力很强。

上中班这个学期以来，你的进步最明显，老师教的内容你都掌握了，还能很好地讲给爸爸妈妈听，妈妈给你报的兴趣班你也很认真地学习，希望你能继续努力！

萌宝，在成长的过程中，你有积极不断进步的一面，也有沮丧、止步不前的一面，作为父母我们一定会不遗余力地加以引导,同时也希望你能听从老师们的话。我们大家一起爱你、教育你,让你能够快乐地健康成长。

爱你宝贝!!

爱你的爸爸妈妈

二、录制微视频解说语音

（1）将话筒接入话筒输入口,如图 6-2-1 所示。

（2）单击"开始"按钮,打开"开始"菜单,选择"所有程序"→"附件"命令,在展开的级联菜单中,选择"录音机"命令,如图 6-2-2 所示。

图 6-2-1　计算机话筒输入口

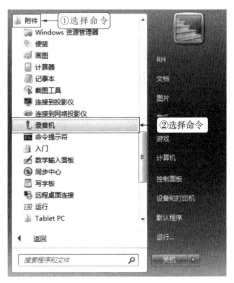

图 6-2-2　选择"录音机"命令

（3）打开"录音机"对话框,单击"开始录制"按钮,开始录制音频,如图 6-2-3 所示。

（4）录音完毕后单击"停止录制"按钮,如图6-2-4所示。

图 6-2-3　单击"开始录制"按钮

图 6-2-4　单击"停止录制"按钮

（5）在"另存为"对话框中保存声音文件。选中音乐库中的"音乐"文件夹,命名为"旁白",单击"保存"按钮,如图 6-2-5 所示。

图 6-2-5　保存声音文件

186

三、加入背景音乐

(1)GoldWave 是一款功能强大的音频编辑软件,软件启动后将同时开启两个窗口,左边是主界面窗口,右边是控制器窗口,如图 6-2-6 所示。

(2)打开素材"旁白.wma"声音文件。选择"效果"→"音量"→"自动增益"命令,弹出"自动增益"对话框,如图 6-2-7 所示,在"自动增益"对话框中,直接单击"确定"按钮,保存文件。

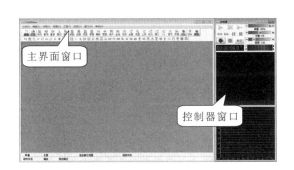

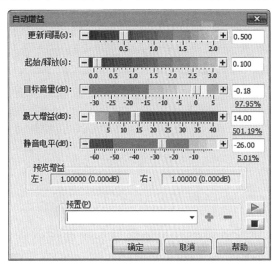

图 6-2-6 GoldWave 程序界面　　　　　　　　图 6-2-7 "自动增益"对话框

(3)打开素材"儿童音乐.mp3"声音文件,单击工具栏上的"复制"按钮,如图 6-2-8 所示,关闭文件。

(4)单击工具栏上的"混音"按钮,如图 6-2-9 所示。

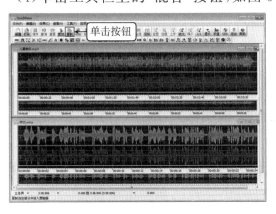

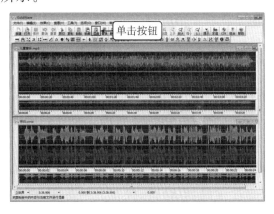

图 6-2-8 单击"复制"按钮　　　　　　　　图 6-2-9 单击"混音"按钮

(5)弹出"混音"对话框,按"F4"键试听,设置音量参数,调整人声与背景音乐的音量大小,满意后单击"确定"按钮,如图 6-2-10 所示。

(6)选择"文件"→"保存声音为"命令,打开"另存为"对话框,以"旁白.mp3"为文件名保存声音文件,注意正确选择文件类型,如图 6-2-11 所示。

图 6-2-10　"混音"对话框　　　　　　　　图 6-2-11　保存声音

知识链接

一、认识声音处理软件

声音处理软件是一类对音频进行混音、录制、音量增益、高潮截取、男女变声、节奏快慢调节、声音淡入淡出处理的多媒体音频处理软件。其主要功能在于实现音频的二次编辑，达到改变音乐风格、多音频混合编辑的目的。目前较为流行的声音处理软件有 Cool Edit Pro、Adobe Audition、GoldWave 等，还有专业性很强的声音制作软件，如德国的 Steinberg 公司的 Steinberg Nuendo，Nuendo 实际上是一套软硬件结合的专业化多轨录音/混音系统，是一个音乐创作和制作的工作站。以下介绍几种常用的声音处理软件。

1.Cool Edit Pro

Cool Edit Pro 是一款声音录制、声音编辑与声音合成的多功能声音处理软件。它不但可以同时处理多个文件、多个声道，还提供如放大、降噪、压缩、回声、延迟等多种特效，将计算机变成私人录音棚。比如，制作个人原声金曲，先将歌曲声音用"人声消除"的方法获得歌曲的伴奏，再把录制的歌声进行混合就能完成自己的原声歌唱。

2.Adobe Audition

Adobe Audition 是一款专业级的音频编辑软件，专为音频和视频专业人员设计，可提供先进的音频混合、编辑、控制和效果处理功能。它是一个完善的多声道录音室，最多混合上百个声道，可以使用上百种数字信号处理效果，创造出高质量、丰富、细微的高品质音频。还推出了 Mac 版本，可以实现苹果平台和 PC 平台相互导入、导出音频。

3.GoldWave

GoldWave 是一款标准的绿色音乐处理软件，具有体积小、功能齐全、无需安装、界面直观、操作简单等优点，因此深受人们的青睐。GoldWave 可以从 CD、VCD、DVD 或其他视频文件中提取声音，可以打开多个文件同时操作，可以批量转换一组声音文件的格式和类型，可以进行立体声和单声道的互换。软件内含丰富的音频处理特效，如多普勒、回扭曲等，拥有精密的过滤器（如降噪器和突变过滤器）帮助修复声音文件，是集合声音编辑、播放、录制和转换于一体的音频工具。

二、常用声音文件格式

在编辑多媒体文件的过程中,还必须熟悉各种类型的音频格式,如 WAV、WMA、MP3 以及 MIDI 等。

1.WAV

WAV 为微软公司开发的一种声音文件格式,用于保存 Windows 平台的音频信息资源,被 Windows 平台及其应用程序广泛支持,该格式也支持 MS ADPCM、CCITT A_Law 等多种压缩运算法,支持多种音频数字、取样频率和声道,标准格式化的 WAV 文件和 CD 格式一样,也是 44.1 kHz 的取样频率,16 位量化数字,因此声音文件质量和 CD 相差无几,图 6-2-12 所示的为通过 GoldWave 软件打开的 WAV 文件的声音波形。

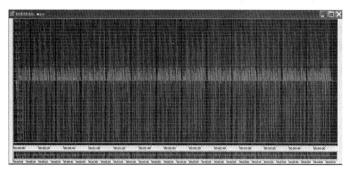

图 6-2-12 　WAV 文件的声音波形

2.WMA

WMA 格式是微软公司推出的,与 MP3 格式齐名的一种新的音频格式。由于 WMA 在压缩比和音质方面都超过了 MP3,更是远胜于 RealAudio,即使在较低的采样频率下也能产生较好的音质。一般使用 Windows Media Audio 编码格式的文件以 WMA 作为扩展名,一些使用 Windows Media Audio 编码格式编码其所有内容的纯音频 ASF 文件也使用 WMA 作为扩展名。

3.MP3

MP3 格式的音频编码采用了 10∶1～12∶1 的高压缩率,并且保持低音频部分不失真。为了缩小文件尺寸,MP3 格式文件牺牲了声音文件中的 12～16 kHz 高音频部分的质量。

4.MIDI

MIDI(乐器数字接口)文件广泛应用于流行游戏、娱乐软件中。由于它并不对自然声音采样,而是记录演奏乐器的全部动作过程,如音色、音符、延时、音量、力度等信息,因此数据量小。

自主实践活动

中国长沙国际艺术节筹备组为完成微电影宣传片的制作,准备对征集到的原始多媒体素材进行加工处理,使其更符合影片制作要求。请根据活动一所设计的作品主题及内容,参照本活动的方法修改与编辑多媒体原始素材,使得它们能更好地展现主题,为充分表现主题内容服务。

（1）为需要制作的多媒体添加解说文稿。

（2）使用录音机为多媒体录制旁白。

（3）为录制好的解说词添加背景音乐。

活动三　制作短视频作品

■ 活动要求

多媒体素材的形式是丰富多彩的，有图片、音乐、动画等，将这些形式的素材信息整合在一起，才能成为一部能表达主题思想的作品。利用 Windows Movie Maker 软件，把收集和编辑好的各种多媒体素材合成一部 4 分钟左右的数字电影短片，完成"萌宝成长记"微视频的制作。

■ 活动分析

一、思考与讨论

（1）如何运用 Windows Movie Maker 软件制作视频？

（2）多媒体视频的格式有很多种，应该如何选择格式？

（3）好的视频影片应该有精彩的片头与片尾，在 Windows Movie Maker 软件中如何实现？

（4）讨论我们观看电影或电视时看到过的视觉效果与过渡。

二、总体思路

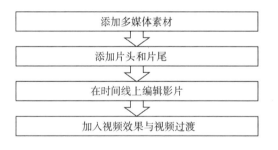

制作短视频作品

■ 方法与步骤

一、添加多媒体素材

（1）单击"开始"按钮，在弹出的"开始"菜单中，找到并打开 Windows Movie Maker 软件，软件界面如图 6-3-1 所示。

（2）在"电影任务"窗格中选择"导入"命令，导入素材中的图像、音频和视频素材，如图 6-3-2 所示。

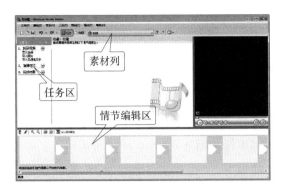

图 6-3-1 Windows Movie Maker 软件界面

图 6-3-2 导入后的素材列表

（3）以"萌宝成长记"为文件名保存项目文件"萌宝成长记.mswmm"，如图 6-3-3 所示。

（4）在菜单栏中选择"工具"→"选项"命令，如图 6-3-4 所示。

图 6-3-3 保存文件

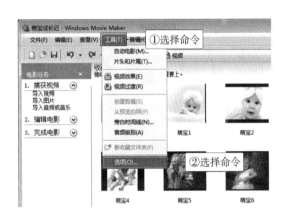

图 6-3-4 选择"选项"命令

（5）弹出"选项"对话框，单击"高级"选项卡，对各选项进行适当设置，如图 6-3-5 所示。

（6）将视频文件"视频.avi"拖动到情节编辑区的第一个情节框中，然后按解说词中的解说顺序将图像文件依次放到后面的各情节框中，如图 6-3-6 所示。

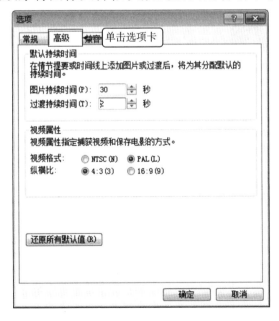

图 6-3-5 "选项"对话框

图 6-3-6 添加情节素材

二、添加片头和片尾

（1）在"电影任务"窗格中的"编辑电影"菜单中选择"制作片头或片尾"命令，选择"在电影开头添加片头"选项。

（2）在文本框中输入"萌宝成长记"文字，选择"更改文本字体和颜色"选项，如图 6-3-7 所示，更改背景和字体颜色分别为蓝色和白色，选择适当字体与字号。

（3）选择"更改片头动画效果"选项，将片头动画效果设置为"镜像 文本从两边飞入并飞出"，选择"完成，为电影添加片头"选项，如图 6-3-8 所示。

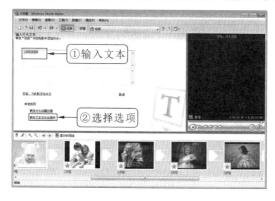
图 6-3-7　输入片头文本

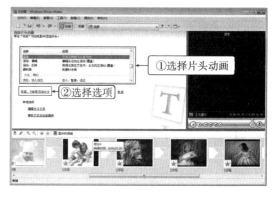
图 6-3-8　选择"更改片头动画效果"选项

（4）使用相同的方法，为影片添加片尾，如图 6-3-9所示，保存文件。

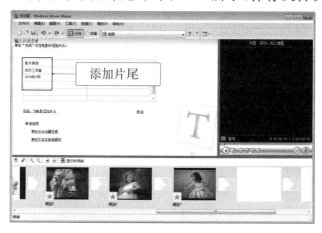
图 6-3-9　添加片尾

三、在时间线上编辑影片

（1）单击"显示时间线"按钮，适当放大时间线以便调整，如图 6-3-10 所示。

（2）在菜单栏中选择"剪辑"→"音频"→"静音"命令，除去视频中的声音，将素材"儿童音乐"文件添加到音频线的开始处。

（3）选中新加入的音频，时间线定位在适当的位置，在菜单栏中选择"剪辑"→"拆分"命令，拆分音频，如图 6-3-11 所示。

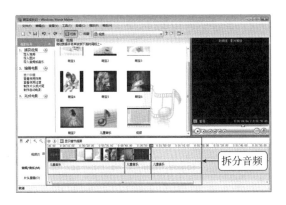

图 6-3-10　调整时间线　　　　　　　　　　　图 6-3-11　拆分音频

（4）选中被拆分的后半部分音频，按"Delete"键删除。

（5）选中前半部分音频，在菜单栏中选择"剪辑"→"音频"→"淡出"命令，如图 6-3-12 所示，为音频添加淡出效果。

（6）使用相同的方法，删除部分视频，如图6-3-13所示，调整音频文件的长度，保存文件。

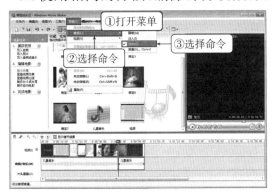

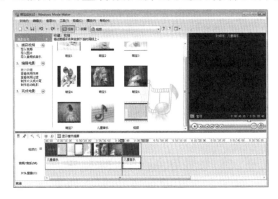

图 6-3-12　为音频添加淡出效果　　　　　　　图 6-3-13　删除部分视频

四、加入视频效果与视频过渡

（1）切换到"情节提要"编辑状态，适当加入视频过渡，如图 6-3-14 所示。

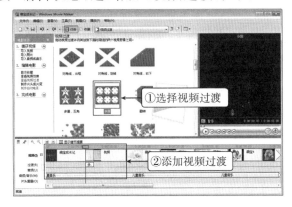

图 6-3-14　添加视频过渡

（2）使用同样的方法，在视频与图像之间依次添加视频效果。

💡 提 醒

视频效果不需要全部都加，而视频过渡需要加全。

（3）选择"保存到我的计算机"命令，在"保存电影向导"对话框中输入文件名和保存位置，如图6-3-15所示。

（4）依次单击"下一步"按钮，自动生成电影文件，单击"完成"按钮，完成电影文件的保存，如图6-3-16所示。

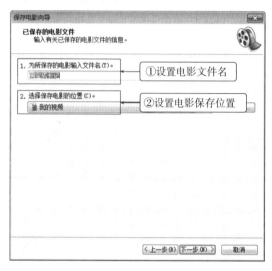
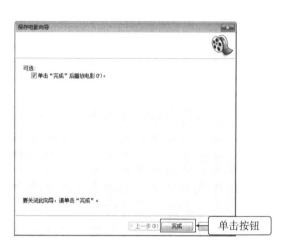

图 6-3-15　输入有关已保存的电影文件的信息　　　　图 6-3-16　保存电影

知识链接

一、常用数字视频文件格式

为了更加灵活地使用不同格式的素材视频文件，用户必须了解当前最流行的几种视频文件格式，如 AVI、MPEG、MOV、RM、ASF、FLV、WMV、AVCHD、XDCAM 等。

1.AVI

AVI 格式对视频文件采用了一种有损压缩方式，但压缩比较高，因此尽管画面质量不是太好，但其应用范围仍然非常广泛。AVI 支持 256 色和 RLE 压缩。AVI 信息主要应用在多媒体光盘上，用来保存电视、电影等各种影像信息。AVI 视频格式的优点是兼容性好、调用方便以及图像质量好；缺点是尺寸过大，文件的体积十分庞大，占用太多空间。

2.MPEG

MPEG 格式标准的视频压缩编码技术主要利用了具有运动补偿的帧间压缩编码技术以减小时间冗余度，利用 DCT 技术以减小图像的空间冗余度，利用编码在信息表示方面减小了统计冗余度。这几种技术的综合运用，大大增强了压缩性能。

3.MOV

MOV 格式是 QuickTime 影片格式，它是苹果公司开发的一种音频、视频文件格式，用于存储常用数字媒体类型。当选择 QuickTime 作为"保存类型"时，动画将保存为 * .mov 文件。

4.RM

RM 格式是 RealNetworks 公司开发的一种流媒体视频文件格式，可以根据网络数据传输的不同速率制定不同的压缩比率,从而实现在低速率的互联网上进行视频文件的实时传送和播放。它主要包含 RealAudio、RealVideo 和 RealFlash。

5.ASF

ASF 格式是 Advanced Streaming Format(高级串流格式)的缩写,是 Microsoft 公司为 Windows 98 开发的串流多媒体文件格式。与 JPG、MPG 文件一样,ASF 文件也是一种文件类型,但是特别适合在 IP 网上传输。ASF 是微软公司 Windows Media 的核心,它是一种包含音频、视频、图像以及控制命令脚本的数据格式。ASF 当前可和 WMA 及 WMV 互换使用。利用 ASF 文件可以实现点播功能、直播功能和远程教育,具有本地或网络回放、可扩充的媒体类型的优点。

6.FLV

FLV 格式是流媒体格式,是 Sorenson 公司开发的一种视频格式,全称为 Flash Video。它的出现有效地解决了视频文件导入 Flash 后,使导出的 SWF 文件体积庞大,不能在网络上很好地使用等缺点。

除了 FLV 视频格式本身占有率低、体积小等特点适合网络发展外,丰富、多样的资源也是 FLV 视频格式统一在线播放视频的一个重要因素。目前各视频网站大多使用的是 FLV 格式。

7.WMV

WMV 格式是微软推出的一种流媒体格式。在同等视频质量下,WMV 格式的体积非常小,因此很适合在网上播放和传输。WMV 格式的主要优点在于,可扩充的媒体类型、本地或网络回放、可伸缩的媒体类型、多语言支持以及可扩展性等。

8.AVCHD

AVCHD 格式可以将现有 DVD 架构(即 8 cm DVD 光盘和红光)与一款基于 MPEG-4 AVC/H.264 先进压缩技术的编解码器整合在一起。H.264 是广泛使用在高清 DVD 和下一代蓝光光盘格式中的压缩技术。由于 AVCHD 格式仅用于用户自己生成视频节目,因此 AVCHD 的制作者避免了复杂的版权保护问题。

9.XDCAM

XDCAM 格式使用数种不同的压缩方式和存储格式。很多标清 XDCAM 摄像机可简易切换 IMX 至 DVCAM 等格式。

二、利用 Windows Movie Maker 软件导入文件

在使用 Windows Movie Maker 制作影片时,所需要的一些照片和视频可以从数码相机、闪存卡、DVD 或手机导入照片和视频。

要将照片和视频导入计算机,需使用 USB 数据线将相机连接至计算机,并打开相机。单击"影音制作"按钮,然后单击"从设备中导入"按钮。当"照片和视频将被导入到照片库"消息出现时,单击"确定"按钮。

单击要从中导入照片和视频的设备,然后单击"导入"按钮。在"找到新照片和视频"页上,单击"立即导入所有新项目"按钮,为所有照片和视频输入一个名称,然后单击"导入"

按钮。

在照片库中，选中要在影片中使用的所有照片或视频左上角的复选框。在"创建"选项卡上的"共享"组中，单击"影片"按钮。当这些照片和视频出现在影音制作中时，就可以开始制作影片了。

三、利用 Windows Movie Maker 软件保存视频

根据视频文件用途的不同，可以利用 Windows Movie Maker 软件保存不同的视频格式。当选择"其他设置"时，会出现如图 6-3-17 所示的选项，选择不同的选项可以将视频保存为不同的格式。

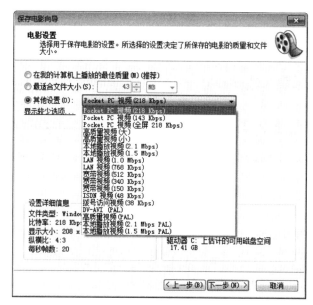

图 6-3-17　视频格式

四、利用 Windows Movie Maker 软件分割视频

在 Windows Movie Maker 软件中，可以将一个视频分割成两个较小的视频，然后继续进行编辑。例如，分割视频后，可以将其中一个视频放到另一个视频之前以改变其在电影中的播放顺序。若要将一个视频分割成两个，请单击视频，然后将播放指示器拖动到要分割视频的位置。在"视频工具"下的"编辑"选项卡上的"编辑"组中，单击"分割"按钮即可。

自主实践活动

中国长沙国际艺术节筹备组准备制作一部微电影放在宣传网站上，但是要求用流媒体视频格式，影片长度在 5 分钟以内。请根据前两个活动所设计的作品主题及内容，制作一部"中国长沙国际艺术节"宣传微电影。

参照本活动方法合成并保存多媒体素材，要求如下：

（1）将各种素材制作成一个名为"长沙国际艺术节.wmv"的视频文件，长度在 5 分钟。

（2）影片要用声音、图像、文字等多种形式表达主题。

（3）影片中的解说词要与相关图像同步。

活动四 设计演示文稿样品

活动要求

学生的校园生活是丰富多彩的,学生会、社团等团体是校园生活的重要组成部分,能增进学生之间的互动,使校园生活更加美满。为了让学生体验和谐的校园生活,本项目将通过几个活动,以演示文稿的形式宣传校园知识,需要以恰当的方式组织各种信息,制作符合要求的多媒体演示文稿,并提高多媒体信息综合处理的相关能力。

活动分析

一、思考与讨论

(1)根据提供的素材及宣传主题,思考演示文稿应该设计几张幻灯片,以及每张幻灯片的标题和内容。

(2)在演示文稿中提供了艺术字,与普通文字相比,它有什么特点和优点?

(3)在什么情况下,幻灯片中需要使用文本框输入文字?

(4)在素材中寻找出与文字内容有关的图片,在演示文稿中插入图片,丰富演示文稿内容。可以对图片的哪些方面进行修饰?

(5)SmartArt图形是什么? SmartArt图形有什么特点和功能?

二、总体思路

■ 方法与步骤

制作演示文稿

一、设置幻灯片大小

默认情况下，幻灯片是以标准屏的长宽比（4∶3）显示的，如果在计算机上播放幻灯片，则会在屏幕的上下方留下两条黑边。因此，如果要更改为16∶9的宽屏比例显示，则可以通过"页面设置"对话框实现。

（1）运行 PowerPoint 2010，新建空白演示文稿。在"设计"选项卡的"页面设置"组中，单击"页面设置"按钮，弹出"页面设置"对话框，单击"幻灯片大小"按钮，展开下拉列表，选择"全屏显示（16∶9）"，如图 6-4-1 所示。

（2）单击"确定"按钮，设置幻灯片大小的效果如图 6-4-2 所示。

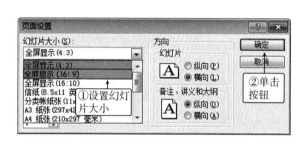

图 6-4-1　"页面设置"对话框

图 6-4-2　设置幻灯片大小的效果

二、设置幻灯片背景

设置幻灯片第一页的背景，之后插入的其他页的背景将默认与第一页相同。

（1）在"设计"选项卡中，单击"背景样式"按钮，在下拉列表中选择"设置背景格式"命令，如图 6-4-3 所示。

（2）打开"设置背景格式"对话框，在"填充"选项卡中，选中"纯色填充"单选按钮，在"颜色"下拉列表中选择颜色，如图 6-4-4 所示。

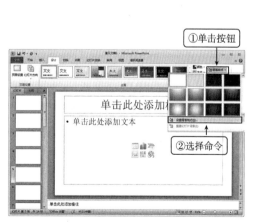

图 6-4-3　"背景样式"下拉列表

图 6-4-4　"设置背景格式"对话框

（3）单击"全部应用"按钮，应用效果如图 6-4-5 所示。

图 6-4-5　幻灯片背景效果

三、插入艺术字标题

（1）在"插入"选项卡中，单击"艺术字"按钮，在弹出的"艺术字库"下拉列表中，选择合适的艺术字样式，如图 6-4-6 所示。

（2）在"单击此处添加标题"输入框中，输入文字"圆梦　还是　陷阱"，选中文字，切换到"开始"选项卡，在"字体"组中设置艺术字的字体、字号、颜色等，如图 6-4-7 所示。

图 6-4-6　选择艺术字样式

图 6-4-7　添加艺术字

> 💡 提醒
>
> 选中艺术字后，单击"绘图工具"中的"格式"选项卡，在"艺术字样式"组中，可以设置艺术字的填充、轮廓和效果，如图 6-4-8 所示。

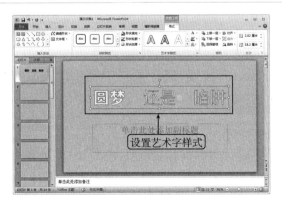

图6-4-8　设置艺术字样式

四、输入文字内容并设置格式

从素材中选取相关内容，粘贴到幻灯片中，在"开始"选项卡的"字体"和"段落"组中设置文字的字体、字号、颜色及行距等，并在"格式"选项卡的"形状样式"组中，修改文本框的填充颜色和边框，效果如图 6-4-9 所示。

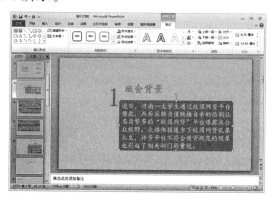

图 6-4-9　输入文字并设置格式

五、设置项目符号

选中文字，在"开始"选项卡的"段落"组中，单击"项目符号"按钮，设置项目符号，效果如图6-4-10所示。

图 6-4-10　设置项目符号

六、插入与编辑图片

1.插入图片

在"插入"选项卡中单击"图片"按钮，选择素材中提供的图片，单击"插入"按钮。

2.改变图片大小

选中图片，单击"图片工具"中的"格式"选项卡，在"大小"组中，单击"显示"按钮，弹出"设置图片格式"对话框，在"大小"选项卡中，取消勾选"锁定纵横比""相对于图片原始尺寸"复选框，在"尺寸和旋转"选项组中，输入具体数值，设置图片的高度及宽度，如图 6-4-11 所示。

图 6-4-11　设置图片大小

3.设置图片叠放顺序

选中图片并右击，在弹出的快捷菜单中选择"置于底层"→"置于底层"命令，设置图片叠放顺序，如图 6-4-12 所示。

4.设置图片边框

选中图片，单击"图片工具"中的"格式"选项卡，在"图片样式"组中，单击"图片边框"按钮，展开下拉列表，设置图片边框颜色、虚线、粗细等，如图 6-4-13 所示。

图 6-4-12　设置图片叠放顺序

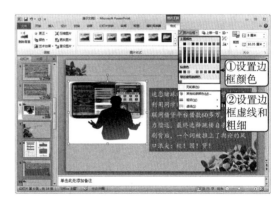

图 6-4-13　设置图片边框

七、插入与编辑 SmartArt 图形

1.插入 SmartArt 图形

在"插入"选项卡的"插图"组中，单击"SmartArt"按钮，弹出"选择 SmartArt 图形"对话框，选择合适的 SmartArt 图形，单击"确定"按钮，如图 6-4-14 所示。

2.添加 SmartArt 形状

选中 SmartArt 图形，单击"SmartArt 工具"中的"设计"选项卡，在"创建图像"组中，单击"添加形状"按钮，展开下拉列表，选择对应的命令，在 SmartArt 图形中添加形状，如图 6-4-15 所示。

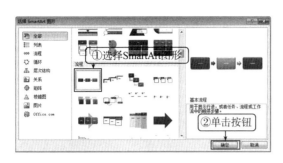

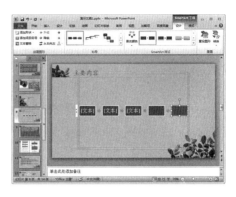

图 6-4-14 选择 SmartArt 图形　　　　图 6-4-15 添加 SmartArt 形状

3.编辑 SmartArt 图形颜色

选中 SmartArt 图形，单击"SmartArt 工具"中的"设计"选项卡，在"SmartArt 样式"组中，单击"更改颜色"按钮，展开下拉列表，选择合适的颜色，如图 6-4-16 所示。

4.在 SmartArt 图形中输入文本

从素材中选取相关内容，粘贴到 SmartArt 图形中，并对文字的字体、字号等进行设置，如图6-4-17所示。

图 6-4-16 编辑 SmartArt 图形颜色　　　图 6-4-17 在 SmartArt 图形中输入文本

八、插入与编辑形状

（1）在"插入"选项卡的"插图"组中，单击"形状"按钮，展开下拉列表，选择合适的形状，如图6-4-18所示。

（2）选择形状图形，在"格式"选项卡的"形状样式"组中，修改形状的填充颜色和边框颜色，使用"文本框"功能在形状中输入文本，并设置文本的字体和字号，如图 6-4-19 所示。

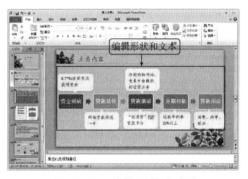

图 6-4-18 插入形状　　　　　　　图 6-4-19 编辑形状和文本

九、设置幻灯片母版

(1)切换到"视图"选项卡,在"母版视图"组中,单击"幻灯片母版"按钮,如图6-4-20所示。

(2)在幻灯片母版和版式窗格中,选择幻灯片母版,在母版上插入"文本框",输入文字"如何避免校园贷?"并设置文字格式。

(3)单击"幻灯片母版"选项卡"关闭"组中的"关闭母版视图"按钮,如图6-4-21所示。

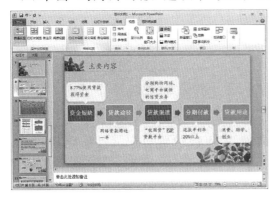

图 6-4-20 单击"幻灯片母版"按钮

图 6-4-21 关闭母版视图

(4)返回普通视图,可以观察到14张幻灯片中都出现了页脚的内容。

> **提醒**
>
> 母版规定了演示文稿(幻灯片、讲义及备注)的文本、背景、日期及页码格式。母版体现了演示文稿的外观,包含了演示文稿中的共有信息。各张幻灯片共有的图片、文字信息可以放在母版中。

十、设置动画

1.设置动画效果

(1)选中第1张幻灯片中的艺术字标题,单击"动画"选项卡,在"动画"组中,选择"动画效果",在"计时"组中,设置动画的开始、持续时间、延迟,如图6-4-22所示。

(2)使用同样的方法,设置幻灯片中其他内容的动画效果。

(3)单击"动画"组中的"效果选项"按钮,修改已选定的动画效果的"方向"和"序列",如图6-4-23所示。

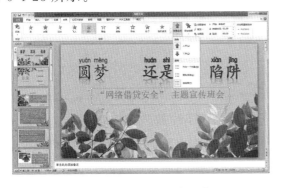

图 6-4-22 "动画"选项卡

图 6-4-23 "效果选项"下拉列表

> **提醒**
>
> 动画刷是 PowerPoint 的新功能，用户可以利用它轻松快捷地将一个动画效果复制到其他内容上。利用动画刷复制动画效果的操作比较简单，首先选中带有动画效果的对象，然后切换到"动画"选项卡，单击"高级动画"组中的"动画刷"按钮，如图 6-4-24 所示，当鼠标指针变为箭头带刷子形状时，单击目标对象即可实现动画效果的复制。

图6-4-24　单击"动画刷"按钮

2.设置自定义动作路径

如果对系统内的动作路径（动作运动轨迹）不满意，则可以设置自定义动作路径。

（1）选中需要设置的对象，单击"动画"选项卡，在"动画"组中，单击"其他"按钮，在展开的下拉列表中，选择"自定义路径"命令，如图 6-4-25 所示。

（2）单击"效果选项"按钮，在展开的下拉列表中，选择路径类型，如"曲线"，如图 6-4-26 所示。

图 6-4-25　选择"自定义路径"命令

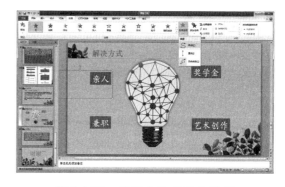

图 6-4-26　设置自定义动作路径

（3）鼠标指针变成"＋"，根据需要在工作区中绘制动作的路径，在需要变换方向的地方单击鼠标。全部路径描绘完成后，双击鼠标结束。

> **提醒**
>
> 要使绘制的路径更加准确，可以在"视图"选项卡的"显示"组中，设置网格线和参考线。

十一、设置放映类型

单击"幻灯片放映"选项卡，在"设置"组中，单击"设置幻灯片放映"按钮，打开"设置放映方式"对话框。将"放映类型"设置为"观众自行浏览"，单击"确定"按钮，如图 6-4-27 所示。

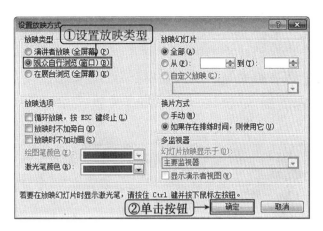

图 6-4-27 "设置放映方式"对话框

用户既可以在放映演示文稿前保存文件,也可以在放映演示文稿后保存文件。此外,演示文稿还可以打印出来。

知识链接

一、幻灯片的主题与版式

1.幻灯片主题

PowerPoint 2010 提供了可应用于演示文稿的主题,以便为演示文稿提供设计完整、专业的外观。

设计主题是包含了演示文稿样式的设置,包括项目符号和字体的类型和大小、占位符大小和位置、背景设计和填充、配色方案以及幻灯片母版和可选的标题母版。

在"设计"选项卡中,单击"更多"按钮,展开"所有主题"下拉列表,显示多种风格的主题,直接选择需要的主题进行套用即可,如图 6-4-28 所示。

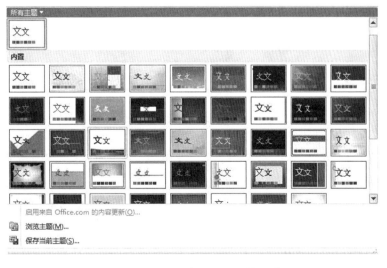

图 6-4-28 "所有主题"下拉列表

2.幻灯片版式

版式指的是幻灯片内容在幻灯片上的排列方式。PowerPoint 2010 提供了文字版式、文字与图片版式、表格版式、图表版式等一系列版式。

在"开始"选项卡中单击"版式"按钮，展开"幻灯片版式"下拉列表，如图 6-4-29 所示，选择需要的幻灯片版式。

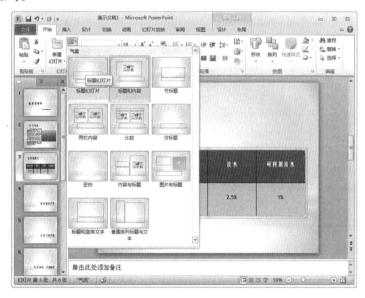

图 6-4-29 "幻灯片版式"下拉列表

二、动画的分类

在 PowerPoint 2010 中，幻灯片动画分为幻灯片页面之间的切换动画和幻灯片对象之间的自定义动画两种。

1.切换动画

幻灯片的页面切换动画是指放映幻灯片时，一张幻灯片放映结束，下一张幻灯片显示在屏幕上的方式。它是为了打破幻灯片页面之间切换时的单调感而设计的。PowerPoint 2010自带了多种幻灯片页面之间的切换效果，如图 6-4-30 所示。

图 6-4-30 页面切换效果

2.自定义动画

幻灯片对象之间的自定义动画包括进入动画、强调动画、退出动画和动作路径动画,下面将分别进行介绍。

(1)进入动画。进入动画是指幻灯片对象依次出现时的动画效果,是幻灯片中最基本的动画效果。进入动画效果包含基本型、细微型、温和型以及华丽型4种,如图6-4-31所示。

(2)强调动画。强调动画是指幻灯片在放映过程中,吸引观众注意的一类动画。它也包含有基本型、细微型、温和型以及华丽型4种。但是强调动画的4种动画类型不如进入动画的动画效果明显,并且动画种类也比较少,用户可以对其进行逐一尝试,如图6-4-32所示。

图 6-4-31　进入动画效果　　　　图 6-4-32　强调动画效果

(3)退出动画。退出动画是对象消失的动画效果。退出动画一般是与进入动画相对应的,即对象是按哪种效果进入的,就会按照同样的效果退出,如图6-4-33所示。

(4)动作路径动画。使用动作路径动画,用户可以按照绘制的路径进行移动。动作路径动画包含基本、直线和曲线以及特殊3种,如图6-4-34所示。

图 6-4-33　退出动画效果　　　　图 6-4-34　动作路径动画效果

三、自动放映幻灯片

1.排练时间

（1）选中第一张幻灯片，单击"设置"组中的"排练计时"按钮，进入"排练计时"状态。

（2）在"排练计时"状态中，有一个"录制"对话框，显示单张幻灯片放映所用时间和整篇演示文稿放映所用时间，如图 6-4-35 所示。

（3）利用"录制"对话框中的"暂停"和"下一项"等按钮，手动播放一遍演示文稿，控制排练计时过程，以获得最佳播放时间。

（4）播放结束后，系统会弹出一个提示"是否保留新的幻灯片排练时间"的对话框，单击"是"按钮，如图 6-3-36 所示。

图 6-4-35　"录制"对话框　　　　图 6-4-36　提示"是否保留新的幻灯片排练时间"对话框

> **提醒**
>
> 如果要让演示文件自动播放，则必须排练计时。

2.设置放映方式

单击"幻灯片放映"选项卡，在"设置"组中，单击"设置幻灯片放映"按钮，打开"设置放映方式"对话框，将"放映类型"设置为"在展台浏览（全屏幕）"，将"换片方式"设置为"如果存在排练时间，则使用它"，单击"确定"按钮，如图 6-4-37 所示。

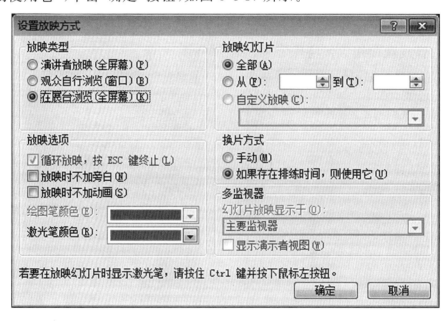

图 6-4-37　"设置放映方式"对话框

■▪ 自主实践活动

为了彰显校园文化特色,展示学校竞争优势,为学校塑造良好的社会形象,需要以学校的特色、实力为重点,通过多媒体演示文稿,将学校的办学实力、学校文化、未来前景以及发展远景以生动形象的视听语言展示出来,为学校树立良好的形象,从而吸引更多人。

活动五　初识虚拟现实与增强现实

■▪ 活动要求

目前虚拟现实技术已经成为计算机相关领域研究、开发与应用的热点。本活动将介绍虚拟现实的基本概念、虚拟现实系统的组成、虚拟现实系统的分类以及虚拟现实技术的发展应用等基础知识。

■▪ 活动分析

一、思考与讨论

(1)虚拟现实技术的定义是什么?
(2)虚拟现实技术为什么越来越受到重视?
(3)虚拟现实的分类及应用情况是什么?

二、总体思路

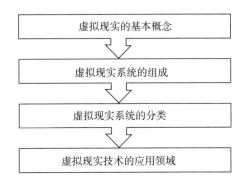

虚拟现实

■▪ 方法与步骤

一、虚拟现实的基本概念

虚拟现实(virtual reality,VR)是人工创作的由计算机生成的存在于计算机内部的环境。用户可以通过自然的方式进入此环境,并与环境进行交互,从而产生置身于相应真实环境的虚幻感。

在虚拟现实系统中，环境主要是计算机生成的三维虚拟世界。这种人机交互的环境通常包括 3 种情况。

第一种情况是完全对真实世界中的环境进行再现，如虚拟小区对现实小区的虚拟再现（见图6-5-1）、军队中的虚拟战场、虚拟实验室中的各种仪器等。这种真实环境可能已经存在，也可能已经设计好但尚未建成，还可能原来完好，现在被破坏。

第二种情况是完全虚拟的，人类主观构造的环境，如影视制作或电子游戏中，三维动画展现的虚拟世界和游戏人物（见图 6-5-2）。此环境完全是虚构的，用户可以参与并与之进行交互的非真实世界。

图 6-5-1　虚拟小区

图 6-5-2　游戏人物

第三种情况是对真实世界中人类不可见的现象或环境进行仿真，如各种分子结构、物理现象等。这种环境是真实环境，客观存在，但是受到人类视觉、听觉的限制不能感应到。

一般情况是以特殊的方式（如放大尺度的形式）进行模仿和仿真，使人能够看到、听到或者感受到，体现科学可视化。图 6-5-3 为分子示意图。

图 6-5-3　分子示意图

虚拟现实定义为用计算机技术生成一个逼真的三维视觉、听觉、触觉或嗅觉的感官世界，用户可借助一些专业传感设备，如传感头盔、数据手套等，完全融入虚拟空间，成为虚拟环境的一员，实时感知和操作虚拟世界中的各种对象，从而获得置身于相应的真实环境中的虚幻感、沉浸感，产生身临其境的感觉。在某种角度上，可以把它看成一个更高层次的计算机用户接口技术，通过视觉、听觉、触觉等信息通道来感受设计者的思想。

二、虚拟现实系统的组成

根据虚拟现实的基本概念及相关特征可知，虚拟现实技术是融合计算机图形学、智能接口技术、传感器技术和网络技术的综合性技术。虚拟现实系统应具备与用户交互、实时反映交互结果等功能。所以,一般的虚拟现实系统主要由专业图形处理计算机、应用软件系统、输入设备、输出设备和数据库组成,如图 6-5-4 所示。

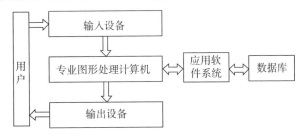

图 6-5-4　虚拟现实系统的组成

1.专业图形处理计算机

计算机在虚拟现实系统中处于核心的地位,是系统的心脏,是虚拟现实的引擎,主要负责从输入设备中读取数据、访问与任务相关的数据库,执行任务要求的实时计算,从而实时更新虚拟世界的状态,并把结果反馈给输出设备。由于虚拟世界是一个复杂的场景,系统很难预测所有用户的动作,也就很难在内存中存储所有相应状态,因此虚拟世界需要实时绘制和删除,以至于大大地增加了计算量,这对计算机的配置提出了极高的要求。

2.应用软件系统

虚拟现实的应用软件系统是实现虚拟现实技术应用的关键,提供了工具包和场景图,主要完成虚拟世界中对物体的几何模型、物理模型、行为模型的建立和管理;三维立体声的生成、三维场景的实时绘制;虚拟世界数据库的建立与管理等。

3.数据库

数据库用来存放整个虚拟世界中所有对象模型的相关信息。在虚拟世界中,场景需要实时绘制,大量的虚拟对象需要保存、调用和更新,所以需要数据库对对象模型进行分类管理。

4.输入设备

输入设备是虚拟现实系统的输入接口,其功能是检测用户的输入信号,并通过传感器输入计算机。基于不同的功能和目的,输入设备除了包括传统的鼠标、键盘外,还包括用于手姿输入的数据手套、用于身体姿态的数据衣、用于语音交互的麦克风等,以解决多个感觉通道的交互。

5.输出设备

输出设备是虚拟现实系统的输出接口,是对输入的反馈。由计算机生成的信息通过传感器传给输出设备,输出设备以不同的感觉通道(视觉、听觉、触觉)反馈给用户。输出设备除了屏幕外,还包括用于声音反馈的立体声耳机、用于力反馈的数据手套及大屏幕立体显示系统等。

三、虚拟现实系统的分类

根据用户参与和沉浸程度,通常把虚拟现实分成三大类:桌面虚拟现实系统、沉浸式虚拟现实系统和分布式虚拟现实系统。

1.桌面虚拟现实系统

桌面虚拟现实系统基本上是一套基于普通 PC 平台的小型虚拟现实系统,使用 PC 或初级图形工作站产生仿真,计算机的屏幕作为用户观察虚拟环境的窗口。用户坐在 PC 显示器前,戴着立体眼镜,并利用位置跟踪器、数据手套或者 6 个自由度的三维空间鼠标等设备操作虚拟场景中的各种对象,并可以在 360°范围内浏览虚拟世界。然而用户是不完全投入的,因为即使戴上立体眼镜,仍然会受到周围现实环境的干扰。有时为了增强桌面虚拟现实系统的投入效果,还会借助于专业的投影机,达到增大屏幕范围和多数人观看的目的。桌面虚拟现实系统的体系结构如图 6-5-5 所示。

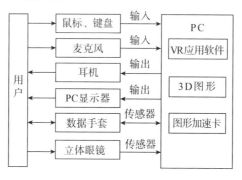

图 6-5-5　桌面虚拟现实系统的体系结构

桌面虚拟现实系统虽然缺乏头盔显示器的投入效果,但已经具备了虚拟现实技术的要求,并且成本相对低很多,所以目前应用较为广泛。例如,高考结束的学生在家里可以参观未来大学里的基础设施,如学校里的虚拟校园、虚拟教室和虚拟实验室等;虚拟小区、虚拟样板房不仅为买房者带来了便利,也为商家带来了利益。桌面虚拟显示系统主要用于计算机辅助设计、计算机辅助制造、建筑设计、桌面游戏、军事模拟、生物工程、航天航空、医学工程和科学可视化等领域。

2.沉浸式虚拟现实系统

沉浸式虚拟现实系统是一种高级的、较理想、较复杂的虚拟现实系统。它采用封闭的场景和音响系统将用户的视听觉与外界隔离,使用户完全置身于计算机生成的环境之中,用户利用空间位置跟踪器、数据手套和三维鼠标等输入设备输入相关数据和命令,计算机根据获取的数据测得用户的运动和姿态,并将其反馈到生成的视景中,使用户产生一种身临其境、完全投入和沉浸其中的感觉。沉浸式虚拟现实系统的体系结构如图 6-5-6 所示。

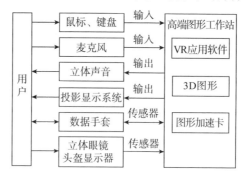

图 6-5-6　沉浸式虚拟现实系统的体系结构

(1)沉浸式虚拟现实系统具有如下特点。

①高度的实时性。当用户转动头部改变观察点时,空间位置跟踪器及时检测并输入计算机,计算机计算后快速地输出相应的场景。为了使场景快速平滑地连续显示,系统必须具有足够小的延迟,包括传感器延迟、计算机计算延迟等。

②高度的沉浸感。沉浸式虚拟现实系统必须使用户与真实世界完全隔离,不受外界的干扰,依据相应的输入和输出设备,完全沉浸到环境中。

③先进的软硬件。为了提供"真实"的体验,尽量减少系统的延迟,必须尽可能利用先进的、相容的硬件和软件。

④并行处理的功能。这是虚拟现实的基本特性,用户的每一个动作都涉及多个设备综合应用。例如,手指指向一个方向并说"那里",会同时激活3个设备——头部跟踪器、数据手套及语音识别器,产生3个同步事件。

⑤良好的系统整合性。在虚拟环境中,硬件设备互相兼容,并与软件系统很好地结合,相互作用,构造一个更加灵巧的虚拟现实系统。

沉浸式虚拟现实主要依赖于各种虚拟现实硬件设备,如头盔显示器、舱型模拟器、投影显示系统等。其缺点是系统设备尤其是硬件价格相对较高,难以大规模普及推广。

(2)沉浸式虚拟现实系统包括以下几种类型。

①头盔式虚拟现实系统。采用头盔显示器实现单用户的立体视觉、听觉的输出,使人完全沉浸其中,如图6-5-7所示。

②洞穴式虚拟现实系统。该系统是一种基于多通道视景同步技术和立体显示技术的房间式投影可视协同环境,可提供一个房间大小的四面(或六面)立体投影显示空间,供多人参与,所有参与者均完全沉浸在一个被立体投影画面包围的高级虚拟仿真环境中,借助相应虚拟现实交互设备(如数据手套、力反馈装置、位置跟踪器等),获得一种身临其境的高分辨率三维立体视听影像和6个自由度的交互感受,如图6-5-8所示。

图 6-5-7　头盔式虚拟现实系统

图 6-5-8　洞穴式虚拟现实系统

③座舱式虚拟现实系统。座舱是一种最为古老的虚拟现实模拟器。当用户进入座舱后,不用佩戴任何现实设备,就可以通过座舱的窗口观看虚拟场景,该窗口由一个或多个计算机显示器或视频监视器组成。这种座舱给参与者提供的投入程度类似于头盔显示器。

④ 投影式虚拟现实系统。该系统采用一个或多个大屏幕投影来实现大画面的立体视觉和听觉效果，使多个用户同时具有完全投入的感觉，如图 6-5-9所示。

图 6-5-9　投影式虚拟现实系统

⑤远程存在系统。远程存在是一种远程控制形式，用户虽然与某个真实现场相隔遥远，但可以通过计算机和电子装置获得足够的感觉现实和交互反馈，恰似身临其境，并可以介入现场进行遥控操作。此系统需要一个立体显示器和两台摄像机生成三维图像，这种图像使得操作员有一种深度的感觉，观看的虚拟世界更清晰、真实。

3.分布式虚拟现实系统

分布式虚拟现实系统是一个基于网络的可供异地多用户同时参与的分布式虚拟环境。在这个环境中，位于不同物理环境位置的多个用户或多个虚拟环境通过网络相连接，使多个用户同时参与一个虚拟现实环境，利用计算机与其他用户进行交互，共享信息，并对同一虚拟世界进行观察和操作，以达到协同工作的目的。

分布式虚拟现实系统具有以下特征：共享的虚拟工作空间；伪实体的行为真实感；支持实时交互，共享时钟；多个用户以多种方式相互通信；资源信息共享及允许用户自然操作环境中的对象。

目前，分布式虚拟现实系统在远程教育、科学计算可视化、工程技术、建筑、电子商务、交互式娱乐和艺术等领域都有着极其广泛的应用前景。利用它可以创建多媒体通信，设计协作系统、实境式电子商务、网络游戏和虚拟社区等新的应用系统。

四、虚拟现实技术的应用领域

自 20 世纪 80 年代发展至今，虚拟现实技术具有降低成本、提高安全性、形象逼真和可反复操作等优点，得到了用户的认可。据不完全统计，占据主流应用的领域有教育和培训，包括医疗培训、军事培训和大学培训，此外还有制造业、娱乐业及商业服务业，如市场销售和建筑规划。在这些领域都要求降低费用、缩短周期的情况下，虚拟现实技术具有适应性、真实性和合作性等特点。

1.军事领域

军事领域研究是推动虚拟现实技术发展的原动力，目前依然是主要的应用领域。虚拟现实技术主要在军事训练和演习、武器研究这两个方面得到广泛应用。

传统的军事实战演习，特别是大规模的军事演习，不仅耗资巨大，安全性较差，而且很难改变战斗状况来反复进行各种战场势态下的战术和决策研究。现在，使用计算机，应用虚拟现实技术进行现代化的实验室模拟作战，它能够像物理学、化学等学科一样，在实验室中操作，模拟实际战斗过程和战斗过程中出现的各种现象，加深人们对战斗的认识和理解，为有关决策部门提供定量的信息。在实验室中进行战斗模拟，首先确定目的，然后设计各种试验方案和各种控制因素的变化，最后士兵再选择不同的角色进行各种样式的作战模拟试验。例如，研究导弹舰艇和航空兵攻击敌方舰艇编队的最佳攻击顺序、兵力数量和编成时，实兵演习和图上推演不可能得到有用的结果和可靠的结论，但可以通过方案和各种因素的变化建立数学模型,在计算机上模拟各种作战方案和对抗过程,研究对比不同的攻击顺序,以及双方兵力编成和数量,迅速得到双方损失情况、武器作战效果、弹药消耗等一系列有用的数据。

虚拟军事训练和演习不仅不动用实际装备而使受训人员具有身临其境之感,而且可以任意设置战斗环境背景,对作战人员进行不同作战环境、不同作战预案的多次重复训练,使作战人员迅速积累丰富的作战经验,同时不担任何风险,大大提高了部队训练效果。图 6-5-10 所示的为虚拟战场。

武器设计研制采用虚拟现实技术,提供具有先进设计思想的设计方案,使用计算机仿真武器,并进行性能的评价,得到最佳性价比的仿真武器后,再进行武器的大批量生产。此过程可以缩短武器研制的周期,节约不必要的开支,降低成本,提高武器的性价比。图 6-5-11 所示的为虚拟航空母舰。

图 6-5-10 虚拟战场

图 6-5-11 虚拟航空母舰

2.医疗领域

传统的医疗科目教学都是使用教科书和供解剖的尸体来给学生学习和练习,但是学生们较难得到用尸体练习解剖技术的机会,并且在对实际的生命体进行解剖时,较多细小的神经和血管是很难看到的。另外,一旦进行了切割,解剖体就被破坏,无法再次切割来进行不同的观察。虚拟现实技术可以弥补传统教学方法的不足,应用于解剖学和病理学教学、外科手术训练等,此外还可用于复杂外科手术规划、健康咨询和身体康复治疗等方面。例如,在外科手术中,通过虚拟现实技术仿真课程,对麻醉医师、静脉注射护士和实习外科医生进行上手术台之前的开刀培训;将虚拟现实技术用于对复杂外科手术的设计、手术过程中的指引和帮助信息的提供、手术结果的预测等,帮助外科医生顺利完成手术,并使手术对病人造成的损伤降低至最小。

3.教育领域

虚拟现实应用于教育领域是教育技术发展的一个飞跃。它实现了建构主义、情景学习的思想,营造了"自主学习"的环境,由传统的"以教促学"的学习方式转变为学习者通过自身与信息环境的相互作用来得到知识、技能的新型学习方式。

真实、互动的特点是虚拟现实技术独特的魅力。虚拟现实技术能提供基于教学、教务、校园生活的三维可视化的生动、逼真的学习环境,如虚拟实验室、虚拟校园和技能培训等。

使用者选择任意环境,并映射成自选的任意一种角色,通过亲身经历和体验来学习知识、巩固知识,极大地提高了学生的记忆力和学习兴趣。此方法比传统的教学方式,尤其是空洞抽象的说教、被动的灌输更具有说服力。

随着网络的发展,虚拟现实技术与网络技术提供给学生一种更自然的体验方式,包括交互性、动态效果、连续感及参与探索性,构建了一个网络虚拟教学环境,可以实现虚拟远程教学、培训和实验,既可以满足不同层次学生的需求,也可以使缺少学校和专业教师,以及昂贵实验仪器的偏远地区的学生获得学习机会。

网络虚拟教学具有以下优势:

(1)在保证教学质量的前提下,极大地节省了设备、场地等硬件所需的成本。

(2)学生利用虚拟现实技术进行危险实验的再现,如外科手术,免除了学生的安全隐患。

(3)完全打破空间、时间的限制,学生可以随时随地进行学习。

4.文化艺术领域

虚拟现实是一种传播艺术家思想的新媒介,其沉浸与交互可以将静态艺术转变为观察者可以探索的动态艺术,在文化艺术领域中扮演着重要角色。虚拟博物馆、虚拟文化遗产、虚拟画廊、虚拟演员和虚拟电影等都是当前虚拟现实的成果。下面介绍虚拟现实在名胜古迹、虚拟游戏及影视3个方面的应用。

(1)名胜古迹。虚拟现实展现名胜古迹的景物,形象逼真。结合网络技术,可以将艺术创作、文物展示和保护提高到一个崭新的阶段。让那些有身体条件限制的人不必长途跋涉就可以在家中通过网络很舒适地选择任意路径遨游各个景点,乐趣无穷。图6-5-12所示的为虚拟故宫。

(2)虚拟游戏。三维游戏既是虚拟现实技术最先应用的领域,也是重要的发展方向之一,为虚拟现实技术的快速发展起到了巨大的需求牵引作用。计算机游戏从最初的文字MUD游戏,到二维游戏、三维游戏,再到网络三维游戏,游戏在保持其实时性和交互性的同时,逼真度和沉浸感正在一步步地提高和加强。所以,虚拟现实技术已经成为三维游戏工作者的追求目标。除了精致的画面外,游戏也注重丰富的感觉能力与3D显示,应用虚拟现实技术的硬件设备成为理想的游戏工具。图6-5-13所示的为虚拟游戏。

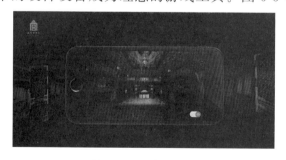

图6-5-12　虚拟故宫

图6-5-13　虚拟游戏

(3)影视。三维电影对人的视觉产生了巨大的冲击力,是电影界划时代的进步。在2010年年初上映的电影《阿凡达》,场景气势恢宏、波澜壮阔、缥缈仙境,让人久久不能忘怀。它的成功除了使用3000多个特效镜头外,还在于电影从平面走向了立体,整个拍摄过程使用3D摄影机拍出了立体感。图6-5-14所示的为《阿凡达》场景。

虚拟现实在三维电影中的应用主要是制造栩栩如生

图6-5-14　《阿凡达》场景

的人物、引人入胜的宏大场景,以及添加各种动人心魄的特技效果。目前,三维电影技术比较成熟,每年都会有 3D 电影问世,但是,它存在的局限性是观看三维电影需要佩戴 3D 眼镜。在不久的将来,观众或许可以摘下 3D 眼镜直接观看三维电影,届时电影院也将真正给观众带来身临其境的氛围。星空与万丈深渊都会近在咫尺,电影的魅力将会无限扩大和延伸,使电影业得到长足的进步和拓展。

5.制造领域

消费者需要物美价廉、品种丰富的产品。各个公司绞尽脑汁想提高生产的灵活性、缩短产品的开发时间并节约成本。虚拟现实的多模态交互、适应性、远程共享访问等特点,对制造商具有很强的吸引力。

自 20 世纪 90 年代开始,使用虚拟现实技术的制造业——虚拟制造已经得到迅速发展。虚拟制造是采用计算机仿真和虚拟现实技术在分布技术环境中开展群组协同工作,支持企业实现产品的异地设计、制造和装配,是 CAD/CAM 等技术的高级阶段。利用虚拟现实技术、仿真技术等在计算机上建立的虚拟制造环境是一种接近人们自然活动的"自然"环境,人们的视觉、触觉和听觉都与实际环境接近。人们在这样的环境中进行产品开发,可以充分发挥技术人员的想象力和创造力,相互协作发挥集体智慧,大大提高产品开发的质量,缩短开发周期。除此之外,虚拟现实技术对产品的销售和维护诊断等方面的服务也提供了很大的支持。

目前虚拟制造领域的应用主要涉及产品的外形设计、布局设计、运动仿真、虚拟装配和虚拟样机等方面。

6.商业领域

二维平面图像的交互性较差,已经不能满足人们的视觉需要。虚拟现实技术的到来,三维立体的表现形式,全方位展示产品,得到更多企业和商家的青睐。

结合网络技术,企业利用虚拟现实技术将产品的商业包装推广发布成网上三维立体的形式,展示出逼真的产品造型,通过交互体验来演示产品的功能和使用操作,充分利用网络高速迅捷的传播优势。例如,企业将产品销售展示做成在线三维的形式,顾客通过全方位浏览产品,对产品有更加全面的认识和了解,提高购买的概率,为销售者带来更多的利润。图 6-5-15 所示的为提供交互式在线营销服务的试衣间,用户通过计算机摄像头来实现在线试衣,还可以通过输入一些身体数据,如身高、体重、体形等,在线生成一个模拟人,与真人相互匹配,以保证试穿的效果更为精准、更有参考价值。

图 6-5-15 虚拟试衣间

知识链接

增强现实系统

增强现实系统的产生得益于 20 世纪 60 年代以来计算机图形学技术的迅速发展，是近年来国内外众多知名学府和研究机构的研究热点之一。它是借助计算机图形技术和可视化技术产生现实环境中不存在的虚拟对象，并通过传感技术将虚拟对象准确"放置"在真实环境中，借助显示设备将虚拟对象与真实环境融为一体，并呈现给使用者一个感官效果真实的新环境。因此，增强现实系统具有虚实结合、实时交互和三维注册的特点。它是把真实环境和虚拟环境组合在一起的一种系统，它允许用户看到真实世界，同时也可以看到叠加在真实世界的虚拟对象，这种系统既可减少对构成复杂真实环境的计算，又可对实际物体进行操作，真正达到亦真亦幻的境界。

在视觉化的增强现实系统中，用户利用头盔显示器，把真实世界与计算机图形多重合成在一起，便可以感到真实的世界围绕着他。其实增强现实系统不局限于视觉上对真实场景进行增强，实际上任何不能被人的感官所察觉但能被机器（各种传感器）检测到的信息，通过转换，以人可以感觉到的方式（图像、声音、触觉和嗅觉等）叠加到人所处的真实场景中，都能起到对现实的增强作用。

常见的增强现实系统主要包括基于台式图形显示器的系统、基于单眼显示器的系统、基于光学透视式头盔显示器的系统、基于视频透视式头盔显示器的系统。

增强现实系统的最大特点不是把用户与真实世界隔离，而是将真实世界和虚拟世界融为一体，用户可以与两个世界进行交互，方便工作。例如，工程技术人员在进行机械安装、维修、调试时，通过头盔显示器，可以将原来不能呈现的机器内部结构及它的相关信息、数据完全呈现出来，并按照计算机（移动计算机）的提示进行工作，解决技术难题，使工作变得非常方便、快捷、准确。它摒弃了以前需要带着大量、笨重的资料在身边，边工作边查阅，一旦出现难题或紧急情况就不知所措的落后方法和现象。

增强现实是在虚拟环境与真实世界之间的沟壑间架起的一座桥梁。因此，增强现实的应用潜力相当巨大，在尖端武器和飞行器的研制与开发、数据模型的可视化、虚拟训练、娱乐与艺术等领域具有广泛的应用，而且由于其具有能够对真实环境进行增强显示输出的特性，在医疗研究与解剖训练、精密仪器制造和维修、军用飞机导航、工程设计和远程机器人控制等领域具有比虚拟现实技术更加明显的优势。

> **提醒**
>
> 增强现实系统是将虚拟世界与现实场景融合起来，直至模糊了两者的界限，让人分不清眼前的景象哪些是虚拟的，哪些是现实的。

自主实践活动

列举虚拟现实技术在人们工作、生活和学习中的应用案例。

项目考核

一、填空题

(1)_____是一种把文本、_____、图像、_____和声音等多种信息类型综合在一起,并通过计算机进行综合处理和控制,能支持完成一系列交互式操作的信息技术。

(2)_____和_____是多媒体作品中不可或缺的内容,好的影视解说可使观众更容易理解影视作品所需要表达的思想内容。

(3)虚拟现实系统由_____、_____、_____和数据库组成。

二、简答题

(1)多媒体软件的分类有哪些?

(2)幻灯片母版应该如何启动、设置与退出?

项目七
信息安全与病毒防范

■ 情境描述

随着计算机网络的发展和互联网的广泛应用,网络信息交流已经成为现代社会生活的核心。政府机构、企事业单位纷纷建立自己的局域网,并通过各种方式与互联网相连。电子政务、电子商务的快速发展,使得信息安全的问题越来越突出。黑客攻击与计算机病毒的侵害会给政府和企业造成巨大的损失,因此,必须做好信息安全及病毒防范工作。

活动一　信息安全基础知识

■ 活动要求

计算机信息系统在信息收集、传输、存储、加工、处理、分发和利用等方面扮演着越来越重要的角色,针对计算机信息系统的威胁也越来越多。计算机网络技术的发展使计算机系统的安全问题日益突出。提高计算机和网络信息的安全性是当前信息社会普遍面临的问题。

■ 活动分析

一、思考与讨论

(1)计算机安全包含哪些内容?
(2)网络安全包含哪几个方面?
(3)网络安全面临威胁的原因是什么?
(4)网络安全的现状与发展趋势是什么?

二、总体思路

网络信息安全防护

方法与步骤

一、认识计算机安全

计算机信息系统是指由人、计算机和软件组成的能自动进行信息收集、传输、存储、加工、处理、分发和利用的系统。它由实体和信息两大部分组成，实体是指实施信息收集、传输、存储、加工、处理、分发和利用的计算机及其外围设备和网络；信息是指存储于计算机及其外围设备上的程序和数据。信息安全指信息在存储、处理和传输状态下均能保证保密、完整、可用和可控。

由于计算机信息系统涉及有关国家安全的政治、经济和军事情况以及一些企业与个人的机密级敏感信息，所以它成为被威胁和攻击的主要对象。关于计算机信息系统的安全问题，正在形成计算机领域一门新的学科——计算机安全学。

1.计算机安全的内容

计算机安全包含很多方面的内容，如安全的室内使用环境、安全的网络环境及安全的数据保存环境等。

（1）硬件安全。硬件是指计算机的处理器、主板、硬盘、显示器及其他看得见摸得着的设备。这些设备能安全地工作，就保证了"硬件安全"。

（2）软件安全。软件是指安装在计算机中的各种程序，包括操作系统、应用软件等。这些软件不受病毒、木马、黑客和意外事故的侵害，就保证了"软件安全"。

（3）数据安全。数据是指保存在计算机中的用户数据，包括资料、文档、临时文件及各种软件的设置等。数据是整个计算机系统中最重要的东西，因为硬件和软件损坏了，还可以重新购买安装，数据一旦丢失或泄露，造成的损失无法估量。

> 💡 **提醒**
>
> 软件也是计算机中保存的数据，数据安全广义上也应该包含软件安全。但实际上用户数据与软件的重要性差别很大，软件损坏后无非再次安装，而用户数据的丢失或泄露则可能导致严重的经济损失，甚至不能以金钱来衡量（如珍贵的照片），因此把软件安全与数据安全区别对待是很有必要的。

硬件安全也好，软件安全也好，其根本还是为了保护数据安全。数据安全是计算机安全的核心。

2.本地安全和网络安全

数据丢失或泄露的情况分为两种：一种是直接在计算机上进行操作，这需要入侵者亲自到达目标计算机所在地；另一种是通过网络入侵目标计算机，利用病毒、木马或者软件漏洞等达到目的。前者涉及本地安全，后者则涉及网络安全。

（1）本地安全。本地安全就是防范入侵者亲自到目标计算机所在地破坏、窃取或篡改数据。入侵者可能立即对现有数据进行操作，也可能在计算机上安装各种控制或窃听软硬件，以此来监控将要输入的数据，并对感兴趣的数据进行操作。

（2）网络安全。对个人计算机而言，网络安全是指保护好自己的计算机不受来自网络的各种有害程序和黑客的攻击；对公司、学校等具有多台计算机组成的局域网而言，网络安全是指保护整个局域网中的信息不受侵害；对提供网站服务、邮件服务等服务的公司而言，网络安全是保护这些服务器不被黑客入侵利用，以及网络服务不中断。

二、了解网络安全

计算机网络技术的发展使计算机应用日益广泛和深入，同时也使计算机系统的安全问题日益复杂和突出。影响网络安全的因素有很多，这些因素可能是有意的，也可能是无意的；可能是人为的，也可能是非人为的。

1.网络安全的内容

计算机网络面临的威胁大体可分为两种：一是对网络中信息（即网络数据）的威胁；另一种是对网络中设备（即网络硬件）的威胁。

（1）网络硬件安全。机房的环境和设施的安全，以及计算机硬件、附属设备和网络传输线路等的安全。

（2）网络数据安全。保护数据不被非法存取，确保其保密性、完整性、可用性和可控性。

①保密性。信息不泄露给非授权的用户、实体，或供其利用。在网络系统的各个层次上，数据保密有不同的防范措施。例如，在物理层面，要保证系统实体不以电磁辐射的方式向外泄露信息，在数据处理、传输层面，要保证数据在传输、存储过程中不被非法截获、解析。

②完整性。数据在未经授权时不能被改变，即信息在存储或传输过程中不被修改、不被破坏和不丢失。影响数据完整性的主要因素包括设备故障，传输、处理或存储过程中产生的误码，网络攻击，计算机病毒等。其主要防范措施是校验与认证技术。

③可用性。网络信息系统最基本的功能是向用户提供服务，而用户要求的服务是多层次的、随机的。可用性是指可被授权实体访问，并按需求使用的特性，即当需要时应能存取所需的信息。网络环境下拒绝服务、破坏网络和有关系统的正常运行等都属于对可用性的攻击。

④可控性。对信息的传播及内容具有控制能力，保障系统依据授权提供服务，使系统任何时候不被非授权用户使用，对黑客入侵、口令攻击、用户权限非法提升、资源非法使用等采取防范措施。

2.网络安全的4个方面

网络安全可划分为物理安全、逻辑安全、系统安全和通信安全4个方面。

（1）物理安全。物理安全是指计算机硬件、网络设备和传输介质等一些实物的安全，包括以下内容。

①防盗。与其他物体一样，物理设备（如计算机）也是偷窃者的目标之一，如盗走硬盘、主板等。计算机偷窃行为造成的损失可能远远超过计算机本身的价值，因此必须采取严格的防范措施，以确保计算机设备不会丢失。

②防火。计算机机房发生火灾一般是由于电气原因、人为事故或外部火灾蔓延引起的。电气设备和线路因为短路、过载、接触不良、绝缘层破坏或静电等原因引起电打火可能导致火灾。

③防静电。静电是由物体间的相互摩擦、接触产生的。静电积蓄过多后，会发生放电现

象,产生火花,从而造成火灾,或击穿计算机的元器件,造成损坏。因此机房和操作人员都要注意遵循防静电措施。

④防雷击。利用传统的避雷针防雷,不但增加雷击概率,还会产生感应雷,而感应雷是电子设备被损坏的主要原因之一,也是易燃易爆品被引燃引爆的主要原因。目前,主要的防范措施是根据电气、微电子设备的不同功能和不同受保护程度,以及所属保护层来确定防护要点,进行分类保护;根据雷电和瞬间过压危害的可能通道,从电源线到数据通信线路都应进行多层保护。

> 📖 提醒
>
> 图7-1-1 所示的为机房专用的避雷设备,正式名称为"信号电子避雷器"。该避雷器不仅具有避雷功能,还能防浪涌及瞬间过压,可以很好地应对电力方面的突发状况。

图7-1-1 信号电子避雷器

⑤防电磁泄漏。与其他电子设备一样,计算机在工作时也要产生电磁发射,包括辐射发射和传导发射两种类型,而这两种电磁发射可被高灵敏度的接收设备接收并进行分析、还原,从而造成计算机信息的泄露。目前,屏蔽是防电磁泄漏的有效措施,屏蔽方式主要包括电屏蔽、磁屏蔽和电磁屏蔽3种。

> 📖 提醒
>
> 显示器、键盘、打印机等硬件会产生电磁辐射,会把计算机信号扩散到几百米到1千米以外的地方,针式打印机的辐射甚至达到GSM手机的辐射量。情报人员可以利用专用接收设备接收这些电磁信号,然后还原,从而实时监控计算机上的所有操作,并窃取相关信息。

(2)逻辑安全。计算机的逻辑安全需要用口令、时间控制以及文件许可等方法来实现,如规定用户在一定时间内只能登录一定次数,以避免登录被用于试探密码;对于计算机文件的访问,必须要有相应权限等。

(3)系统安全。如果计算机被许多人使用,则要考虑各个用户的数据安全,因此要求操作系统必须能区分用户,以避免用户间相互干扰。一些安全性较高、功能较强的操作系统可以为每一位用户分配账户,普通账户不能修改由另一个账户创建的数据。

> **提醒**
>
> 　　管理员账户是操作系统中权限最高的账户,对计算机有绝对的管理权。使用管理员账户可以读写任何账户的数据。因此,管理员账户要设置复杂的密码,并且在日常使用时尽量用普通账户登录,不要轻易登录管理员账户,这样既能避免错误操作带来的损失,又能降低账号、密码被窃的概率。

（4）通信安全。通信安全是指计算机之间传递数据的安全,通常包括以下内容。

①访问控制:用来保护计算机和联网资源不被非授权使用。

②数据安全:用于保证数据的完整性,以及各通信渠道的可信赖性。

3.网络攻防手段

网络攻击与防御的手段有多种,二者的技术发展是不断纠缠前进的。作为普通的计算机使用者,不了解攻击手段,则不能实现较好的防御。

（1）常用的攻击技术主要包括以下5个方面。

①监听。监听并分析目标计算机与其他计算机通信的数据,以获取关键信息。

②扫描。利用程序去扫描目标计算机开放的端口,以发现漏洞,方便入侵该目标计算机。

③入侵。当探测发现目标计算机存在漏洞以后,入侵目标计算机,或进行控制,或获取信息。

④设置后门。成功入侵目标计算机后,为了实现长期控制,在目标计算机中留下秘密通道,以便随时进入,这样的秘密通道俗称"后门"。

⑤消除痕迹。入侵完毕退出目标计算机后,将入侵该计算机的痕迹清除,从而防止被对方管理员发现后,及时修补漏洞,清除后门,并处理泄露的数据。

（2）防御技术通常包括以下4个方面。

①操作系统的安全配置。合理配置操作系统的安全设置,可有效提高操作系统的安全性。

②加密。为了防止被监听和盗取数据,通过加密技术将所有的数据进行加密,或至少将通信中的数据进行加密。

③防火墙。利用防火墙对传输的数据进行监控和限制,从而及时发现非法的连接,可减小被入侵的概率。

④入侵检测。如果网络防线最终被攻破了,则可及时发出被入侵的警报,提醒用户采取相应的措施。

4.影响网络安全的因素

导致网络不安全的因素是多种多样的,有的来自网络本身,也有的来自外部攻击,如数据窃取、数据破坏、攻击服务器等。

（1）网络自身带来的安全威胁。由于网络系统自身硬件资源、通信资源、软件及信息资源等具有的缺陷,导致系统受到破坏、更改、泄露和功能失效,从而处于异常状态,甚至崩溃瘫痪等,就是网络系统自身带来的安全威胁。网络系统自身由于各种原因可能存在不同程度的脆弱性,为各种攻击提供了可能性。

①硬件的安全隐患。网络系统硬件的安全隐患来源于设计,主要表现为物理安全方面的问题。例如,对于各种计算机或网络设备(如主机、电缆、交换机、路由器等),除难以抗拒的自然灾害外,温度、湿度、尘埃、静电、电磁场等也可以造成信息的泄露或失效。另外,网络系统在工作时,会向外辐射电磁波,易造成敏感信息的泄露。由于这些问题是固有的,除在管理上强化人工弥补措施外,采用软件程序的方法见效不大。因此,在设计或选购硬件时,应尽可能减少或消除这类安全隐患。

②软件的安全隐患。软件的安全隐患来源于设计和软件工程中的问题,如软件设计中的功能冗余及软件过长、过大,使软件不可避免地存在安全脆弱性;软件设计不按信息系统安全等级要求进行模块化设计,导致软件的安全等级不能达到声称的安全级别;软件工程实现中造成的软件系统内部逻辑混乱,导致垃圾软件。

③网络和通信协议的安全隐患。当前计算机网络系统使用的 TCP/IP 及 FTP、E-mail、NFS 中都包含着许多影响网络安全的因素,存在许多安全漏洞,主要有以下几个方面。

a.缺乏对通信双方真实身份的鉴别机制。由于 TCP/IP 使用 IP 地址作为网络节点的唯一标识,而 IP 地址的使用和管理又存在很多问题,因而导致安全问题。

b.缺乏对路由协议的鉴别认证。TCP/IP 在 IP 层上缺乏对路由协议的安全认证机制,对路由信息缺乏鉴别与保护。通过 Internet 利用路由信息可以修改网络传输路径,误导数据的传输。

c.存在 TCP/UDP 的缺陷。TCP/UDP 是基于 IP 的传输协议,TCP 分段和 UDP 数据包是封装在 IP 包中在网络中传输的,因此可能面临 IP 层所遇到的安全威胁。另外,建立一个完整的 TCP 连接,需要经历"3 次握手"过程。在客户/服务器模式的"3 次握手"过程中,假如客户机的 IP 地址是假的、不可达的,TCP 不能完成该次连接所需的"3 次握手",使 TCP 连接处于"半开"状态,也会带来安全隐患。

④数据库及其管理软件的安全隐患。数据库用于存放各类数据,管理软件用于操作数据库,二者都存在一定的安全隐患。例如,较流行的网络数据库 MySQL 随时在发布补丁包。如果管理员不及时做好相应的安全管理工作,就会留下被入侵的隐患。

(2)来自网络外部的安全威胁。来自网络外部的安全威胁主要是指除网络系统自身以外的威胁,如外部人员利用网络安全缺陷来进行攻击。这些缺陷可能导致各种问题,如信息泄露、数据破坏、资源耗尽或非法使用资源等。

①物理威胁。物理威胁是指针对网络和计算机等设备的实体进行入侵的行为。物理威胁通常包括以下 4 个方面。

a.偷窃。网络安全中的偷窃包括偷窃物理设备、偷窃信息和偷窃服务等内容。例如,某人想要偷窃的信息存放在计算机中,一方面可以将整台计算机偷走,另一方面也可以通过监视器读取计算机中的信息。

b.废物搜寻。废物搜寻是指在人们遗弃不用的废物(如一些打印错误而废弃的纸张或废弃的磁盘等)中搜寻需要的重要信息。在计算机上,废物搜寻可能包括从未格式化的软盘或硬盘中获取有用资料。

c.间谍行为。间谍行为是一种为了省钱或获取有价值的信息,而采用不道德的手段获取信息的方式。

d.身份识别错误。身份识别错误是指用户通过非法手段建立文件或记录,并企图将它们当作有效的、正式的文件或记录,从而对网络数据构成巨大威胁。例如,对那些具有身份鉴别特征的物品(如护照、执照、出生证明或加密的安全卡)进行伪装。

②系统漏洞。系统漏洞是指应用软件或操作系统在逻辑设计上存在的缺陷或在编写时产生的错误,这个缺陷或错误可以被不法者或者黑客利用,通过植入木马、病毒等方式来攻击或控制计算机,从而达到窃取用户重要资料和信息,甚至破坏系统的目的。系统漏洞可以造成下列 3 种威胁。

a.乘虚而入。例如,某用户远程登录了服务器,随后停止了使用,但由于某种原因仍使服务器上的一个端口处于激活状态,此时入侵者可通过这个端口进入服务器并与之通信,而不必通过申请使用端口的安全检查。

b.不安全的网络服务。在某些情况下,操作系统中存在不安全的服务可以绕过计算机的安全检查机制,入侵者可以利用这些不安全服务入侵系统。例如,互联网蠕虫就是利用 bind 程序中存在的这种问题而直接得到管理员权限的。

c.配置和初始化错误。在网络中,为了维护服务器或服务器中的某个部分,而关闭该服务器,但当几天后重新启动该服务器时,可能会发生用户文件丢失或被篡改的情况。这很可能就是系统在重新初始化时,安全系统没有正确初始化,从而留下了安全漏洞被人利用。另外,当木马程序修改系统的安全配置文件时,也会发生这样的情况。

> 💡 **提醒**
>
> 有些出现较早的网络服务,如 Telnet 和 FTP 服务,在出现时并未预料到黑客技术会发展得如此之快,因此设计上就没有对安全做过多考虑。用户在使用这类服务时,其用户名和密码可以使用嗅探软件轻易地窃取到。

③身份鉴别问题。身份鉴别一般是指计算机决定用户是否有权在服务器上进行操作(如复制、修改文件或文件夹等)或提供一些服务的过程。如果没有身份鉴别,网络就会不安全。通常身份鉴别威胁包括如下 4 个方面。

a.口令圈套。口令圈套是网络安全的一种诡计,与冒名顶替有关。常用的口令圈套通过一个编译代码模块来实现,运行起来和登录屏幕一模一样,被插入正常登录过程之前,用户看到的只是先后两个登录屏幕,第一次登录失败了,被要求再次输入用户名和口令;实际上,第一次登录并没有失败,它将登录数据(如用户名)写入这个数据文件中,留待使用。

b.破解口令。破解口令就像人们猜测行李箱密码锁的数字组合一样,在该领域中已形成许多能提高成功率的技巧。

> 💡 **提醒**
>
> 破解电子邮箱口令是最典型的破解口令。破解的方式基本上有两种:一种是入侵邮件服务器,取得用户口令,这种方式难度比较高;另一种是使用穷举法去一一尝试用户的口令,这种方式难度低,成功率不高。

c.算法考虑不周。口令输入过程必须在满足一定条件时才能正常地工作,这个过程通过某些算法实现。在一些攻击入侵案例中,入侵者采用超长的字符串破坏口令算法,成功地进入计算机系统。

d.编辑口令。编辑口令需要依靠操作系统漏洞,如某部门内部的人员建立一个虚设的账户或修改一个隐含账户的口令,这样知道该账户名称和口令的人员便可以访问该计算机了。

④线缆连接威胁。随着网络技术的发展,网络线缆的连接对计算机数据造成了新的安全威胁,通常包括以下两个方面。

a.窃听。对通信过程进行窃听以达到收集信息的目的,这种电子窃听不需要窃听设备安装在线缆上,通过检测从连线上发射出来的电磁辐射就能获取所要的信号。为了使单位或公司内部的通信有一定的保密性,可以通过加密手段来防止信息泄露。

💡 提醒

> 窃听手段日益先进,如使用键盘灯来窃取数据。入侵者在计算机上加载一个程序,该程序可以将任意文件解码为二进制码,并控制键盘灯进行相应的闪烁。入侵者再使用手机等设备将键盘灯闪烁的过程录制下来,之后进行解码即可将文件还原。这种方法虽然简单,却让人防不胜防。

b.冒名顶替。冒名顶替是指通过使用别人的账号和密码,来获得对网络及其数据、程序的使用。这种办法实现起来并不容易,而且一般需要有机构内部了解网络和操作过程的相关人员参与。

⑤有害程序威胁。有害程序是指能够危害计算机系统和网络安全的程序,通常这些有害程序都是由编程技术高超的用户编写,用来进行破坏操作和谋求个人利益,包括以下 3 种类型。

a.病毒。病毒是把自己的备份附着于计算机中另一程序上的一段代码。通过这种方式,病毒可以进行自我复制,并随着附着的程序在计算机之间传播。

b.代码炸弹。代码炸弹是一种具有杀伤力的代码,其运行原理是一旦达到了制作者设定的日期或时间,或用户在计算机中进行了某种操作,代码炸弹就会被触发并开始产生破坏性操作。代码炸弹不必像病毒那样四处传播。

c.木马。木马程序一旦被安装到计算机中,便可按照编制者的意图运行。木马能够摧毁数据,有时伪装成系统上已有的程序,有时创建新的用户名和口令。

5.网络安全面临威胁的原因

目前,无论是中小型企业还是大型企业,都开始广泛地利用信息化手段来提升自身的竞争力。信息化网络可以有效提高中小型企业的运营效率,使中小型企业能更快速地发展壮大。然而在获得这些利益的同时,网络信息的安全问题也给许多大型企业造成重大的损失,这也同样困扰着中小型企业群体。虽然中小型企业的信息化设施规模相对较小,但是其面临的安全威胁并不比大型企业的少。网络安全面临威胁的原因如下。

(1)身份认证太简单。计算机网络中的身份认证通常是采用口令来实现的。但口令比较薄弱,有多种方法可以破译,其中最常见的两种方法就是破解加密的口令和通过信道窃取口令。例如,在 UNIX 操作系统中,通常是把加密的口令保存在某一个文件中,而普通用户也是可以读取该文件的。一旦该口令文件被入侵者通过简单复制的方式得到,他们就可以对口令进行解密,然后用它来取得对系统的访问权。

(2)使用易被窃听的服务。用户使用 Telnet 或 FTP 方式登录远程计算机时,需要输入用户名及密码,而在网络中传输的口令是未被加密的。入侵者可以通过监听携带用户名和密码的IP数据包获取用户名和密码,并使用这些用户名和密码登录系统。如果被截获的是管理员的用户名和密码,那么获取该系统的超级用户访问权限就轻而易举了。

> **提醒**
>
> FTP服务通常用于文件的远程传输。用户可使用合法的用户名与密码登录服务器,然后上传和下载文件。

（3）对IP欺骗缺乏防范措施。攻击者使用IP欺骗手段可以冒充一个被信任的主机或者客户,从而危害网络。如果网络中缺乏对IP欺骗的防范手段,就很容易被入侵者利用。

（4）网络服务引起的问题。计算机的安全管理是一个困难、费时并且琐碎的工作。为了降低管理难度,提高管理效率,管理员通常会使用一些网络服务,这些服务允许一些数据库以分布式方式管理,允许系统共享文件和数据,这在很大程度上减轻了管理者的工作量。但这些服务也带来了不安全因素,可能被有经验的闯入者利用以获得访问权。另外,一些系统出于方便用户及加强系统和设备共享的目的,允许主机之间相互"信任"。这样,如果一个系统被入侵或欺骗,那么对于入侵者来说,获取信任该系统的其他系统的访问权就很简单。

（5）设置太复杂。主机系统的访问控制配置过于复杂,一些偶然的配置错误会使入侵者获取访问权。许多网上的安全事故正是由于入侵者发现了设置中的弱点而造成的。

（6）网络中存在"短板"计算机。在一个网络中,通常有若干台计算机,其中只要有一台计算机存在可被利用的弱点,就可能被入侵者利用,非法进入网络并攻击设施。存在"短板"计算机的根源在于众多使用者的安全意识和计算机水平参差不齐。

> **提醒**
>
> 很多公司都聘请了专业的网络管理员来维护公司网络安全,但公司员工大部分都不具备专业的安全知识和意识,同时也不愿意花时间接受相关的培训,这就埋下了出现"短板"计算机的隐患。只要有任何一名员工的计算机被入侵者控制,就可能危及公司网络安全。

6.网络安全的现状

随着网络应用的日益普及和更为复杂,网络安全事件不断出现,如计算机病毒网络化趋势愈来愈明显,垃圾邮件日益猖獗,黑客攻击呈指数增长,利用互联网传播有害信息的手段日益翻新等。网络在给人们带来自由开放的同时,也带来不可忽视的安全风险。网络安全问题越来越成为人们关注的重点。

目前,全球的网络安全问题日益突出,已成为信息产业健康发展必须面对的问题。各种网络安全漏洞大量存在和不断被发现;漏洞公布到利用漏洞的攻击代码出现的时间缩短至几天甚至一天,使开发、安装相关补丁及采取防范措施的时间压力增加;网络攻击行为日趋复杂,防火墙、入侵监测系统等网络安全设备不能完全阻挡网络安全攻击;黑客攻击目的从单纯追求"荣耀感"向获取实际利益方向转移;针对手机等无线终端的网络攻击也在进一步发展;随着网络共享软件、群组交互通信、地址转移、加密代理、信件自收发等新型技术的不断开发和应用,传统的网络安全监管手段越来越捉襟见肘。

目前威胁主流操作系统的安全漏洞已经数以千计。即使在一个小型的企业网或家庭网中,也难以对每个可能发生安全问题的地方进行监控,更不用说各种大型网络和面对互联网的服务器了。

7.网络安全的发展趋势

不管是企业还是个人用户已经意识到网络安全问题的重要性,在追求当前最好的网络安全产品的同时,也会关注新的网络威胁,以及网络安全的发展趋势。

(1)安全需求多样化。随着我国信息化建设的推进,用户对于安全保障的要求越来越高,对网络安全的需求也越来越大。安全需求将从单一安全产品发展到综合防御体系,从某一点的安全建设过渡到整个安全体系的建设。网络与信息安全部署的重点开始由网络安全向应用安全转变,应用安全和安全管理是大势所趋。

(2)技术发展专一与融合并行。诸如防火墙、入侵检测系统、内容管理等产品方案越做越专,这是因为在安全需求较高的电信行业须应对复杂多变的安全威胁。同时,融合也是一种趋势,基本的防火墙功能也被集成到越来越多的网络设备中。例如,路由器和交换机设备开始整合防火墙过滤功能;在 64 位计算机主板的芯片组中也提供了防火墙功能。除了防火墙功能之外,还有很多安全功能被整合进各种产品中。在软件领域中,大量进行网络管理的软件都增加了防范恶意程序及行为的机制。

(3)安全管理体系越来越受欢迎。俗话说,"三分技术,七分管理",管理作为网络与信息安全保障的重要基础,一直备受重视。在国家宏观管理方面,我国将在"积极防御、综合防范"的管理方针指导下,逐步建立国家信息安全管理保障体系,进一步完善国家互联网应急响应管理体系,加快网络与信息安全标准化的实施工作,加强电信安全监管和信息安全等级保护工作,对电信设备的安全性和信息安全专用产品实行强制性认证等。在网络信息系统微观管理方面,网络与信息安全管理正逐渐成为企业管理越来越关键的部分,越来越多的企业将逐步建立自身的信息安全管理体系。

(4)网络犯罪形成产业链。财富的诱惑,使得对网络的攻击不再是一种个人兴趣,而是变成一种有组织的、利益驱使的职业犯罪。很多网络犯罪已经形成产业链,病毒木马编写者、专业盗号人员、信息销售渠道等日趋成熟和隐蔽。

(5)网页挂马成为潮流。网页挂马成为网络木马传播的"帮凶",使得服务器端系统资源和流量带宽资源大量损失,客户端的用户个人隐私也将受到威胁。

(6)软件漏洞受到攻击的趋势长期不变。由于当前应用软件在开发中都存在这样或那样的不足,这些不足常被入侵者发现并加以利用,新漏洞的出现要比设备制造商修补的速度更快。另外,一些嵌入式系统中的漏洞难以修补。

知识链接

一、计算机犯罪

计算机信息网络已经成为国防、金融、航空、财税、教育、尖端科技等领域的支柱。黑客攻击、非法入侵、网上诈骗、网上盗窃等名目繁多的计算机犯罪活动也与日俱增,严重威胁着信息网络的安全。

根据《中华人民共和国人民警察法》《中华人民共和国计算机信息系统安全保护条例》的

规定,明确指出由公安机关主管计算机信息系统安全保护工作。为了更好地落实公共信息网络安全保护工作,公安机关还成立了专门的公共信息网络安全监察机构来预防计算机犯罪。所谓计算机犯罪,是指行为人以计算机作为工具或以计算机资产作为攻击对象,实施的严重危害社会的行为。

1.计算机犯罪的类型

计算机犯罪已经成为当前高科技犯罪的主要形式,犯罪的手法多种多样。计算机犯罪主要有以下几种类型。

(1)非法侵入计算机信息系统。侵入计算机信息系统罪是指违反国家规定,侵入国家事务、国防建设、尖端科学技术领域的计算机系统的行为。重要部门的计算机系统数据具有一定的保密性,一旦遭非法侵入,这些数据就会处于失密状态,危害相当严重。遭遇损害的系统中所有的数据都需要进行安全认证,安全系统也需要重新购置。这种犯罪危害的对象不仅是计算机系统,还包括所有与被害计算机系统有直接联系的用户。国际上通常将非法侵入计算机信息系统者称为"黑客"。

(2)破坏计算机信息系统。破坏计算机信息系统是指利用各种手段对计算机系统内部的数据进行破坏,从而导致计算机系统被破坏的行为,具体分为3种。

①破坏计算机信息系统功能:违反国家规定,对计算机信息系统的功能进行删除、修改、增加、干扰,造成计算机系统不能正常运行。

②破坏计算机信息系统和应用程序:违反国家规定,对计算机信息系统中存储的数据和应用程序进行删除、修改和操作。

③制作、传播计算机病毒等破坏性程序:用计算机破坏性程序来取代计算机应用程序,对应用程序进行攻击,使其失去作用和价值。

(3)利用计算机实施的犯罪。所谓利用计算机犯罪,是指出于其他犯罪目的,以计算机为工具所实施的各种犯罪行为。在这类犯罪中,犯罪的手段行为和结果行为往往又触犯了侵入计算机信息系统罪,破坏计算机信息系统功能罪,破坏计算机信息系统数据和应用程序罪及制作、传播计算机病毒等破坏性程序罪,从而构成目的行为与手段行为和结果行为的牵连犯。从实践中已经发现的案件和计算机犯罪的发展趋势来看,利用计算机实施的犯罪主要有以下几种。

①利用计算机网络实施国家安全犯罪包括如下内容。

一是通过计算机网络进行间谍、特务活动。由于国家大量的政治、经济、军事、科技等机密需要通过计算机来存储和管理,故而引发了各国在网络上的秘密战争。近年来具有国家背景的通过计算机网络窃取国家机密的活动愈演愈烈,已成为间谍、特务活动的主要形式。

二是利用互联网建立反动网站,出版反动的电子刊物,发表反动文章,制造政治谣言和社会热点问题,攻击社会制度,挑起社会矛盾,企图制造社会动乱。

②利用计算机进行经济和财产犯罪。随着经济网络化、金融网络化和商务网络化时代的到来,我国以自动报关、无纸贸易、社会经济信息、电子货币为内容的"金关""金桥""金卡"工程正在加紧建设,计算机网络在给经济、社会和人民生活带来极大方便的同时,也为不法分子利用计算机网络进行经济和财产犯罪活动提供了机会、创造了空间,他们有的利用计算机进行盗窃、诈骗、贪污、侵占、挪用公款等犯罪活动,有的利用计算机网络洗钱、推销假冒伪

劣产品、发布虚假广告,还有的利用网络窃取商业秘密、侵犯他人的知识产权等。

③利用计算机及其网络制作、传播淫秽物品。随着多媒体和数字化技术的发展,计算机将逐步取代现有的音像、书刊等成为淫秽物品的主要载体,计算机网络将成为传播淫秽物品的主要渠道,网上扫黄将是一项长期而艰巨的任务。

2.计算机犯罪的特点

(1)智能性。计算机犯罪手段的技术性和专业化使得计算机犯罪具有极强的智能性。实施计算机犯罪时,罪犯要掌握相当水平的计算机技术才能逃避安全防范系统的监控,掩盖犯罪行为,所以计算机犯罪的主体许多是掌握了计算机技术和网络技术的专业人士。

(2)隐蔽性。由于网络的开放性、不确定性、虚拟性和超越时空性等特点,使得计算机犯罪具有极高的隐蔽性,增加了计算机犯罪案件的侦破难度。

(3)复杂性。

①犯罪主体的复杂性。任何罪犯只需要通过一台联网的计算机便可以在计算机终端与整个网络合成一体,调阅、下载、发布各种信息,实施犯罪行为。

②犯罪对象的复杂性。计算机犯罪就是行为人利用网络所实施的侵害计算机信息系统和其他严重危害社会的行为,其犯罪对象也越来越复杂多样,有盗用、伪造客户网上支付账户,电子商务诈骗,侵犯知识产权,非法侵入电子商务认证机构、金融机构、计算机信息系统,破坏电子政务系统,恶意攻击电子商务系统等。

(4)匿名性。罪犯浏览网络中的文字或图像信息的过程是不需要任何登记,完全匿名的,因而对其实施的犯罪行为也就很难控制。

二、网络道德

网络作为一种新型的信息交流平台,已成为人们学习新知识、接受新思想、传播信息的重要渠道,是人们认识世界、改造世界的一种新的技术手段。网络中不同观点云集,因此更要特别强调文明办网、文明上网,净化网络环境,努力营造文明健康、积极向上的网络文化氛围,营造共建共享的精神家园。

所谓网络道德,是指以善恶为标准,通过社会舆论、内心信念和传统习惯来评价人们的上网行为,调节网络时空中人与人、个人与社会之间关系的行为规范。网络道德是时代的产物,与信息网络相适应,人类面临新的道德要求和选择,于是网络道德应运而生。网络道德是人与人、人与人群关系的行为法则,它是一定社会背景下人们的行为规范,赋予人们在动机或行为上的是非善恶判断标准。

网络道德规范作为一种实践精神,是人们对网络持有的意识态度、网上行为规范、评价选择等构成的价值体系,是一种用来正确处理、调节网络社会关系和秩序的准则。网络道德的目的是按照善的法则创造性地完善社会关系和自身,除了规范人们的网络行为之外,还要提升和发展自己的内在精神。

网络道德是传统道德规范在互联网环境中的一种特殊表现方式。一切网络行为必须服从于网络社会的整体利益,当个人参与网络活动时,不得以任何形式损害网络社会的整体利益。尤其对于未成年人来说,上网的道德底线是"于己无害、于人无损"。

与传统道德相比,网络道德的一个突出特点或发展趋势在于从道德他律到道德自律的明显变化。网络社会中的道德不像传统道德那样,主要依靠舆论来规范个体行为,而是靠网民以"慎独"为特征的道德自律。因此,网民要自我约束自己的网上行为,在网上只发布对社会有用和有益的信息,不做有损于网络道德的事。

在信息技术发展日新月异的今天,人们无时无刻不在享受着信息技术带来的便利与好处。然而,随着信息技术的深入发展和广泛应用,网络中已出现许多不容回避的道德与法律问题。因此,在充分利用网络提供的历史机遇的同时,抵御其负面效应,大力进行网络道德建设已刻不容缓。针对互联网中存在的安全因素,网络用户应遵守的基本规范有如下几条:

(1)不应用计算机去伤害他人。

(2)不应干扰别人的计算机工作。

(3)不应窥探别人的文件。

(4)不应用计算机进行偷窃。

(5)不应用计算机作伪证。

(6)不应使用或复制没有付钱的收费软件。

(7)不应未经许可而使用别人的计算机资源。

(8)不应盗用别人的智力成果。

(9)应该考虑所编的程序的社会后果。

(10)应该以深思熟虑和慎重的方式来使用计算机。

(11)为社会和人类做出贡献。

(12)避免伤害他人。

(13)要诚实可靠。

(14)要公正并且不采取歧视性行为。

(15)尊重包括版权和专利在内的财产权。

(16)尊重知识产权。

(17)尊重他人的隐私。

(18)保守秘密。

以下几种网络行为被视为不道德行为:

(1)有意地造成网络交通混乱或擅自闯入网络及其相连的系统。

(2)商业性或欺骗性地利用大学计算机资源。

(3)偷窃资料、设备或智力成果。

(4)未经许可而使用他人的文件。

(5)伪造电子邮件信息。

自主实践活动

针对校园信息安全状况,为学校微机室拟定《上机行为指南》和《信息安全守则》。

活动二 计算机病毒防范

■ 活动要求

小李负责公司计算机与网络维护工作,最近公司员工发现个别计算机运行速度特别慢,向小李反映了此事,小李怀疑是公司部分计算机感染了病毒。于是,他对公司的所有计算机重新安装了杀毒软件,然后对每台计算机进行病毒查杀和实时监控并设置防火墙。

■ 活动分析

一、思考与讨论

(1)怎样使用 Windows 系统自带的工具来防范病毒?
(2)使用"金山毒霸"杀毒软件的操作步骤有哪些?
(3)如何使用杀毒软件实时监控系统?

二、总体思路

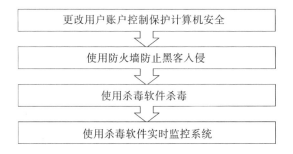

■ 方法与步骤

一、更改用户账户控制保护计算机安全

用户账户控制功能可以通知用户在程序做出更改时需要管理员的权限,以此来保证用户对计算机的控制。当弹出通知时,若当前是管理员登录系统,则可选择是否执行操作;若不是管理员登录系统,则必须由具有管理员权限的用户输入密码才能继续。通过更改用户账户控制来保护计算机安全,具体操作如下。

(1)打开"开始"菜单,选择"控制面板"命令,如图 7-2-1 所示,打开"控制面板"窗口。
(2)以"大图标"方式显示控制面板,选择"用户账户"选项,如图 7-2-2 所示。

图 7-2-1　选择"控制面板"命令　　　　　　图 7-2-2　选择"用户账户"选项

（3）在打开的窗口中选择"更改用户账户控制设置"选项，如图 7-2-3 所示。

（4）弹出"用户账户控制设置"对话框，拖动滑块到最顶端，将其设置为"始终通知"，然后单击"确定"按钮，如图 7-2-4 所示。

图 7-2-3　选择"更改用户账户控制设置"选项　　图 7-2-4　用户账户控制设置

二、使用防火墙防止黑客入侵

防火墙是指由软件和硬件设备组合而成，在内部网络与外部网络之间、专用网络与公共网络之间构建的保护屏障。通过防火墙可以预防网络中的大部分危险，保护计算机的安全，具体操作如下。

（1）打开"所有控制面板项"窗口，选择"Windows 防火墙"选项，如图 7-2-5 所示。

（2）在窗口左侧选择"打开或关闭 Windows 防火墙"选项，如图 7-2-6 所示。

图 7-2-5　"所有控制面板项"窗口　　图 7-2-6　选择"打开或关闭 Windows 防火墙"选项

（3）打开"自定义设置"窗口，选中两类网络下的"启用 Windows 防火墙"单选按钮，单击"确定"按钮，如图 7-2-7 所示。

（4）在"Windows 防火墙"窗口左侧选择"允许程序或功能通过 Windows 防火墙"选项，如图 7-2-8所示。

图 7-2-7　启用防火墙　　　　图 7-2-8　选择"允许程序或功能通过 Windows 防火墙"选项

（5）在"允许的程序"窗口中单击"允许运行另一程序"按钮，如图 7-2-9 所示。

（6）弹出"添加程序"对话框，单击"浏览"按钮，如图 7-2-10 所示。

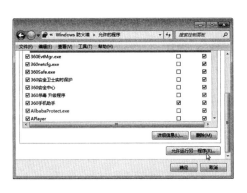 

图 7-2-9　单击"允许运行另一程序"按钮　　　　图 7-2-10　单击"浏览"按钮

（7）在"添加程序"对话框中选择需要设置为允许的应用程序，单击"添加"按钮。返回"添加程序"对话框，在其中的"程序"列表框中将显示添加的程序，单击"添加"按钮，如图 7-2-11 所示。

（8）返回"允许的程序"窗口，在其中可看到添加的应用，单击"确定"按钮，即可设置防火墙入站规则，如图 7-2-12 所示。

图 7-2-11　添加允许的应用程序　　　　图 7-2-12　设置防火墙入站规则

（9）在"Windows 防火墙"窗口左侧选择"高级设置"选项，如图 7-2-13 所示。

（10）打开"高级安全 Windows 防火墙"窗口，在左侧窗格中选择"出站规则"选项，在最右侧的窗格中选择"新建规则"选项，如图 7-2-14 所示。

图 7-2-13　选择"高级设置"选项

图 7-2-14　选择"新建规则"选项

（11）弹出"新建出站规则向导"对话框，保持默认设置，单击"下一步"按钮，如图 7-2-15 所示。

（12）在打开的界面中单击"浏览"按钮，弹出"打开"对话框，选择应用程序，单击"打开"按钮，如图 7-2-16 所示。

图 7-2-15　单击"下一步"按钮

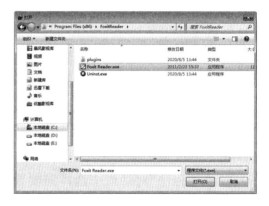

图 7-2-16　选择应用程序

（13）返回"新建出站规则向导"对话框，单击"下一步"按钮，如图 7-2-17 所示。

（14）在打开的界面中单击"下一步"按钮，如图 7-2-18 所示。

图 7-2-17　单击"下一步"按钮

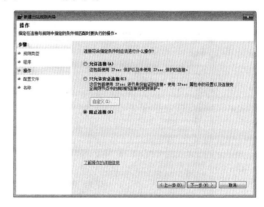

图 7-2-18　单击"下一步"按钮

（15）在打开的界面中设置相关的配置选项，单击"下一步"按钮，如图 7-2-19 所示。

（16）在打开的界面中设置规则名称，单击"完成"按钮，如图 7-2-20 所示。

图 7-2-19　设置相关配置　　　　图 7-2-20　设置规则名称

三、使用杀毒软件杀毒

目前病毒和木马非常猖獗，为了保护计算机的安全，杀毒软件已经成为计算机中必不可少的软件工具之一。对于一般用户来说，只需选择一款功能比较全面的杀毒软件安装在自己的计算机中，就可以有效地防止病毒入侵了。下面以金山毒霸为例，介绍使用杀毒软件查杀病毒的具体操作步骤。

（1）在桌面上双击"金山毒霸"图标，打开"金山毒霸"主界面，单击"闪电查杀"标签，展开列表，选择"全盘查杀"选项，如图 7-2-21 所示。

（2）金山毒霸将会自动扫描整个硬盘，界面显示查杀病毒的进度，如图 7-2-22 所示。

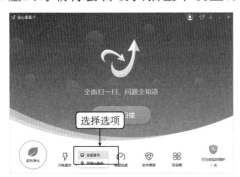 

图 7-2-21　选择"全盘查杀"选项　　　图 7-2-22　显示查杀病毒的进度

（3）扫描完成后，显示杀毒结果。如果查出有威胁，单击"立即处理"按钮，清除病毒，如图 7-2-23 所示。

图 7-2-23　显示杀毒结果

四、使用杀毒软件实时监控系统

因为计算机每时每刻都可能面临病毒的威胁，因此，大多数的杀毒软件都提供实时监控功能，它的职责是全程监视系统进程的运行，一旦发现病毒就会出现警告并加以清除。下面以金山毒霸为例，介绍其具体的操作步骤。

（1）在桌面上双击"金山毒霸"图标，打开"金山毒霸"主界面，单击"已为您实时保护"图标，如图 7-2-24 所示。

（2）打开"金山安全防护中心"，依次单击"4 层网购保护""5 层防黑保护""6 层上网保护"和"7 层系统保护"选项卡，依次进入相应界面，单击各选项右侧的按钮，开启计算机的安全防护，如图 7-2-25 所示。

图 7-2-24　单击"已为您实时保护"图标

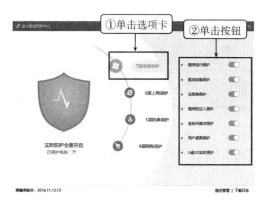

图 7-2-25　开启计算机安全防护

知识链接

计算机病毒

认识计算机病毒

计算机病毒并非像真的病毒那样具有生命力，而是一种程序，它跟真的病毒一样可以自动传播、潜伏和发作。计算机病毒可以无限制地复制自身，以实现快速蔓延的目的。计算机病毒能把自身附着在各种类型的文件上。当文件被复制或从一台计算机传送到另一台计算机时，它们就随同文件一起蔓延开来。

除复制能力外，计算机病毒还会根据编写者的意愿进行破坏，如格式化硬盘、破坏主板等。此外，也有纯粹是恶作剧的病毒，如让鼠标自动移动到当前窗口的"关闭"按钮上单击，以干扰用户正常操作为乐。

> **提醒**
>
> 《中华人民共和国计算机信息系统安全保护条例》中明确定义，计算机病毒是指编制或者在计算机程序中插入的破坏计算机功能或者破坏数据，影响计算机使用，并能自我复制的一组计算机指令或者程序代码。

1.计算机病毒的特征

一般正常的程序是由用户调用，再由系统分配资源，完成用户交给的任务，其目的对用户是可见的、透明的。计算机病毒具有正常程序的一切特征，它隐藏在正常程序中，当用户调用正常程序时,窃取系统的控制权,先于正常程序执行。病毒的动作、目的对用户是未知的和未经用户允许的。通常,病毒包括如下主要特征。

(1)繁殖性。计算机病毒可以像生物病毒一样进行繁殖,当正常程序运行时,病毒也开始进行自我繁殖和复制。繁殖、感染的特征是判断计算机病毒的首要条件。

(2)传染性。计算机病毒通过各种渠道(磁盘、共享目录、邮件等)从已被感染的计算机扩散到其他对象上,这些对象可以是一个程序,也可以是系统中的一个部件。传染性是计算机病毒的一个最基本的特性,也是判断一个计算机程序是否是病毒的一项重要依据。

(3)潜伏性。计算机病毒侵入系统后并不会马上发作,而是隐藏在某些文件中,待时机成熟之后才发作。

(4)隐蔽性。计算机病毒以隐藏的文件形式潜伏在计算机中,很难被发现。计算机病毒具有很强的隐蔽性,变化无常,处理起来非常困难。

(5)可触发性。病毒程序一般都对其运行设置了一些触发条件,一旦条件满足,病毒程序就像定时炸弹一样对计算机系统进行攻击或实施感染。

(6)破坏性。计算机病毒可能会导致正常的程序无法运行,如删除计算机内的文件、破坏磁盘引导扇区及 BIOS、破坏硬件环境等。

2.计算机感染病毒的症状

计算机病毒实际上是一种特殊的程序或普通程序中的一段特殊代码,能够寄生在系统的启动区、设备驱动程序及可执行文件中,并能够通过自我复制来耗用系统资源、破坏正常的应用程序等。计算机感染病毒后,会表现出不同的症状,下面列出一些比较常见的感染病毒的表现形式,用户可以据此来初步判断自己的计算机是否被感染了。

(1)突然无缘无故地死机。病毒感染计算机系统后,会引起系统工作不稳定,造成死机现象发生。

(2)无法正常启动。开机后计算机不能启动,操作系统报告缺少必要的启动文件,或启动文件被破坏,系统无法启动,有时还会突然出现黑屏现象。

(3)启动速度变慢。计算机启动的速度变得异常缓慢,或者在启动后,很长时间内系统对用户的操作都无响应或响应变慢。

(4)资源消耗加剧。硬盘中的存储空间急剧减少,CPU 的使用率经常保持在 80% 以上,运行程序时经常提示内存不足或出现错误,计算机在没有征兆的情况下突然死机。

(5)文件丢失或被破坏。计算机中的文件莫名其妙地找不到了,文件图标被更换成不熟悉的标志,文件的大小和名称被更改,文件内容变成乱码,原本可正常打开的文件无法打开。

(6)鼠标自己不停地晃动。没有对计算机进行任何操作,也没有运行任何演示程序、屏幕保护程序等,而屏幕上的鼠标自己在动。

(7)网络异常。在正常网速下,浏览网页的速度变得很慢,很多网页无法打开,产生某些特定的图像,或莫名其妙突然播放一段音乐,甚至无法登录 QQ 账号。

3.防范病毒的措施

(1)预防第一。利用 Windows Update 确保操作系统的及时更新,防止利用系统漏洞传播的病毒有机可乘;确定系统登录密码已设定为强密码;关闭不必要的共享或将共享资源设为"只读"状态。留意病毒和安全警告信息,做好相应的预防措施。

（2）选择优秀的杀毒软件。建议安装优秀的杀毒软件，如金山毒霸系列杀毒软件。

（3）定期扫描系统。如果是第一次启动杀毒软件，最好让它扫描整个系统。通常，杀毒软件都能够设置成在计算机每次启动时扫描系统，或者在定期计划的基础上运行。

（4）定期更新杀毒软件。优秀的杀毒软件可以自动连接到互联网，并且只要软件厂商发现了新的威胁就会添加新的病毒探测代码。

（5）不轻易执行附件中的 exe 和 com 等可执行程序。这些附件极可能带有计算机病毒或黑客程序，轻易运行可能带来不可预测的结果。接收电子邮件中的可执行程序都必须进行检查，确定无异后才可使用。

（6）不轻易打开附件中的文档文件。对方发送过来的电子邮件及相关附件的文档，首先要用"另存为"命令保存到本地硬盘，待检查无毒后才可以打开使用。如果用鼠标直接单击两次 docx、xlsx 等附件文档，会自动启用 Word 或 Excel，如附件中有计算机病毒，则会立刻被感染；如有"是否启用宏"的提示，不要轻易打开，否则极可能感染宏病毒。

（7）不直接运行附件。对于文件扩展名比较特殊的附件，或者是带有脚本文件（如 *.vbs、*.shs 等）的附件，不要直接打开，一般可以删除包含这些附件的电子邮件，以保证计算机系统不受计算机病毒的侵害。

（8）慎用预览功能。如果使用 Outlook Express 作为收发电子邮件软件，也要进行设置。选择"工具"菜单中的"选项"命令，在"阅读"中取消勾选"在预览窗格中自动显示新闻邮件"和"自动显示新闻邮件中的图片附件"。这样可以防止病毒利用 Outlook Express 的默认设置自动运行，破坏系统。

（9）警惕发送出去的邮件。对于本机往外传送的邮件，也一定要仔细检查，确定无毒后才可发送，否则将给接收邮件的计算机用户带来危害。

自主实践活动

尝试在计算机中安装"360 安全卫士"软件，并使用已安装好的"360 安全卫士"对计算机进行安全保护。

项目考核

一、填空题

（1）计算机安全的范围包括＿＿＿＿＿安全、＿＿＿＿＿安全及＿＿＿＿＿安全，其中＿＿＿＿＿安全是重点。

（2）网络安全可划分为＿＿＿＿＿安全、＿＿＿＿＿安全、＿＿＿＿＿安全、＿＿＿＿＿安全 4 个方面。

二、简答题

(1)计算机犯罪的特点有哪些?

(2)简述影响网络安全的因素。

(3)《中华人民共和国计算机信息系统安全保护条例》中对病毒做出了怎样的定义?

(4)谈谈 Windows 系统自带的安全软件的优缺点。

二、简答题

8 项目八
前沿信息技术

计算机前沿技术既涉及多核 CPU、蓝光 DVD、大容量高速度磁盘、无线网络技术等传统的领域，又涉及人工智能、云计算、虚拟现实技术、物联网、三维显示技术、可折叠显示屏技术、智慧地球，乃至量子计算机等具有前瞻性和探索性的计算机技术。

活动一　大数据

活动要求

大数据时代悄然来临，带来了信息技术发展的巨大变革，并深刻影响着社会生产和人民生活的方方面面。"数据是重要资产"这一概念已成为大家的共识，众多公司争相分析、挖掘大数据背后的重要资源。下面将从大数据的产生和发展、特征、处理流程、相关技术、应用等方面进行论述，为这一新概念勾勒出一个雏形。

活动分析

一、思考与讨论

(1)数据产生方式经历了哪几个阶段？
(2)大数据的 4 个基本特征是什么？
(3)举例说明大数据的具体应用，并简述它对人们生活的重要影响。

二、总体思路

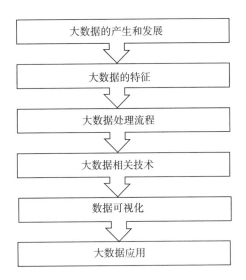

方法与步骤

一、大数据的产生和发展

大数据是指无法在一定时间范围内用常规软件工具进行捕捉、管理和处理的数据集合，是需要新处理模式才能具有更强的决策力、洞察力和流程优化能力的海量、高增长率和多样化的信息资产。

1.数据产生方式的变革

数据是人们通过观察、实验或计算得出的结果。数据有很多种，如数字、文字、图像、声音等。随着人类社会信息化进程的加快，人们在日常生产和生活中产生大量的数据，如商业网站、政务系统、零售系统、办公系统、自动化生产系统等每时每刻都在不断地产生数据。数据已经渗透到当今社会的各行各业，成为重要的生产因素。从创新到决策，数据推动着企业的发展，并使得各级组织的运营更为高效。可以这样说，数据将成为每个企业获取核心竞争力的关键要素。数据资源已经和物质资源、人力资源一样成为国家的重要战略资源，影响着国家和社会的安全、稳定与发展。因此，数据也被称为"未来的石油"。

数据产生方式的变革，是促成大数据时代来临的重要因素。总体而言，人类社会的数据产生方式大致经历了3个阶段：运营式系统阶段、用户原创内容阶段和感知式系统阶段。

(1)运营式系统阶段。人类社会最早大规模管理和使用数据，是从数据库的诞生开始的。大型零售超市销售系统、银行交易系统、股市交易系统、医院医疗系统、企业客户管理系统等大量运营式系统，都是建立在数据库的基础之上的，数据库中保存了大量结构化的企业关键信息，用来满足企业的各种业务需求。在这个阶段，数据的产生方式是被动的，只有当实际的企业业务发生时，才会产生新记录并存入数据库。例如，对于股市交易系统而言，只有当发生一笔股票交易时，才会有相关记录生成。

(2)用户原创内容阶段。互联网的出现，使得数据传播更加快捷，不需要借助于磁盘、磁带等物理存储介质。网页的出现进一步加速了大量网络内容的产生，从而使得人类社会的数据量开始呈现"井喷式"增长。但是，互联网真正的数据爆发产生于以"用户原创内容"为特征的 Web 2.0 时代。Web 1.0 时代主要以门户网站为代表，强调内容的组织与提供，大量上网用户本身并不参与内容的产生；而 Web 2.0 时代以微博、微信等自服务模式为主，大量上网用户本身就是内容的生成者，尤其是随着移动互联网和智能手机的普及，人们更是可以随时随地使用手机发微博、传照片，数据量开始急剧增长。

（3）感知式系统阶段。物联网的发展最终导致了人类社会数据量的第三次跃升。物联网中包含大量传感器，如温度传感器、湿度传感器、压力传感器、位移传感器、光电传感器等。此外，视频监控摄像头也是物联网的重要组成部分。物联网中的这些设备，每时每刻都在自动产生大量数据，与 Web 2.0 时代人工数据的产生方式相比，物联网中自动数据的产生方式，将在短时间内生成更密集、更大量的数据，使得人类社会迅速步入"大数据时代"。

2.大数据的发展历程

大数据的发展历程总体上可以划分为 3 个重要阶段：萌芽期、成熟期和大规模应用期，如表 8-1-1 所示。

表 8-1-1　大数据发展的 3 个阶段

阶　段	时　间	内　容
萌芽期	20 世纪 90 年代至 21 世纪	随着数据挖掘理论和数据库技术的逐步成熟，一批商业智能工具和知识管理技术开始被应用，如数据仓库、专家系统、知识管理系统等
成熟期	21 世纪前 10 年	Web 2.0 应用迅猛发展，非结构化数据大量产生，传统处理方法难以应对，带动了大数据技术的快速突破，大数据解决方案逐渐走向成熟，形成并行计算与分布式系统两大核心技术
大规模应用期	2010 年后	大数据应用渗透各行各业，数据驱动决策，信息社会智能化程度大幅度提高

> 💡 **提醒**
>
> 大数据的战略意义不在于掌握庞大的数据信息，而在于对这些含有意义的数据进行专业化处理。如果把大数据比作一项产业，那么这项产业实现盈利的关键在于提高对数据的"加工能力"，通过"加工"实现数据的增值。

二、大数据的特征

大数据的特征主要涉及 4 个"V"，即数据体量（volume）大、数据类型（variety）多、处理速度（velocity）快和价值（value）密度低。

1.数据体量大

人类进入信息社会以后，数据以自然方式增长，其产生不以人的意志为转移。随着 Web 2.0 时代和移动互联网的快速发展，人们已经可以随时随地、随心所欲地发布包括微博、微信等在内的各种信息。随着物联网的推广和普及，各种传感器和摄像头将遍布人们工作和生活的各个角落，这些设备每时每刻都在自动产生大量数据。

人类社会正经历第二次"数据爆炸"(如果把印刷在纸上的文字和图形也看作数据,那么人类历史上第一次"数据爆炸"发生在造纸术和印刷术发明的时期),各种数据产生的速度之快,产生的效果之大,已经远远超出人类可以控制的范围,"数据爆炸"成为大数据时代的鲜明特征。根据互联网数据中心(Internet Data Center,IDC)做出的估测,人类社会产生的数据一直都在以每年50%的速度增长。也就是说,每两年就增加一倍,这被称为"大数据摩尔定律"。这意味着,人类在最近两年产生的数据量相当于之前产生的全部数据量之和,到2020年底,全球总共拥有35 ZB(见表8-1-2)的数据量。

表 8-1-2　数据存储单位之间的换算关系

单位	换算关系
B(字节)	1 B＝8 bit
KB(Kilobyte,千字节)	1 KB＝1024 B
MB(Megabyte,兆字节)	1 MB＝1024 KB
GB(Gigabyte,吉字节)	1 GB＝1024 MB
TB(Terabyte,太字节)	1 TB＝1024 GB
PB(Petabyte,拍字节)	1 PB＝1024 TB
EB(Exabyte,艾字节)	1 EB＝1024 PB
ZB(Zettabyte,泽字节)	1 ZB＝1024 EB

2.数据类型多

大数据的数据来源众多,科学研究、企业应用和 Web 应用等都在源源不断地生成新的数据。生物大数据、交通大数据、医疗大数据、电信大数据、电力大数据、金融大数据等都呈现"井喷式"增长。

大数据的数据类型丰富,包括结构化数据和非结构化数据。其中,前者占 10%左右,主要是指存储在关系数据库中的数据;后者占 90%左右,主要包括邮件、音频、视频、微信、微博、位置信息、链接信息、手机呼叫信息、网络日志等。

类型繁多的异构数据对数据处理和分析技术提出了新的挑战,也带来了新的机遇。传统数据主要存储在关系数据库中,但是,在类似 Web 2.0 应用领域中,越来越多的数据开始被存储在非关系数据库 NoSQL 中,这就必然要求在集成的过程中进行数据转换,而这种转换的过程是非常复杂和难以管理的。传统的联机分析处理(online analytical processing,OLAP)和商务智能工具大都面向结构化数据,而在大数据时代,用户友好的、支持非结构化数据分析的商业软件将迎来广阔的市场空间。

3.处理速度快

大数据时代的数据产生速度非常迅速。在 Web 2.0 应用领域,在 1 min 内,新浪可以产生 2 万条微博,推特可以产生 10 万条推文,苹果应用商店 App Store 可以产生 4.7 万次应用下载,淘宝可以卖出 6 万件商品,百度可以产生 90 万次搜索查询,脸书可以产生 600 万次浏览量。大型强子对撞机每秒大约产生 6 亿次碰撞,每秒生成约 700 MB 的数据,有成千上万台计算机分析这些碰撞。

大数据时代的很多应用都需要基于快速生成的数据给出实时分析结果，用于指导生产和生活实践。因此，数据处理和分析的速度通常要达到秒级响应，这点和传统的数据挖掘技术有着本质的不同，后者通常不要求给出实时分析结果。

为了实现快速分析海量数据的目的，新兴的大数据分析技术通常采用集群处理和独特的内部设计。以谷歌公司的 Dremel 为例，它是一种可扩展的、交互式的实时查询系统，用于只读嵌套数据的分析，通过结合多级树状执行过程和列式数据结构，它能在几秒内完成万亿张表的聚合查询，系统可以扩展到成千上万的 CPU 上，满足谷歌公司用户操作 PB 级数据的需求，并且可以在 2～3 s 内完成 PB 级别数据的查询。

4.价值密度低

大数据虽然看起来很美，但是其价值密度远远低于传统关系数据库中的数据。在大数据时代，很多有价值的信息都是分散在海量数据中的。以小区监控视频为例，如果没有意外事件发生，连续不断产生的数据是没有任何价值的，当发生偷盗等意外情况时，也只有记录了事件过程的那一小段视频是有价值的。但是，为了能够获得发生意外情况时的视频，人们不得不投入大量资金购买监控设备、网络设备、存储设备，耗费大量的电能和存储空间，来保存摄像头连续不断传来的监控数据。

假设一个电子商务网站希望通过微博数据进行有针对性的营销，为了实现这个目的，就必须构建一个能存储和分析新浪微博数据的大数据平台，使之能够根据用户微博内容进行有针对性的商品需求趋势预测。愿景很美好，但是现实代价很大，可能需要耗费几百万元构建整个大数据团队和平台，而最终带来的企业销售利润增加额可能会比投入低得多。从这点来说，大数据的价值密度是较低的。

三、大数据处理流程

数据无处不在，互联网网站、政务系统、零售系统、办公系统、自动化生产系统、监控摄像头、传感器等，每时每刻都在不断产生数据。这些分散在各处的数据，需要通过相应的设备或软件进行采集。采集到的数据通常无法直接用于后续的数据分析，因为对于来源众多、类型多样的数据而言，数据缺失和语义模糊等问题是不可避免的，必须采取相应措施有效解决这些问题，这就需要一个被称为"数据预处理"的过程，把数据变成一个可用的状态。数据经过预处理以后，在文件系统或数据库系统中进行存储与管理，然后通过数据挖掘工具对数据进行处理分析，最后由可视化工具为用户呈现结果。在整个数据处理过程中必须注意隐私保护和数据安全问题。

因此，从数据分析全流程的角度，大数据技术主要包括数据采集、数据预处理、数据存储与管理、数据处理与分析等几个层面的内容。

1.数据采集

在数据采集过程中，数据源会影响大数据的真实性、完整性、一致性、准确性和安全性。对于 Web 数据，多采用网络爬虫方式进行收集，这就需要对爬虫软件进行时间设置，以保障收集到的数据的时效性。

2.数据预处理

数据采集过程中通常有一个或多个数据源，这些数据源包括同构或异构的数据库、文件系统、服务接口等,易受到噪声数据、数据值缺失、数据冲突等影响,因此需首先对收集到的大数据集合进行预处理,以保证大数据分析与预测结果的准确性与价值性。

大数据的预处理环节主要包括数据清理、数据集成、数据归约与数据转换等,可以大大提高大数据的总体质量,是大数据过程质量的体现。

(1)数据清理包括对数据的不一致检测、噪声数据的识别、数据过滤与修正等方面,这一过程有利于提高大数据的一致性、准确性、真实性和可用性等。

(2)数据集成则是将多个数据源的数据进行集成,从而形成集中、统一的数据库或数据立方体等,这一过程有利于提高大数据的完整性、一致性、安全性和可用性等。

(3)数据归约是在不损害分析结果准确性的前提下降低数据集规模,使之简化,包括维归约、数据抽样等技术,这一过程有利于提高大数据的价值密度,即提高大数据存储的价值性。

(4)数据转换包括基于规则或元数据的转换、基于模型与学习的转换等,通过转换可实现数据统一,这一过程有利于提高大数据的一致性和可用性。

总之,数据预处理环节有利于提高大数据的一致性、准确性、真实性、可用性、完整性、安全性和价值性等,而大数据预处理中的相关技术是影响大数据过程质量的关键因素。

3.数据存储与管理

收集好的数据需要根据成本、格式、查询、业务逻辑等需求,存放在合适的系统中,方便进一步的分析。

利用分布式文件系统、数据仓库、关系数据库、NoSQL 数据库、云数据库等,可以实现对结构化、半结构化和非结构化海量数据的存储和管理。

4.数据处理与分析

(1)大数据处理。大数据处理的主要计算模型有 MapReduce、分布式内存计算系统、分布式流计算系统等。MapReduce 是一个批处理的分布式计算框架,可对海量数据进行并行分析与处理,它适合各种结构化、非结构化数据的处理。分布式内存计算系统可有效减少数据读写和移动的开销,提升大数据的处理性能。分布式流计算系统则是对数据流进行实时处理,以确保大数据的时效性和价值性。

总之,无论哪种大数据分布式处理与计算系统,都有利于提高大数据的价值性、时效性和准确性。大数据的类型和存储形式决定其采用的数据处理系统,而数据处理系统的性能优劣直接影响大数据的价值性、可用性、时效性和准确性。因此,在进行大数据处理时,要根据大数据类型选择合适的存储形式和数据处理系统,以实现大数据质量的最优化。

(2)大数据分析。大数据分析技术主要包括已有数据的分布式统计分析技术、未知数据的分布式挖掘和深度学习技术。分布式统计分析可由数据处理技术完成,分布式挖掘和深度学习则在大数据分析阶段完成,包括聚类与分类、关联分析、深度学习等,可挖掘大数据集合中的数据关联性,形成对事物的描述模式或属性规则,可通过构建机器学习模型和海量训练数据,提升数据分析与预测的准确性。

大数据分析是大数据处理与应用的关键环节,它决定了大数据集合的价值性和可用性,以及分析预测结果的准确性。在大数据分析环节,应根据大数据应用情境与决策需求,选择合适的分析技术,提高大数据分析结果的可用性、价值性和准确性。

四、大数据相关技术

当人们谈到大数据时，往往并非仅指数据本身，而是数据和技术这二者的综合。大数据技术是指大数据的采集、存储、分析和应用的相关技术，是一系列使用非传统工具对大量结构化、半结构化和非结构化数据进行处理，从而获得分析和预测结果的数据处理和分析技术。

1.SOA

SOA 的 3 个数据中心模型分别是 DaaS 模型、物理层次结构模型和架构组件模型。DaaS 模型描述了数据是如何提供给 SOA 组件的；物理层次结构模型描述了数据是如何存储的，以及存储的层次图是如何传送到 SOA 数据存储器上的；架构组件模型描述了数据、数据管理服务和 SOA 组件之间的关系。

2.Hadoop

Hadoop 旨在通过一个高度可扩展的分布式批量处理系统，对大型数据集进行扫描，以产生其结果。Hadoop 平台包括 3 部分：Hadoop Distributed File System（HDFS）、Hadoop MapReduce、Hadoop Common。

Hadoop 平台对操作超大型的数据集而言是一个强大的工具。为了抽象 Hadoop 编程模型的一些复杂性，已经出现了在多个 Hadoop 之上运行的应用开发语言，如 Pig、Hive、Jaql 是其中的代表。除了 Java 外，还能以其他语言编写 map 和 reduce 函数，并使用称为 Hadoop Streaming 的 API 调用它们。

3.Spark

Spark 是一种通用的大数据计算框架，正如传统大数据技术 Hadoop 的 MapReduce、Hive 引擎，以及 Storm 流式实时计算引擎等。

Spark 包含了大数据领域常见的各种计算框架，如 Spark Core 用于离线计算，Spark SQL 用于交互式查询，Spark Streaming 用于实时流式计算，Spark MLlib 用于机器学习，Spark GraphX 用于图计算。

Spark 主要用于大数据的计算，而 Hadoop 主要用于大数据的存储（如 HDFS、Hive、HBase 等），以及资源调度（如 Yarn）。

Spark 的主要特点如下。

（1）计算速度快。Spark 基于内存进行计算（当然也有部分计算基于磁盘，如 Shuffle）。

（2）容易上手开发。Spark 基于 RDD 的计算模型，比 Hadoop 基于 MapReduce 的计算模型更易于理解、开发、实现功能，如二次排序、topn 等复杂操作更加便捷。

（3）超强的通用性。Spark 提供了 Spark RDD、Spark SQL、Spark Streaming、Spark MLlib、Spark GraphX 等技术组件，可以一站式完成大数据领域的离线批处理、交互式查询、流式计算、机器学习、图计算等常见的任务。

（4）集成 Hadoop。Spark 并不是要成为一个大数据领域的"独裁者"，独自霸占大数据领域所有的"地盘"，而是与 Hadoop 进行高度集成，两者可以完美配合。Hadoop 的 HDFS、Hive、HBase 负责存储，Yarn 负责资源调度，Spark 负责大数据计算。实际上，Hadoop 与 Spark 的组合是一种双赢的组合。

（5）极高的活跃度。Spark 目前是 Apache 基金会的顶级项目，全世界有大量的优秀工程师是 Spark 的会员，并且世界上很多顶级的 IT 公司都在大规模地使用 Spark。

五、数据可视化

在大数据时代，数据容量和复杂性不断增加，可视化的需求越来越多。数据可视化是将大型数据集中的数据以图形或图像的形式表示，并利用数据分析和开发工具发现其中未知信息的处理过程。其核心思想是以单个图元元素表示每一个数据项，大量的数据集则构成数据图像，同时以多维数据的形式表示数据的各个属性值，这样便可从不同的维度观察数据，从而更深入地分析数据。

目前，在音乐、农业、复杂网络、数据挖掘、物流等诸多领域都有可视化技术的应用，如互联网宇宙、标签云、历史流图。常见的可视化技术有信息可视化、数据可视化、知识可视化、科学计算可视化。典型的可视化工具包括 Easelly、D3、Tableau、魔镜、ECharts 等。

1.什么是数据可视化

数据可视化的定义为以某种示意图的形式抽象出来的信息，包括信息单位的属性或变量。换句话说，这是一种通过视觉连贯地传达定量内容的方式。数据属性不同，其表达方式也多种多样，如折线图、柱状图、饼图、散点图、映射等。

当创建这些可视化图形时，通过最佳方式呈现数据集，并坚持采用数据可视化的最佳范例是非常重要的。特别是需要处理非常庞大的数据集时，开发一种内聚性的格式，是创建实用和具有视觉吸引力的可视化图形的关键所在。

2.使用可视化数据

IBM 公司表示，目前互联网每天生成的数据量是 2.5 万亿字节。随着越来越多的电子设备将世界互联，数据量将继续呈指数级增长。IDC 预测，到 2025 年，数据量将达到 163 万亿字节。

人脑很难理解这些数据，如果大数据不能以有效的方式被理解和消费，它就是无意义的。这就是为什么数据可视化在经济、科学技术、医疗保健和人类服务等各个领域发挥着重要作用。将复杂的数据和其他碎片化信息转换为图表，它所要表达的含义也就变得易于理解了。

由于数据量较大时很难探寻其蕴含的意义，而很多有用的数据集包含着大量有价值的数据，因此可视化数据已经成为决策者的一个重要资源。为了利用这些数据，许多企业看到了可视化数据在清晰且有效地理解重要信息方面的价值，即协助决策者弄明白难以理解的概念，识别新的模式，得出以数据为驱动的见解，以便做出更好的决策。清晰的可视化可以使人们更容易理解复杂的数据，也更有针对性地采取行动。

3.数据可视化的原则

在实现数据可视化时，需要遵循以下几个原则。

（1）明确目标。可视化数据应该对重要的战略问题予以解答，提供真正的价值并协助解决真正的问题。例如，它可以被用于跟踪性能、监控用户行为和度量流程的有效性。对于数据可视化项目，需要在一开始明确目标和优先级，这将使最终的结果更加具有价值，以免因创建不必要的可视化数据而浪费时间。

（2）了解受众。可视化数据如果没有与目标受众进行明确沟通而设计，那么将是没有意义的。设计的可视化数据应该与受众的专长相匹配，并允许受众轻松地查看和处理数据，还要考虑受众对数据呈现的基本原理的熟悉程度，以及他们是否可能具有 STEM 领域的背景。在这个领域，图表和图形更可能被定期查看。

（3）使用可视化功能来正确显示数据。图表的种类多种多样，决定以哪种最优方式对数据进行可视化本身就是一门艺术。正确的图表不仅可以使数据更易于理解，还能以最准确的角度去呈现它。为了做出正确的决定，设计者需要考虑传递哪种类型的数据，以及这些数据将被传递给谁。

（4）保持条理和连贯性。将大数据集进行可视化时，连贯性尤为重要。具有连贯性的设计将淡化背景信息，使用户能够轻松地处理信息。最好的可视化是以最好的方式展示数据，帮助受众通过展示的数据得出结论，而不是流于表面的新颖，或者通过其他方式吸引受众的注意力。通过创建一个数据层次结构，可以以一种与决策者相关的方式显示各种数据点。数据的显示顺序、使用的颜色（如用鲜明的颜色表示重要的数据点，用灰色表示基线数据）、图表中各种元素的大小（如扩大饼状图的某些部分）都可以帮助用户更容易地理解数据。在使用这些技巧时，要注意不要在不存在偏差的地方制造偏差。

（5）使可视化数据具有包容性。颜色被广泛地用作表示和区分信息的一种方式。如果图表的颜色相似，对比度较低，一般人很难读懂，对于具有视觉障碍的人来说就更难懂了。可视化数据需要使用对比度高的颜色，补充使用带有图案或者纹理的颜色来传达不同类型的信息，使用文本或者图标来标记元素。使用足够大的字体，以及字体和背景间保持适当的对比度，这对数据可视化也是有帮助的。

（6）不要歪曲数据。一个成功的可视化数据应该能够清楚地阐述图表背后的意义，不产生歧义，避免使用不能准确表述数据集的可视图像，如 3D 饼状图。可视化数据可以在不歪曲数据本身的条件下，引导受众得出一定的结论。这对于设计公共消费类的信息图表尤其有用，通常创建这些图表是为了支持特定的结论，而不是仅仅为了传递数据。颜色的选择和指定特定的数据点，可以在不产生歧义的条件下，达到上述目的。

4.数据可视化图表类型

下面介绍几种最流行的用于数据可视化的图表类型。

（1）折线图。折线图用于比较随时间变化的值，并且非常适合显示明显和细微的变化，还可用于多组数据的比较，如图 8-1-1 所示。

（2）柱状图。柱状图用于比较来自几个类别的定量数据，也可以用于跟踪变量随时间的变化，但是变量的变化最好具有重要意义，如图 8-1-2 所示。

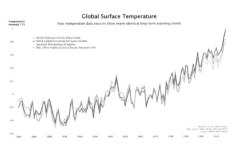

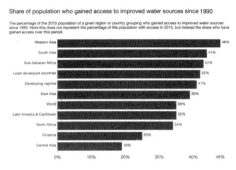

图 8-1-1　数据可视化的折线图　　　　　图 8-1-2　数据可视化的柱状图

（3）散点图。散点图用于显示数据集中两个变量的值，非常适合探索两个数据集之间的关系，如图 8-1-3 所示。

（4）饼状图。饼状图用于展示整体中每一部分之间的关系，不能展示指标随时间的变化趋势，如图 8-1-4 所示。

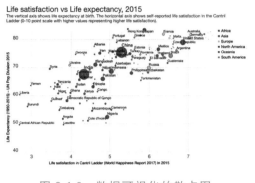

图 8-1-3　数据可视化的散点图

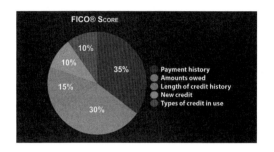

图 8-1-4　数据可视化的饼状图

六、大数据应用

大数据无处不在，包括金融、汽车、餐饮、电信、能源、体育和娱乐等在内的社会各行各业都已经融入了大数据的应用。

下面以最常用的淘宝购物为例，介绍大数据应用的场景。

很多人有这样的体验。有一天在一个 B2C 商城选剃须刀，发现没有合适的。第二天上其他新闻网站时，看到了很多这类产品的推荐广告，忍不住点击浏览，甚至购买。

这项反复跟踪推荐的技术，就是营销公司开发的到访定位技术，针对目标用户进行再次营销，其精准的效果要大大优于其他定向技术。这背后正是大数据在起作用，将数据运用于营销正改变着传统传播方式和消费者洞察方式。

无论是百度、腾讯还是淘宝、新浪，每个平台上都有海量的数据，即便是一个单一的媒体平台，其数据也反映着网民的各种行为。例如，百度上呈现的是网民的各种与搜索有关的行为，而淘宝上显示着网民的购买行为，新浪上则可以看到网民的阅读行为。

在物质极尽丰富的今天，个性化营销的方式使得不同用户的特殊需求得到了一定满足，用户可以在较短的时间内挑选出自己喜欢的商品，网上购物成了一件很有效率的事情。网站通过收集用户信息，对具体用户进行建模，把分析后得到的结果推荐给用户，根据用户的实时反馈，及时更新用户模型并利用新的模型计算出推荐结果，如图 8-1-5 所示。

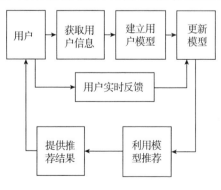

图 8-1-5　用户建模的过程

大数据在各个领域的应用情况如表 8-1-3 所示。

表 8-1-3　大数据在各个领域的应用

领　域	大数据的应用
制造行业	利用工业大数据提升制造水平,包括产品故障诊断与预测、分析工艺流程、改进生产工艺、优化生产过程损耗、供应链分析与优化、生产计划与排程
金融行业	大数据在高频交易、社交情绪分析和信贷风险分析三大金融创新领域发挥重要作用
汽车行业	利用大数据和物联网技术的无人驾驶汽车,在不远的未来将走入人们的日常生活
互联网行业	借助于大数据技术,可以分析客户行为,进行商品推荐和有针对性的广告投放
餐饮行业	利用大数据实现餐饮 O2O 模式,彻底改变传统餐饮经营方式
电信行业	利用大数据技术实现客户离网分析,及时掌握客户离网倾向,出台客户挽留措施
能源行业	随着智能电网的发展,电力公司可以掌握海量的用户用电信息,利用大数据技术分析用户用电模式,可以改进电网运行,合理地设计电力需求响应系统,确保电网运行安全
物流行业	利用大数据优化物流网络,提高物流效率,降低物流成本
城市管理	利用大数据实现智能交通、环保监测、城市规划和智能安防
生物医学	大数据可以帮助人们实现流行病预测、智慧医疗、健康管理,同时还可以帮助人们解读 DNA,了解更多的生命奥秘
体育娱乐	大数据可以帮助人们训练球队,决定投拍哪种题材的影视作品,以及预测比赛结果
安全领域	政府可以利用大数据技术构建起强大的国家安全保障体系,企业可以利用大数据技术抵御网络攻击,警察可以借助大数据技术来侦破案件
个人生活	利用“个人大数据”,分析个人生活行为习惯,为其提供更周到的个性化服务

知识链接

信息科技为大数据时代提供技术支撑

信息科技需要解决信息存储、信息传输和信息处理 3 个核心问题,人类社会在信息科技领域的不断进步,为大数据时代的到来提供了技术支持。

1.存储设备容量不断增加

数据存储在磁盘、磁带、光盘、闪存等各种类型的存储介质中,随着科学技术的不断进步,存储设备的制造工艺不断升级,容量大幅增加,速度不断提升,价格却在不断下降。

早期的存储设备容量小、价格高、体积大。例如,IBM 公司在 1956 年生产的一个早期的商业硬盘,容量只有 5 MB,但价格昂贵,而且体积有一个冰箱那么大(见图 8-1-6);现在容量为 1 TB 的硬盘,大小只有3.5 in(约 8.89 cm),读写速度达到 200 MB/s,价格仅几百元(见图 8-1-7)。廉价、高性能的硬盘存储设备,不仅提供了海量的存储空间,同时大大降低了数据存储成本。

图 8-1-6　1956 年 IBM 公司生产的商业硬盘

图 8-1-7　现在的硬盘

提醒

近些年来，以闪存为代表的新型存储介质也开始得到大规模的普及和应用。闪存是一种非易失性存储器，即使发生断电也不会丢失数据，因此可以作为永久性存储设备。它具有体积小、重量轻、能耗低、抗震性好等优良特性。闪存芯片可以被封装制作成 SD 卡、U 盘和固态硬盘等各种存储产品，现在基于闪存的固态硬盘，每秒读写次数有几万甚至更高的 IOPS，访问延迟只有几十微秒，允许以更快的速度读写数据。

总体而言，数据量和存储设备容量二者之间是相辅相成、互相促进的。一方面，随着数据的不断产生，需要存储的数据量不断增加，对存储设备的容量提出了更高的要求，促使存储设备生产商制造更大容量的产品满足市场需求；另一方面，更大容量的存储设备进一步加快了数据量增长的速度，在存储设备价格高昂的年代，由于考虑到成本问题，一些不必要或当前不能明显体现价值的数据往往会被丢弃。但是，随着单位存储空间的价格不断降低，人们开始倾向于把更多的数据保存起来，以期在未来某个时刻可以用更先进的数据分析工具从中挖掘价值。

2.CPU 处理能力大幅提升

CPU 处理速度的不断提升也是促使数据量不断增加的重要因素。性能不断提升的 CPU 大大提高了处理数据的能力，使得人们可以更快地处理不断累积的海量数据。从 20 世纪 80 年代至今，CPU 的制造工艺不断提升，晶体管数量不断增加，运行频率不断提高，核心数量逐渐增多，而同等价格所能获得的 CPU 处理能力也呈几何级数提升。在 30 多年里，CPU 的处理速度已经从 10 MHz 提高到 3.6 GHz。

3.网络带宽不断增加

1977 年，世界上第一条光纤通信系统在美国芝加哥市投入商用，数据传输速率为 45 Mb/s。从此，人类社会的信息传输速度不断刷新。进入 21 世纪，世界各国更是纷纷加大宽带网络建设力度，不断扩大网络覆盖范围，提高数据传输速度。移动通信宽带网络迅速发展，4G 网络基本普及，5G 网络覆盖范围逐渐扩大，各种终端设备可以随时随地传输数据。大数据时代，信息传输不再面临网络发展初期的瓶颈和制约。

自主实践活动

尝试填写以下表格，了解各个企业及其在大数据产业所处的环节。

产业环节	包含内容	代表企业
IT 基础设施层	包括提供硬件、软件、网络等基础设施以及提供咨询、规划和系统集成服务的企业，如提供数据中心解决方案、存储解决方案以及虚拟化管理软件等	
数据源层	大数据生态圈的数据提供者，如电商大数据、社交大数据、搜索引擎大数据、医疗大数据、政务大数据、交通大数据等	
数据管理层	包括数据抽取、转换、存储和管理等服务的各类企业或产品，如分布式文件系统、数据库和数据仓库等	
数据分析层	包括提供分布式计算、数据挖掘、统计分析等服务的各类企业或产品，如分布式计算框架、统计分析软件、数据挖掘工具、数据可视化工具等	
数据平台层	包括提供数据分享平台、数据分析平台、数据租售平台等服务的企业或产品	
数据应用层	提供智能交通、智慧医疗、智能物流、智能电网等行业应用的企业、机构或政府部门	

活动二　云计算

■ 活动要求

　　工业革命使水、电、交通、电信等实现了社会化、集约化和专业化，不需要人人挖井、家家发电，也不需要各部门铺设专门的铁路和公路，这些都已成为全社会的公共基础设施。云计算将使信息技术和信息服务实现社会化、集约化和专业化，即云计算时代不需要家家买计算机、人人当软件工程师，也不需要各部门建设专门的信息系统，信息技术和信息服务将成为全社会的公共基础设施。那么，云计算到底是什么？它有哪些特点？它有哪些作用？本活动将逐一分析这些问题，让大家对云计算形成一个初步的认识。

■ 活动分析

一、思考与讨论

（1）云计算有哪些特点？

（2）云计算按照服务类型可以分为哪几类？

（3）为什么云计算在性价比上相对传统技术有压倒性的优势？

（4）简要描述 IaaS、PaaS、SaaS 的特点和区别。

二、总体思路

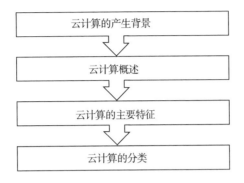

■ 方法与步骤

云计算

一、云计算的产生背景

近年来，随着谷歌、亚马逊等国际互联网巨头在云计算大规模应用上的成功，云计算作为新兴技术和商业模式的混合体，得到了国际 IT 界的重视，发展迅猛，云计算时代已经到来。

有人说云计算是技术革命的产物，也有人说云计算只不过是已有技术的最新包装，是设备厂商或软件厂商新瓶装旧酒的一种商业策略。目前认可度比较高的说法是，云计算是社会、经济的发展，需求的推动，技术的进步，以及商业模式的转换共同作用的结果。

1.经济方面

（1）对成本和效率的需求。后危机时代，加速了全球经济一体化的发展。实践证明，国家和地区的区位优势和比较优势自发地全球寻租，基于成本考虑，价值链的协作者自发整合；基于效率考虑，协同效应需要弹性的业务流程支持。对成本和效率的需求促进云计算的加速发展。

（2）黑天鹅事件的影响。在复杂的世界面前，不确定因素在更快、更广地涌现，计划跟不上变化，任何一台精于预测的机器也无法准确预测到黑天鹅事件（不可预知的未来，一旦发生，影响力极大，事前无法预测，事后有诸多理由解释）的发生。实时的信息获取和全面的信息分析有助于管理复杂性的事件，而按需即用的计算资源、随需应变的业务流程将黑天鹅事件的负面影响降到最小。实时的、覆盖全网的、随需应变的云计算的作用显而易见。

（3）显而易见的收益。IT 设施要成为社会基础设施，面临高成本的瓶颈，这些成本至少包括人力成本、资金成本、时间成本、使用成本、环境成本。云计算带来的益处是显而易见的：用户不需要专门的 IT 团队，也不需要购买、维护、安放有形的 IT 产品，可以低成本、高效率、随时按需使用 IT 服务；云计算服务提供商可以极大地提高资源（硬件、软件、空间、人力、能源等）的利用率和业务响应速度，有效聚合产业链。

2.社会方面

互联网应用已经渗透到人们生活的方方面面，社交网络将现实生活中的人际关系以实名制的方式复制到虚拟世界中,未来网络的发展是实名制、基于信任和社交化的。

3.政策方面

(1)社会转型。出口型社会向内需型社会转型,如何满足人民日益增长并不断变化的需求是一项严峻的挑战。

(2)产业升级。产业由制造型向服务型、创新型转变。

(3)政策支持。政府大力支持物联网、三网融合、移动互联网及云计算战略。

4.技术方面

(1)技术成熟。技术是云计算发展的基础。首先是云计算自身核心技术的发展,如硬件技术、虚拟化技术(计算虚拟化、网络虚拟化、存储虚拟化、桌面虚拟化、应用虚拟化)、海量存储技术、分布式并行计算、多租户架构、自动管理与部署;其次是云计算赖以存在的移动互联网技术的发展,如高速、大容量的网络,无处不在的接入,灵活多样的终端,集约化的数据中心,Web 技术。云计算的目标是"按需即用、随需应变",使之实现的各项技术,如分布式计算、网格计算、移动计算等已基本成熟。

(2)企业 IT 成熟和计算能力过剩。社会需求的膨胀、商业规模的扩大导致企业 IT 按峰值设计,但需求的波动性却使大量计算资源事实上被闲置。企业内部的资源平衡带来私有云需求,外部的资源协作促进公有云的发展。商业模式是云计算的内在要求,是用户需求的外在体现,并且云计算技术为这种特定商业模式提供了现实可能性。从商业模式的角度看,云计算的主要特征是以网络为中心、以服务为产品形态、按需使用与付费,这些特征分别对应于传统的用户自建基础设施、购买有形产品或介质(含 licence)、一次性买断模式,是一个颠覆性的革命。

二、云计算概述

1.云计算的定义

目前关于云计算尚未形成统一的、公认的定义。美国国家标准及技术协会(National Institute of Standards and Technology,NIST)给出的定义是,云计算(cloud computing)是一种新的资源使用模式,它使用户能通过网络随时、随地、快捷、按需地访问一个可快速部署和配置,仅需少量管理和交互,包括各种网络资源、服务器资源、存储资源、软件资源和服务的资源池。

中国工业和信息化部给出的定义是,云计算是一种通过网络统一组织和灵活调用各种 ICT 资源,实现大规模计算的信息处理方式。它利用分布式计算和虚拟资源管理等技术,通过网络将分散的 ICT 资源(包括计算与存储、应用运行平台、软件等)集中起来形成共享的资源池,并以动态按需和可度量的方式向用户提供服务。用户可以使用各种形式的终端(如个人计算机、平板电脑、智能手机,甚至智能电视等)通过网络获取 ICT 资源服务。

综合以上两种说法,云计算是一种商业计算模式,它将计算任务分布在由大量计算资源、存储资源和网络资源等构成的资源池中,使用户能够按需获取计算能力、存储空间和信息服务。

提醒

云计算定义的直接起源是亚马逊的 EC2 产品和 Google-IBM 分布式计算项目,这两个项目直接使用了 cloud computing 这个概念。之所以采用这样的表述,很大程度上是因为这两个项目与网络的关系十分密切,而"云"又常常被用来表示互联网。因此,云计算的原始含义为将计算能力放在互联网上。但是云计算发展至今,其作用早已超越了其原始含义。

2.云计算带来的改变

云计算正在引导 IT 产业进入一个全新的时代,并将为社会生活带来巨大改变,主要体现在软件使用方式、软件开发方式和思维方式 3 个方面。

(1)软件使用方式。在传统计算环境中,软件安装在用户的计算机上;在云计算环境中,软件将安装在云端,用户借助浏览器通过网络远程使用软件,对软件的全部操作都在浏览器中完成。用户不再需要购买昂贵的计算机设备、操作系统和应用软件,不再需要自己维护计算机软、硬件环境,不再需要关心数据的存放位置及应用程序是否升级等,也不再为计算机病毒而困扰,这些都由云计算中心负责解决。用户要做的就是选择自己喜爱的云计算服务提供商,购买自己需要的服务,并为之付费。用户仅需一个端设备(如笔记本电脑、手机、智能电视等),通过网络就可以访问"云"中的各种资源,包括计算能力、存储空间、网络带宽和数据等。

(2)软件开发方式。在传统计算环境中,企业开发一个软件,需要经过业务需求分析、系统设计、软件开发、测试、运行等步骤,工程量大,周期长;在云计算环境中,企业可直接租用"云"提供的标准软件,或使用"云"提供的标准组件开发自己的应用程序,并将其部署在"云"中,开发效率大大提高,开发周期大大缩短。

(3)思维方式。在传统计算环境中,企业或个人用户主要考虑的是"购买什么样的设备和软件";在云计算环境中,他们将只需考虑"购买什么样的服务"。用户关心的不再是计算机、设备、软件的功能如何,而是能用这些设备做什么。

总之,最大限度地利用计算、交互、存储乃至应用等资源,以最少的投入获得最优的产出,最终实现绿色、高效、专业的用户信息服务,这正是云计算带来的改变。

3.云计算的环境构成

云计算包括云端和客户端两部分。云端是各种硬件、软件、计算、存储、网络等构成的资源池,它通过互联网对外提供服务。客户端通过网络访问云的各种资源,用户只需拥有可上网的终端设备,就能享受想要的各种服务。

客户端可以灵活地获得和使用各种资源,并在使用完成后释放这些资源,而不必拥有、控制或了解提供这种资源的底层基础设施,甚至不必知道是谁提供的服务,只需关注自己需要什么样的资源或者想得到什么样的服务。

客户端通过互联网给云端发送请求,云端根据请求进行资源划分并提供相应服务,如图8-2-1 所示。

通常,云端及其客户端使用"客户-服务器"模型,即用户通过端设备接入网络,向云提出需求,云接收请求后组织资源,根据请求内容执行相应操作,并通过网络将执行结果返给用户,或者为用户提供服务。用户终端的功能将大大简化,诸多复杂的计算与处理过程都将转移到云上去完成。用户所需的应用程序将不需要运行在本地计算机、智能手机等终端设备上,而是运行在云数据中心;用户处理的数据也无需存储在本地,而是保存在云数据中心;云服务提供商负责这些数据中心和服务器的管理和维护,并保证为用户提供强大的计算能力和足够的存储空间。在任何时间和任何地点,用户只要能够连接到互联网,就可以访问云,实现随需随用。

图 8-2-2 是一个简单的云计算环境构成图,包括云和用户两大主体。

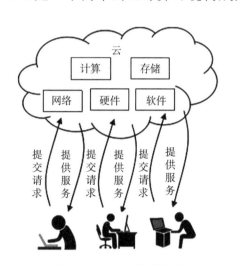

图 8-2-1 云计算示意图

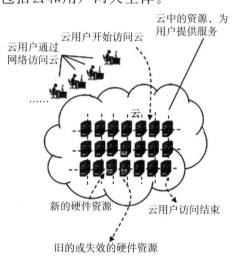

图 8-2-2 云计算环境构成图

云具有动态性,云服务提供商可以根据业务需求动态地向云中添加新的硬件资源,删除旧的或失效的硬件资源。同时,为了提高资源利用率,云提供商会采取一系列的节能优化措施,如在客户需求减少时关闭未使用硬件的电源,在需求增加时重新开启被关闭硬件的电源。用户使用终端设备通过网络访问云,且该过程也是动态变化的,会有新的云用户不断加入,也会有已经完成访问的云用户不断离开,即每个时刻使用云的用户是不断变化的。

三、云计算的主要特征

云计算作为一种新的商业模式,具有以下特点。

(1)一切皆服务。在云计算环境中,硬件、软件、计算、存储、网络等资源均以服务的形式提供和访问。

(2)网络化访问。云计算环境采用分布式架构,用户可使用各种终端设备,如移动电话、台式计算机、笔记本电脑、工作站等,通过网络访问云服务。

(3)按需自助服务。用户可根据需求,通过人机交互自助请求和获取云服务,而不需要和云服务提供商进行交互。因此,云用户只需具有基本的 IT 常识,就可使用各种云服务,包括服务的申请、使用、管理、注销等,而无需经过专业的 IT 培训。

(4)多人共享资源池。云服务提供商将各种物理资源和虚拟资源组织成资源池,根据用户需求动态地为多个用户分配资源,提供服务。资源池中的任何物理资源对云服务来说都是抽象的、可替换的,同一资源能够被不同的客户或服务共享。

(5)快速部署。云计算中心可根据用户需求,自动、弹性地提供和释放各种资源。对云用户来说,可以在任何时间获得需要的资源或服务,并在使用结束之后将其释放。

（6）弹性扩展。服务使用的资源规模可随业务量动态扩展，且能保证在动态扩展过程中服务不会中断，服务质量不会下降。

（7）提供开放的服务访问和管理接口。云计算提供标准化的接口供其他服务调用，方便开发者利用开放接口开发和构建新服务，大大减少了二次开发的工作量。

（8）持续的服务更新。云计算提供的各种服务能力可随使用者需求的变化不断升级和更新，同时这种改变可做到向下兼容，即保证原有使用者的持续使用。

（9）自动化管理与快速交付。云计算能有效降低服务的运维成本，平均每百台服务器所需要的运维人员数量应该小于1人，且能够对云用户的服务申请进行快速响应，响应时间在分钟级。

（10）服务可度量。在云计算环境中，资源和服务的使用可监测和控制，且该过程对用户和云提供商透明。云提供商可通过计量去判断每个服务的实际资源耗费，用于成本核算或计费，用户需要向云提供商缴纳一定的费用。

四、云计算的分类

云计算的类型从不同角度有不同的划分，下面从云计算部署和云计算服务的角度来介绍。

1.云部署

按照云计算服务的运营和使用对象的不同，云计算有公有云、私有云和混合云3种不同的部署模式。

为了更好地理解这3种不同的云部署模式，需要先了解一个与计算机安全相关的重要概念——安全边界。安全边界能够对访问进行限制，安全边界内部的实体能够自由地访问安全边界内的资源，而安全边界外的实体只有在边界控制设备允许的情况下才能访问安全边界内的资源，如图8-2-3所示。

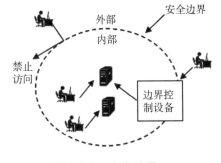

图8-2-3　安全边界

典型的边界控制设备包括防火墙、安全卫士和虚拟专用网。对重要资源设置安全边界既能实现对这些资源的访问控制，又能实现对这些资源使用情况的监控。更进一步，可以根据需求通过更改配置来改变设备的安全边界，如根据业务情况的变化阻止或允许不同的协议或数据格式。

不同的云部署模式具有不同的安全控制边界，因此云用户对云资源也具有不同的执行权限。

（1）公有云（public cloud），指企业构建的为外部客户提供服务的云，其所有服务是供别人使用的。企业通过自己的基础设施直接向外部用户提供服务，外部用户通过互联网访问云服务。

公有云的特点是，由外部或第三方提供商采用细粒度、自服务的方式在Internet上通过网络应用程序或者Web服务动态提供资源，并基于细粒度和效用计算方式分享资源并进行收费。

在公有云中，云提供商负责公有云服务产品的安全管理及日常操作管理等，用户对云计算的物理安全、逻辑安全的掌控及监管程度较低。

对于使用者而言，公有云最大的优点是，用户的程序、服务及相关数据都存放在公有云中，用户自己无需做相应的软硬件投资和建设。公有云最大的问题是，由于数据不存储在用户自己的数据中心，安全性存在一定风险。同时，公有云的可用性不受使用者控制，这也给系统的可用性带来一定的不确定性。

> **提醒**
>
> 使用公有云服务的用户既可以是个体用户，也可以是机构用户。个体用户仅需一个能上网的终端设备，如笔记本电脑、手机或 iPad 等，通过互联网即可访问云服务；机构用户通过本单位的边界控制设备访问云服务。一方面，边界控制设备能限制和管理内部用户对公有云的访问；另一方面，边界控制设备也能保护内部设备免受外部攻击。目前，典型的公有云有微软的 Windows Azure Platform、亚马逊的 AWS、Salesforce.com 以及国内的阿里巴巴、用友伟库等。

（2）私有云（private cloud），指企业构建的内部云。私有云的所有服务仅供企业内部人员或分支机构使用。

私有云的优点是，由于企业拥有基础设施，并可以控制在此基础设施上部署应用程序的方式，因而能提供对数据、安全性和服务质量的最有效控制，可以充分解决数据安全、企业管理和可靠性等云计算系统存在的问题。

私有云的缺点是私有云企业用户需要对其私有云的管理全权负责，即企业必须购买、建造及管理自己的云计算环境，这样就无法确保较低的前期费用开销，也无法保证较少的维护管理费用等。

私有云比较适合有众多分支机构的大型企业或政府部门。随着这些大型企业数据中心的集中化，私有云将会成为它们部署 IT 系统的主流模式。

私有云又有两种部署方式：一是将私有云部署在企业数据中心的防火墙内，由云用户自己管理，称为自建私有云；二是将私有云部署在一个安全的主机托管场所，如外包给托管公司，由托管公司负责云基础设施的维护和管理，称为托管私有云。

（3）混合云（hybrid cloud），指企业部署的供自己和客户共同使用的云，它提供的服务既可以供别人使用，也可以供自己使用。

一般来说，混合云是两个或者多个云（私有云、公有云）的组合。在混合云计算模式下，机构在公有云上运行非核心应用程序，而在私有云上运行核心程序及内部敏感数据。相比较而言，混合云的部署方式对提供者的要求较高。

> **提醒**
>
> 社区云是大的公有云范畴内的一个组成部分，指在一定的地域范围内，由云计算服务提供商统一提供计算资源、网络资源、软件和服务能力所形成的一种云计算形式，即基于社区内的网络互联优势和技术易于整合等特点，通过对区域内各种计算能力进行统一服务形式的整合，结合社区内的用户需求共性，实现面向区域用户需求的云计算服务模式。和私有云类似，社区云也可以分为自建社区云和托管社区云。

2.云服务

云服务可以分为基础设施即服务(Infrastructure as a Service,IaaS)、平台即服务(Platform as a Service,PaaS)、软件即服务(Software as a Service,SaaS)3类。

(1)基础设施即服务。IaaS面向企业用户,提供包括服务器、存储、网络管理工具在内的虚拟数据中心,可以帮助企业削减数据中心的建设成本和运维成本。

IaaS把云提供商的由多台服务器构成的"云端"基础设施,作为计量服务提供给云用户。云提供商通过云计算的相关技术,把内存、I/O设备、存储和计算能力集中起来整合成一个虚拟的资源池,为最终用户和SaaS提供商、PaaS提供商提供计算、存储资源和虚拟服务器等服务。

IaaS是一种托管型硬件方式,用户付费使用云提供商的硬件设施。例如,云提供商提供一套配置为包含若干CPU、内存、宽带网络及存储空间的硬件环境,需要用户自己安装操作系统和应用程序,这就是IaaS。亚马逊的AWS、IBM的BlueCloud等均是将基础设施作为服务出租。

IaaS的优点是用户只需低成本硬件,按需租用相应计算能力和存储能力,大大降低了用户在硬件上的开销。无论是最终用户、SaaS提供商,还是PaaS提供商都可以从IaaS中获得应用所需的计算能力,但无需对支持这一计算能力的基础IT软硬件付出相应的原始投资成本。

(2)平台即服务。PaaS面向应用程序开发人员,提供简化的分布式软件开发、测试和部署环境,它屏蔽了分布式软件开发底层复杂的操作,使得开发人员可以快速开发出基于云平台的高性能、可扩展的Web服务。

PaaS把开发环境作为一种服务来提供。PaaS是一种分布式平台服务,云提供商提供开发环境、服务器平台、硬件资源等服务给云用户;云用户在其平台基础上定制开发自己的应用程序,并通过其服务器和互联网传递给其他客户。

PaaS能够给企业或个人提供研发的中间件平台,提供应用程序开发、数据库、应用服务器、试验、托管及应用服务。例如,如果云提供商提供的是包含基本数据库和中间件程序的一套完整系统,用户只需要根据接口编写自己的应用程序,这就是PaaS。Google App Engine、Microsoft Azure和Amazon SimpleDB等都是将平台作为服务出租。

PaaS的优点包括两个方面:一是降低了用户开发和提供SaaS服务的门槛,使SaaS开发商能够以更低的成本、更高的效率开发互联网应用;二是对于已经在提供SaaS服务的云提供商而言,可以让更多的独立软件开发商(independent software vendors,ISV)成为其平台的用户,从而开发出基于该平台的多种SaaS应用,使其成为多元化软件服务提供商。

(3)软件即服务。SaaS面向个人用户,提供各种各样的在线软件服务。

SaaS将软件作为服务提供给用户。SaaS服务提供商将应用软件统一部署在自己的服务器上,用户根据需求通过互联网向提供商订购应用软件服务,服务提供商通过浏览器向客户提供软件,并根据客户所订软件数量、时长等因素收取费用。

SaaS是用户获取软件服务的一种新形式,它不需要用户将软件产品安装在自己的计算机或服务器上,而是按某种服务等级协议直接通过网络向专门的提供商请求并获取自己所需要的、带有相应软件功能的服务。比较常见的模式是云提供商给云用户提供一组账号和密码,云用户通过该账号登录并使用相应的应用系统。例如,用户只需要通过浏览器告诉云服务提供商自己需要一个 500 人的薪酬管理系统,返回的服务就是一个 HTTPS 地址,用户设定好账户、密码就可以直接使用该系统,这就是 SaaS。

SaaS 的优点是能降低用户的运维成本。对小型企业来说,SaaS 是采用先进技术的最佳途径。SaaS 模式的云计算 ERP 可让用户根据并发用户数、所用功能、数据存储容量、使用时长等因素按需支付服务费用,小型企业用户既不用支付软件许可费,采购服务器等硬件设备的费用,购买操作系统、数据库等软件的费用,也不需要承担软件项目定制、开发、研制费和维护部门的开支。

> **提醒**
>
> 这 3 类服务具有一定的层级关系,在数据中心的物理基础设施之上,IaaS 通过虚拟化技术整合出虚拟资源池,PaaS 可在 IaaS 虚拟资源池上进一步封装分布式开发所需的软件栈,SaaS 可在 PaaS 上开发并最终运行在 IaaS 资源池上。

知识链接

云计算的产业链

云计算把数据中心的计算、存储、网络等 IT 资源以及其开发平台、应用软件等信息服务通过互联网动态提供给用户,提供的内容涵盖基础设施到上层应用,横跨 IT 和 CT 两个领域,是 IT 与 CT 交融的产物。IT 行业或 CT 行业的厂商均积极参与其中,各类公司根据自身传统优势和战略纷纷提出自己的云计算架构、产品和服务。

云计算概念下的产品包罗万象,差异巨大。各种不同类型的公司为其自身利益考虑,仍处在相互博弈的过程中,因此在短期内还不存在一条获得业界公认的成熟产业链。

从目前已推出或计划推出云计算相关产品(服务)的公司来看,一般可归为综合性软硬件服务提供商、传统硬件设备商、传统基础软件提供商、虚拟化软件提供商、SaaS 及其他应用软件提供商、电信设备提供商、互联网公司和传统电信运营商 8 类。下面将简析这 8 类公司在云计算产业链中的利益诉求、定位及代表性公司。

1.综合性软硬件服务提供商

该类公司有着丰富的硬件、软件和传统 IT 行业经验,同时具备较完备的传统 IT 产品线。在迈向云计算时,一般将已有产品冠以云计算之名(可能有部分产品确实能够称为云计算产品),同时根据自身在分布式计算、IT 流程管理等领域的积累,经过相应的集成、转化或包装,能够迅速为用户提供产品和服务。该类公司既可以直接为用户提供 IaaS/PaaS/SaaS 模式的云计算服务,也可以向其他云计算服务提供商提供相关的软硬件产品以及咨询、集成等服务。IBM 公司是其中的代表性公司。

2.传统硬件设备商

传统 IT 领域的芯片、内存、服务器、存储等厂商均属于该类。该类公司一般基于现有硬件产品,针对云计算的特点以及对硬件设备的特殊要求,推出符合各类云计算特点的硬件产品。这类公司一般延续在传统 IT 领域产业链中的定位,作为基础设备提供商向上提供硬件产品。

代表厂商有 Intel、AMD、EMC 等。Intel 和 AMD 公司针对云计算技术特点，纷纷推出具有硬件辅助虚拟化功能的 CPU 产品，EMC 公司凭借自身在信息存储领域的领先地位，通过收购著名虚拟化厂商 VMware，与思科公司结盟等手段，将虚拟化技术和网络性能整合进自身产品中。

3.传统基础软件提供商

对于传统意义上包括操作系统、中间件等在内的基础软件提供商而言，云计算所带来的改变无疑是机遇与挑战并存，一方面云计算轻而易举地解决了困扰基础软件提供商已久的版权问题，另一方面，云计算颠覆了现有软件架构，这使得传统操作系统和中间件不仅要转变为以互联网为中心的架构，同时还必须加入对云计算核心技术（如虚拟化）的支持。

微软公司就是其中的代表性公司。云计算的出现让传统软件行业的微软公司感受到了前所未有的危机，为了加以应对，微软公司提出了"云＋端"的概念，强调"端"在云计算中的重要性，试图在进军云计算时不丢失自己的传统地盘。

4.虚拟化软件提供商

虚拟化软件提供商在云计算，特别是 IaaS 模式的云计算中，扮演着举足轻重的角色。通过该类软件，物理设备与逻辑资源实现了去耦合，所有的应用承载在虚拟机之上，具备了极大的灵活伸缩性和安全冗余性。但是随着底层硬件设备虚拟化技术的发展，以及虚拟化技术自身的成熟，虚拟化软件提供商将逐渐向上发展提供管理系统乃至所谓的"云操作系统"来扩大其生存空间，但这必将与传统基础软件提供商展开一场正面冲突。

虚拟化领域的领军者 VMware 是其中的杰出代表。VMware 以 x86 架构的服务器虚拟化技术起家，近年来逐步推出了"虚拟化架构软件"V13 以及被业界称为"数据中心操作系统"的 vSphere 等一系列优秀产品，同时形成了服务器虚拟化、数据中心虚拟化、桌面虚拟化等几大产品体系。

5.SaaS 及其他应用软件提供商

SaaS 技术和应用理念与云计算有着许多共同点，故该类公司无需做太大变动（甚至无需变动）即可推出相关的云计算产品。这对于利用云计算概念扩大已有产品或服务的影响力乃至市场份额有非常大的帮助。该类公司定位一般局限于云计算 SaaS 模式软件服务提供商，同时某些技术实力较强的公司还可能将已有产品向下延伸，作为开放给第三方的平台提供服务，因此也演变为 PaaS 模式服务提供商。

Salesforce 公司是其中的代表性公司，它以 CRM 软件著称，在云计算概念兴起后，率先从概念上进军云计算，高调宣称提供云计算服务，并随后推出 salesforce.com 平台。

6.电信设备提供商

云计算以网络为中心的特点为电信设备制造商带来一片未曾开发的富矿区。无论是 IaaS/PaaS/SaaS 模式的云计算，还是数据中心内部架构，对网络带宽、网络质量、网络特性等都提出了更高的要求。电信设备提供商结合云计算特点，可推出各类特定的网络设备解决上述问题。同时，部分有实力的公司还可借此机会将产品线向 IT 领域的基础设施进一步扩张。

世界级电信设备提供商思科的云计算战略体现了这一发展趋势。思科公司不仅适时推出了延续传统产品体系的 CRS-I 核心网络路由器和 Nexus 7000 交换机，更结合虚拟化对网络的要求，推出 Nexus 1000V 虚拟交换机，同时通过崭新的 UCS 产品线将触角伸到服务器领域。

7.互联网公司

一般来说，互联网公司客户群分布较广，客户需求多样，具有长尾效应，同时公司对于成本有较高的限制。互联网企业深入骨髓的创新意识，促使该类企业最早试水云计算服务，实际上云计算的概念也诞生于互联网公司。可以看到，早期著名的云计算公司也多是互联网公司。互联网公司一般直接将云计算服务提供给自己的用户，因此可以看作云计算服务的提供者。

其中最具代表性的是云计算的开创者——Google 公司。Google 公司的搜索引擎技术无疑是分布式并行计算技术的一种最好的商业实现，同时也是云计算的典型应用。Google 公司推出的 Google App Engine 使开发人员可以免费使用 Google 公司的基础设施，而无需关注底层硬件的调度与实现，从而将精力集中在应用程序本身。

另外一个不得不提的公司就是亚马逊公司。亚马逊公司早期作为一个著名的电子商务网站，为了保证自有业务的稳定运行，投入了大量的财力物力构建了一个跨越全球的 IT 基础资源平台。为了充分利用这些 IT 资源，亚马逊公司逐步尝试推出存储、计算等弹性资源出租服务，目前已形成 AWS 产品线，对外提供 S3、EC2、SQS 等多种弹性资源出租服务。

8.传统电信运营商

传统电信运营商拥有极具竞争力的网络资源，同时一般拥有分布极广的 IDC 基础设施，另外还有强大的资金、品牌、客户、渠道等作为后盾。因此，传统电信运营商顺理成章地成为云计算服务"管道"提供商的不二人选。一般认为，云计算提供的 IaaS 服务是传统 IDC 业务的升级，因此对于传统电信运营商而言，利用现有优势转型为 IaaS 服务提供商应该是水到渠成的。在 PaaS 和 SaaS 方面，由于电信运营商天然具有的聚合平台性质，它们也是可能有所作为的。

国外传统电信运营商中的先行者为 Verizon 和 AT&T 公司，分别结合自身业务特点，推出了 SaaS 服务和 Synaptic Service 服务，向客户提供 IT 基础资源弹性出租服务。

▌自主实践活动

讨论你身边常见的云服务。

活动三　人工智能

▌活动要求

从 1946 年世界上第一台通用电子数字计算机 ENIAC 诞生以来，计算机作为一门学科得到了迅速发展。其理论研究和实际应用的深度和广度，是其他学科所无法比拟的。探索能够计算、推理和思维的智能机器,是人们多年梦寐以求的理想。在理论上,控制论、信息论、系统论、计算机科学、神经生理学、心理事、数学和哲学等多学科共同发展、互相渗透,在技术上,电子数字计算机的出现、不断发展和广泛应用,由此人工智能(artificial intelligence, AI)的研究应运而生了。本活动将阐述什么是人工智能、人工智能的技术及发展、人工智能的应用等。

活动分析

一、思考与讨论

(1)你认为人类是机器吗?运用机器的定义和有关人类各种能力的证据证明你的观点。

(2)以下的计算机系统在何种程度上是人工智能的实例?

超市条码扫描器

网络搜索引擎

语音激活的电话菜单

对网络状态动态响应的网络路由算法

(3)人工智能研究的对象和目标是什么?

二、总体思路

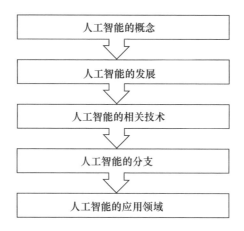

方法与步骤

一、人工智能的概念

人工智能是研究、开发用于模拟、延伸和扩展人的智能的理论、方法、技术及应用系统的一门新的技术科学。

人工智能是计算机科学的一个分支,它企图了解智能的实质,并生产出一种新的能以人类智能相似的方式做出反应的智能机器,该领域的研究包括机器人、语言识别、图像识别、自然语言处理和专家系统等。

人工智能在 20 世纪 70 年代以来被称为世界三大尖端技术(空间技术、能源技术、人工智能)之一,也被认为是 21 世纪三大尖端技术(基因工程、纳米科学、人工智能)之一。近 40 年来，它获得了迅速的发展，在很多学科领域都得到了广泛应用，并取得了丰硕的成果。人工智能已逐步成为一个独立的分支，无论在理论还是实践上都已经自成一个系统。

二、人工智能的发展

1942 年，美国科幻巨匠阿西莫夫提出"机器人三定律"，后来成为学术界默认的研发原则。

1956 年，在达特茅斯会议上，科学家们探讨用机器模拟人类智能等问题，并首次提出了人工智能的术语，人工智能的名称和任务得以确定，同时出现了最初的成就和最早的一批研究者。

1959 年，美国发明家德沃尔与约瑟夫·英格伯格联手制造出第一台工业机器人，随后成立了世界上第一家机器人制造工厂 Unimation 公司。

1965 年，约翰·霍普金斯大学应用物理实验室研制出 Beast 机器人。它能通过声呐系统、光电管等装置，根据环境校正自己的位置。

1968 年，美国斯坦福研究所公布它们研发成功的机器人 Shakey。它带有视觉传感器，能根据人的指令发现并抓取积木，可以算是世界第一台智能机器人，不过控制它的计算机有一个房间那么大。

1997 年，IBM 公司研制的深蓝计算机 Deep Blue 战胜了国际象棋大师卡斯帕罗夫。

2002 年，美国 iRobot 公司推出了吸尘器机器人 Roomba，第一台家用机器人诞生。它能避开障碍，自动设计行进路线，还能在电量不足时，自动驶向充电座。

2014 年，在英国皇家学会举行的"2014 图灵测试"大会上，尤金·古斯特曼聊天软件首次通过了图灵测试，预示着人工智能进入全新时代。

2016 年 3 月，Alpha Go 对战世界围棋冠军、职业九段选手李世石，并以 4：1 的总比分获胜。

三、人工智能的相关技术

用来研究人工智能的主要物质基础以及能够实现人工智能技术平台的机器就是计算机，人工智能的发展历史是与计算机科学技术的发展史联系在一起的。除了计算机科学以外，人工智能还涉及信息论、控制论、自动化、仿生学、生物学、心理学、数理逻辑、语言学、医学和哲学等多门学科。人工智能研究的主要内容包括知识表示、自动推理和搜索方法、机器学习和知识获取、知识处理系统、自然语言理解、计算机视觉、智能机器人、自动程序设计等方面。

1.研究方法

人工智能研究没有统一的原理或范式指导，许多问题至今都存在争议。是否应从心理或神经方面模拟人工智能？还是像鸟类生物学对于航空工程一样，人类生物学对于人工智能研究是没有关系的？智能行为能否用简单的原则（如逻辑或优化）来描述？还是必须解决大量完全无关的问题？人工智能是否可以使用高级符号表达（如词和想法）？还是需要"子符号"的处理？

人工智能研究方法的发展经历了 5 个阶段。

（1）第一阶段是大脑模拟。

20世纪四五十年代，许多研究者探索神经学、信息理论及控制论之间的联系，还造出一些使用电子网络构造的初步智能，如Beast。这些研究者还经常在普林斯顿大学和英国的Ration Club举行技术协会会议。到1960年，大部分人已经放弃这个方法。

（2）第二阶段是符号处理。

20世纪50年代，数字计算机研制成功，研究者开始探索人类智能是否能简化成符号处理。研究主要集中在卡内基·梅隆大学、斯坦福大学和麻省理工学院，而它们各自有独立的研究风格。约翰·豪奇兰德称这些方法为GOFAI。

20世纪60年代，符号方法在小型证明程序上模拟高级思考有很大成就，基于控制论或神经网络的方法则居于次要。20世纪六七十年代的研究者确信符号方法最终可以成功创造强人工智能的机器，同时这也是他们的目标。认知模拟经济学家赫伯特·西蒙和艾伦·纽厄尔研究人类问题解决能力并尝试将其形式化，同时他们为人工智能的基本原理打下基础，如认知科学、运筹学和经营科学。他们的研究团队使用心理学实验的结果开发模拟人类解决问题方法的程序。该方法一直在卡内基·梅隆大学沿袭下来，并在20世纪80年代于SOAR发展到高峰。

约翰·麦卡锡认为机器不需要模拟人类的思想，而应尝试找到抽象推理和解决问题的本质，不管人们是否使用同样的算法。他在斯坦福大学的实验室致力于使用形式化逻辑解决多种问题，包括知识表示、智能规划和机器学习。致力于逻辑方法的还有爱丁堡大学，促成了欧洲的其他地方开发编程语言Prolog和逻辑编程科学。"反逻辑"研究者马文·明斯基和西摩尔·派普特发现要解决计算机视觉和自然语言处理困难的问题，需要专门的方案，他们主张不存在简单和通用原理（如逻辑）能够实现所有的智能行为。西北大学教授罗杰·尚克描述他们的"反逻辑"方法为SCRUFFY。常识知识库如CYC，就是SCRUFFY AI的例子，因为他们必须人工一次编写一个复杂的概念。大约在1970年，基于知识出现大容量内存计算机。研究者分别以3种方法开始把知识构造成应用软件。这场"知识革命"促成专家系统的开发与计划，这是第一个成功的人工智能软件形式。"知识革命"同时让人们意识到许多简单的人工智能软件可能需要大量的知识。

（3）第三阶段是子符号法。

20世纪80年代，符号处理人工智能停滞不前，很多人认为符号处理系统永远不可模仿人类所有的认知过程，特别是感知、机器人、机器学习和模式识别。很多研究者开始关注子符号方法解决特定的人工智能问题。自下而上，接口Agent、嵌入环境（机器人）、行为主义、新式AI机器人领域相关的研究者否定符号人工智能，而专注于机器人移动和求生等基本的工程问题。他们再次关注早期控制论研究者的观点，同时提出在人工智能中使用控制理论。这与认知科学领域中的表征感知论点一致，更高的智能需要个体的表征（如移动、感知和形象）。鲁姆哈特再次提出神经网络和联结主义。这个和其他子符号法（如模糊控制和进化计算）都属于计算智能学科的研究范畴。

（4）第四阶段是统计学法。

20世纪90年代，人工智能研究发展出复杂的数学工具来解决特定的分支问题，这些工具是真正的科学方法，即这些方法的结果是可测量和可验证的，同时也是人工智能成功的原因。共用的数学语言允许已有学科的合作（如数学、经济学或运筹学），有人指出这些进步不亚于"革命"和"NEATS的成功"，但也有人批评这些技术太专注于特定的问题，而没有考虑长远的强人工智能目标。

（5）第五阶段是集成方法。

智能是一个会感知环境并做出行动以达目标的系统。最简单的智能是那些可以解决特定问题的程序，更复杂的智能包括人类和人类组织（如公司）。这些范式可以让研究者研究单独的问题和找出有用且可验证的方案，而不需考虑单一的方法。

一个解决特定问题的智能可以使用任何可行的方法——一些智能用符号方法和逻辑方法，一些智能则用子符号、神经网络或其他新的方法。范式同时也给研究者提供一个与其他领域沟通的共同语言——如决策论和经济学。20世纪90年代，智能范式被广泛接受。智能体系结构和认知体系结构研究者设计出一些系统来处理多智能系统中智能之间的相互作用。一个系统中包含符号和子符号部分的系统称为混合智能系统，而对这种系统的研究则是人工智能系统集成的。分级控制系统则给反应级别符号AI和最高级别符号AI提供桥梁，同时放宽了规划和建模的时间限制。罗德尼·布鲁克斯的Subsumption Architecture就是一个早期的分级系统计划。

2.思维模拟

人工智能就其本质而言，是对人的思维的信息过程的模拟。对于人的思维模拟可以从两条途径进行：一是结构模拟，仿照人脑的结构机制，制作出"类人脑"的机器；二是功能模拟，暂时撇开人脑的内部结构，而从其功能过程进行模拟。

弱人工智能如今不断迅猛发展，尤其是2008年经济危机后，美日欧希望借机器人等实现再工业化，工业机器人正在比以往任何时候都快的速度发展，带动了弱人工智能和相关领域产业的不断突破，很多过去必须用人来做的工作如今已经能用机器人实现。强人工智能则暂时处于瓶颈，还需要科学家们继续努力。

3.实现方法

人工智能在计算机上实现有两种不同的方式。一种是采用传统的编程技术，使系统呈现智能的效果，而不考虑所用方法是否与人或动物机体所用的方法相同。这种方法即工程学方法，它已在一些领域内做出了成果，如文字识别、计算机下棋等。另一种是模拟法，它不仅要看效果，还要求实现方法也和人类或生物机体所用的方法相同或相类似。遗传算法（genetic algorithm，GA）和人工神经网络（artificial neural network，ANN）均属后一类型。

四、人工智能的分支

人工智能主要有3个分支：认知AI、机器学习AI和深度学习AI。

1.认知AI

认知AI是最受欢迎的一个人工智能分支，负责所有感觉"像人一样"的交互。认知AI必须能够轻松地处理复杂性和二义性，同时还持续不断地在数据挖掘、NLP（自然语言处理）和智能自动化的经验中学习。

现在人们越来越倾向于认知AI混合了人工智能做出的最好决策和人类工作者的决定，适用于监督更棘手或不确定的事件。这可以帮助扩大人工智能的适用性，并生成更快、更可靠的答案。

2.机器学习 AI

机器学习 AI 是能在高速公路上自动驾驶特斯拉 Model S 的那种人工智能。它处于计算机科学的前沿,将来有望对日常工作场所产生极大的影响。机器学习是要在大数据中寻找一些"模式",然后在没有过多人为解释的情况下,用这些模式来预测结果,而这些模式在普通的统计分析中是看不到的。

机器学习需要 3 个关键因素才能有效。

(1)数据。为了教给人工智能新的技巧,需要将大量的数据输入模型,用于实现可靠的输出评分。例如,特斯拉公司已经向其汽车部署了自动转向特征,同时发送它收集的所有数据,如驾驶员的干预措施、成功逃避、错误警报等到总部,从而在错误中学习并逐步锐化感官。通过传感器可以产生大量输入,无论硬件是内置的,如雷达、相机、方向盘(如果它是一辆汽车)等,还是倾向于物联网(Internet of things,IoT)。蓝牙信标、健康跟踪器、智能家居传感器、公共数据库等只是越来越多通过互联网连接的传感器中的一小部分,这些传感器可以生成大量数据。

(2)发现。为了理解数据和克服噪声,机器学习使用的算法可以对混乱的数据进行排序、切片并发现可理解的见解。

从数据中学习的算法有两种:无监督算法和有监督算法。

① 无监督算法只处理数字和原始数据,因此没有建立起可描述性标签和因变量。该算法的目的是找到一个人们没想到会有的内在结构。这对于深入了解市场细分、相关性、离群值等非常有用。

② 有监督算法通过标签和变量知道不同数据集之间的关系,使用这些关系来预测未来的数据。这可能在气候变化模型、预测分析、内容推荐等方面都派上用场。

(3)部署。机器学习需要从计算机科学实验室进入软件当中。越来越多像 CRM、Marketing、ERP 等的供应商,正在提高嵌入式机器学习与提供它的服务紧密结合的能力。

3.深度学习 AI

如果机器学习 AI 是前沿的,那么深度学习 AI 则是尖端的。它将大数据和元监督算法的分析相结合。它的应用通常围绕着庞大的未标记数据集,这些数据集需要结构化成互联的群集。深度学习的这种灵感完全来自人们大脑中的神经网络,因此可恰当地称其为人工神经网络。

深度学习是许多现代语音和图像识别方法的基础,并且与以往提供的非学习方法相比,随着时间的推移具有更高的准确度。

希望在未来,深度学习 AI 可以自主回答客户的咨询,并通过聊天或电子邮件完成订单;基于其巨大的数据池在建议新产品和规格上帮助营销;成为工作场所里的全方位助理,完全模糊机器人和人类之间的界限。

人工智能通过在其上使用的数据规模来生存和改进,这意味着随着时间的推移,不但人们能够看到更好的人工智能,而且它们的发展将会围绕那些可以挖掘最大数据集的组织。

五、人工智能的应用领域

虽然人工智能的很多研究和应用会基于一些通用技术,比如说机器学习,但在不同的领域还是会有所区别。

1.机器人

研制机器人的最初目的是为了帮助人们摆脱繁重劳动或简单的重复劳动,以及替代人到有辐射等危险环境中进行作业,因此机器人最早应用在汽车制造业和核工业领域。随着机器人技术的不断发展,工业领域的焊接、喷漆、搬运、装配、铸造等场合开始大量使用机器人。另外,在军事、海洋探测、航天、医疗、农业、林业,甚至家用电器行业和服务娱乐行业,也都开始使用机器人。

人工智能在"智能机器人"中的应用要经过 3 个过程。

(1)识别过程。外界输入的信息向概念逻辑信息转译,将图像、声音、视频、文字、触觉、味觉等信息转换为形式化(大脑中的信息存储形式)的概念逻辑信息。

(2)智能运算过程。输入信息刺激自我学习、信息检索、逻辑判断、决策,并产生相应反应。

(3)控制过程。将需要输出的反应转译为肢体运动和媒介信息。

人工智能实体首先在精确思维能力上超过人,然后在模糊思维能力上超过人。由于创造力是个性化的产物,较高的创造力不是复制及吸收经验所能产生的,它需要通过个性化的学习来获得,而个性化的学习不是短时间内能完成的,因而人工智能实体在创造力上全面超过人将需要较长的时间。一旦人工智能实体的创造力超过人,其智力水平也就能远

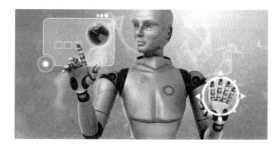

图 8-3-1　"智能机器人"示意图

远超过人。"智能机器人"(见图 8-3-1)将在工业、服务业、军事、航空航天等领域发挥越来越重要的作用。

今天,尽管机器人已经具备了一定的智能,但距离真正的"智能机器人"还有相当大的差距。随着生理学、行为学等学科的发展,人们对人脑的工作方式的理解进一步加深,计算机视觉和自然语言理解等人工智能开始在机器人上应用,机器人终将成为真正意义上的"智能机器人"。

2.金融领域

人工智能在金融领域的应用,主要通过机器学习、语音识别、视觉识别等方式来分析、预测、辨别交易数据和价格走势等信息,从而为客户提供投资理财、股权投资等服务,同时规避金融风险,提高金融监管力度。

计算机视觉与生物特征识别技术,让机器可以更准确地识别人的身份与行为,这对于帮助金融机构识别客户和安全监控都有很多便利。一是可以利用网点和 ATM 摄像头,增加人像识别功能,提前发现可疑人员,提示可疑行为动作,也可以帮助识别 VIP 客户;二是可以利用网点柜台内部摄像头,增加对员工可疑行为的识别监控,记录并标记疑似违规交易,并提醒后台监控人员进一步分析,起到警示作用;三是可以在银行内部核心区域(如数据中心机房、金库等)增加人像识别摄像头,人员进出必须通过人脸识别及证件校验方可进入,同时对所有进出人员进行人像登记,防止陌生人尾随进出相关区域,实现智能识别,达到安全防范的目的。

3.销售领域

人工智能在零售场景的应用,主要是利用大数据分析技术管理仓储,以及在物流、导购等方面节省仓储物流成本、提高购物效率、简化购物程序,包括仓储物流、智能导购和客服等,如图 8-3-2 所示。

人工智能在电商平台已经做到了智能推荐、智能比价、实时定价、销售预测、智能客服,甚至社交功能,具体表现在以下几个方面。

图 8-3-2 人工智能零售场景示意图

(1)客户管理的智能化。分析客户、锁定目标客户、抓取目标客户、精准推送、分析目标客户潜在需求,真正实现对每一位消费者的 360°全方位画像。

(2)商品管理的智能化。基于顾客需求的多样化和商品的极大丰富,企业借助智能化手段进行商品管理,并最终向柔性生产和提供个性化商品过渡。

(3)供应链管理的智能化。建立高效的供应链系统,形成消费者、门店、销售、客户一体化的供应链智能管理体系,提高企业经营效率,降低企业仓储和供应链成本。

(4)物流管理的智能化。确保正确的货物进入正确的仓库,同时大大提高发货效率。把用户端潜在需求的判断联动到供应链、物流仓储系统,应用智能技术解决类似商品部署在哪些仓库,如何堆放商品更合理,怎样优化物流配送路径等问题。

4.无人驾驶

作为人工智能技术在汽车行业、交通领域的延伸与应用,无人驾驶近几年在世界范围内受到了产学界甚至国家层面的密切关注。

无人驾驶其实并不新鲜,早在 20 世纪 80 年代,美国就启动了相关研究项目。无人驾驶最近几年又火起来,原因主要有两方面:一是技术,包括人工智能、车载软硬件及网络的飞速发展,过去的不可能现在变为可能;二是需求,人们的生活已经离不开汽车,但随着汽车保有量的增加,事故、拥堵、污染等负面影响逐渐显现,需要新技术新方法提高交通的安全性、舒适性、经济性及环保性。

无人驾驶实际上是类人驾驶,即计算机模仿人类驾驶员的驾驶行为,目标是使计算机成为一位眼疾手快、全神贯注、经验丰富、永不疲倦的虚拟司机,最终将人类从低级、烦琐、持久的驾驶活动中解放出来,如图 8-3-3 所示。

5.医疗领域

对人工智能而言,医疗领域一直被视为一个很有前景的应用领域。基于人工智能的应用在接下来的几年可能为千百万人改善健康状况和生活品质,但这

图 8-3-3 无人驾驶场景示意图

是在它们取得医生、护士、病人的信任,政策、条例和商业障碍已清除的情况下才能实现。主要的应用包括临床决策支持、病人监控辅导、在外科手术或者病人看护中的自动化设备、医疗系统管理。

近期的成功，比如挖掘社交媒体数据推断潜在的健康风险、机器学习预测风险中的病人、机器人支持外科手术，已经为人工智能在医疗领域拓展出极大的应用空间。人工智能与医学专家和病人的交互方法的改进将会是一大挑战。

至于其他领域，数据是一个关键点。在从个人监护设备、手机 App、临床电子数据记录上收集有用的数据方面，人们已经取得了巨大的进展。

6.教育领域

在过去的十几年间，教育界见证了为数众多的人工智能科技的进步，诸如 K12 线上教育及大学配套设备等应用已经被教育者和学习者们广泛利用。尽管素质教育还是需要人类教师的积极参与，但人工智能在所有层面上都带来了强化教育的希望，尤其是大规模定制化教育。如何通过人工智能技术来优化整合人类互动与面对面学习将是一个关键性的挑战。

机器人早已经成为广受欢迎的教育设备，智能辅导系统也成了针对科学、数学、语言学及其他学科的学生互动导师。自然语言处理，尤其是在与机器学习和众包结合以后，有力推进了线上学习，使得教师可以在扩大教室规模的同时兼顾个体学生的学习需求与风格。大型线上学习系统所收集的数据为学习分析的迅速发展提供了动力。

7.智能家居

智能家居是以住宅为平台，基于物联网技术的，由硬件（智能家电、智能硬件、安防控制设备、家具等）、软件系统、云计算平台构成的家居生态圈，可实现远程控制设备、设备间互联互通、设备自我学习等功能，并通过收集、分析用户行为数据为用户提供个性化的生活服务，使家居生活更安全、节能、便捷等。

例如，借助智能语音技术，用户应用自然语言实现对家居系统各设备的操控，如开关窗帘（窗户）、开启家用电器和照明系统、打扫卫生等操作；借助机器学习技术，智能电视从用户看电视的历史数据中分析其兴趣和爱好，并将相关的节目推荐给用户；通过应用语音识别、脸部识别、指纹识别等技术开锁；通过大数据技术，智能家电实现对自身状态及环境的自我感知，具有故障诊断能力；通过收集产品运行数据，发现产品异常，主动提供服务，降低故障率；通过大数据分析、远程监控和诊断，快速发现问题、解决问题及提高效率，如图 8-3-4 所示。

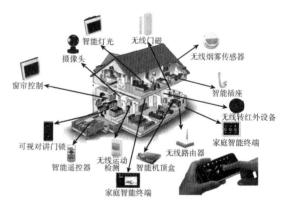

图 8-3-4 智能家居场景示意图

智能家居不仅能够使各种设备互相连接、互相配合、协调工作，形成一个有机的整体，而且可通过网关与住宅小区的局域网和外部的互联网连接，并通过网络提供的各种服务，实现各种控制功能。

（1）智能灯光控制。对全宅灯光实现智能管理，用遥控等多种智能控制方式实现一键式灯光场景效果；根据光线强度自动调节灯光亮度，并在有人时自动开灯，无人时自动关灯；用定时控制、电话远程控制、计算机本地及互联网远程控制等多种控制方式实现功能，从而使照明系统更节能、环保、舒适、方便。

（2）智能电器控制。根据住户要求对家电和家用电器设施灵活、方便地进行智能控制，更大限度地把住户从家务劳动中解放出来。家电设施自动化主要包括两个方面：各种家电设施本身的自动化，以及各种设备相互协调、协同工作的自动化。例如，全自动智能洗衣机可以辨别洗衣量、衣服的质地及脏的程度，并根据这些信息自动确定洗衣液用量、水位高低、水温、洗涤时间和洗涤强度。另外，它还能自动进行故障诊断，发现问题并给出处理建议，洗衣服和洗衣机的保养问题都无需用户操心。

（3）安防监控。随着居住环境的升级，人们越来越重视自己的个人安全和财产安全，对人、家庭及住宅小区的安全方面提出了更高的要求。通过对摄像头、红外探测、开关门磁性探测、玻璃破碎探测、煤气探测、火警探测等各种探测装置的信息采集，可以全天 24 小时自动监控是否有陌生人入侵、是否有煤气泄漏、是否有火灾发生等。一旦发生紧急情况，立即进行自动处置和自动报警。

（4）信息服务自动化。智能家居的通信和信息处理方式更加灵活，更加智能化，其服务内容也将更加广泛。将住户的个人计算机和其他家电设施连上局域网和互联网，充分利用网络资源，可以实现社区信息服务、物业管理服务、小区住户信息交流服务、访问互联网服务、接收证券行情服务、旅行订票服务、网上资料查询服务、网上银行服务、电子商务服务等各种网络服务。在条件具备的情况下，还可以实现远程医疗、远程看护、远程教学等功能。

知识链接

人工智能的研究目标

关于人工智能的研究目标，目前还没有一个统一的说法。从研究的内容出发，可归纳出以下 9 个最终目标。

（1）理解人类的认识。研究人类如何进行思维，而不是研究机器如何工作，深入了解人的记忆、问题求解能力、学习能力和一般决策等。

（2）有效的自动化。在需要智能的各种任务上用机器取代人，开发执行起来和人一样好的程序。

（3）有效的智能拓展。建造思维上的弥补物，使人们的思维更富有成效、更快、更深刻、更清晰。

（4）超人的智力。开发超过人的智力的程序。如果越过这一知识阈值，就可以进一步增值，如制造行业上的革新、理论上的突破、超人的教师和非凡的研究人员等。

（5）通用问题求解。研究使程序能够解决或至少能够尝试解决其范围之外的一系列问题，包括过去从未听说过的领域。

（6）连贯性交谈。类似于图灵测试，连贯性交谈可以令人满意地与人交谈。交谈使用完整的句子，而句子使用某一种人类语言。

（7）自治。自治是指一个系统能够主动地在现实世界中完成任务。它与下列情况形成对比——仅在某一抽象的空间做规划，在一个模拟世界中执行，建议人去做某种事情。该目标的思想是，现实世界永远比人们的模型要复杂得多，因此现实世界才成为测试所谓智能程序的唯一公正的手段。

（8）学习。开发一个程序，它能够选择收集什么数据和如何收集数据，然后进行数据的收集工作。学习是将经验进行概括，成为有用的观念、方法、启发性知识，并能以类似方式进行推理。

（9）存储信息。存储大量的知识，保证系统有一个类似于百科词典式的包含广泛知识的知识库。

要实现这些目标，需要同时开展对智能机理和智能构造技术的研究。即使对图灵所期望的那种智能机器，尽管它没有提到思维过程，但要真正实现这种智能机器，也同样离不开对智能机理的研究。因此，揭示人类智能的根本机理，用智能机器去模拟、延伸和扩展人类智能应该是人工智能研究的根本目标，或者称为远期目标。

人工智能研究的远期目标是要制造智能机器。具体来讲，就是要使计算机具有看、听、说、写等感知能力和交互功能，具有联想、推理、理解、学习等高级思维能力，还要有分析问题、解决问题和发明创造的能力。简言之，也就是使计算机像人一样具有自动发现规律和利用规律的能力，或者说具有自动获取知识和利用知识的能力，从而扩展和延伸人的智能。

人工智能的远期目标涉及脑科学、认知科学、计算机科学、系统科学、控制论及微电子等多种学科，并有赖于这些学科的共同发展。但从目前这些学科的现状来看，实现人工智能的远期目标还需要有一个较长的时期。

人工智能研究的近期目标是实现机器智能，是研究如何使现有的计算机更聪明，即先部分地或某种程度地实现机器的智能，从而使现有的计算机更灵活、更好用和更有用，成为人类的智能化信息处理工具，使它能够运用知识去处理问题，能够模拟人类的智能行为，如推理、思考、分析、决策、预测、理解、规划、设计和学习等。为了实现这一目标，人们需要根据现有计算机的特点，研究实现智能的有关理论、方法和技术，建立相应的智能系统。

实际上，人工智能的远期目标与近期目标是相互依存的。远期目标为近期目标指明了方向，而近期目标为远期目标奠定了理论和技术基础。同时，近期目标和远期目标之间并无严格界限，近期目标会随着人工智能研究的发展而变化，并最终达到远期目标。

■■ 自主实践活动

查阅人工智能方面的文献，看看现在计算机是否能够完成下列任务。

（1）打正规的乒乓球比赛。

（2）在市中心开车。

（3）在荒野开车。

（4）在市场购买可用一周的杂货。

（5）在网上购买可用一周的杂货。

（6）参加正规的棋牌竞技比赛。

（7）发现并证明新的数学定理。

（8）写一则有内涵的有趣故事。

（9）在特定的法律领域提供合适的法律建议。

（10）从英语到瑞典语的口语实时翻译。

（11）完成复杂的外科手术。

对于现在不可完成的任务，试着找出困难所在，并预测如果可能的话，这些困难什么时候能被克服。

项目考核

一、填空题

(1)大数据的特征是_____、_____、_____、_____。

(2)大数据产业实现增值的关键是_____。

(3)云计算使得使用信息的存储是一个_____、_____的方式,它会大大节约网络成本,使得网络将来越来越泛在、越来越普及,成本越来越低。

(4)SaaS 是_____的简称。

(5)人工智能是_____学科的一个分支,它的目标是_____。

二、简答题

(1)列举 3 个以上大数据的应用场景,并说明其处于大数据产业的哪一个环节。

(2)简述 IaaS、PaaS 和 SaaS 之间的层级关系。

(3)你认为人工智能作为一门学科,今后的发展方向如何?

参 考 文 献

[1]李俭霞,向波,尤淑辉.信息技术基础[M].4 版.北京:高等教育出版社,2021.

[2]刘云翔,王志敏.信息技术基础与应用[M].北京:清华大学出版社,2020.

[3]余德润,熊会云,潘丽.信息技术基础[M].北京:电子工业出版社,2021.

[4]张爱民,魏建英.信息技术基础[M].北京:电子工业出版社,2021.

[5]方风波,钱亮,杨利.信息技术基础:微课版[M].北京:中国铁道出版社,2021.